空间电推进科学与技术丛书

电推进航天器总体设计

System Design of Electric Propulsion Spacecraft

王敏 仲小清 王珏 等著

科学出版社

北京

内 容 简 介

电推进是一种高比冲的先进航天动力技术,可大幅降低推进剂携带量、显著提升航天器全方位能力。电推进航天器是应用电推进完成部分或全部推进任务的航天器。在我国高性能和高价值航天器上应用电推进系统,是突破航天器能力瓶颈的重要的手段,对于提高航天器承载能力、延长航天器服务寿命、提高姿态和轨道控制精度,具有举足轻重的作用。本书在调研国外电推进航天器设计和研制的基础上,参考国内电推进通信卫星总体设计和工程实践经验,全面阐述了电推进航天器总体设计应该关注的要素,包括推进任务分析、航天器总体设计、电推进系统设计、羽流防护设计、电磁兼容性设计、姿态轨道控制、试验验证和评估等,希望对提升我国电推进航天器总体设计能力、推动我国电推进工程进程有所帮助。

本书理论联系工程实际,既有基础知识和理论分析,又有解决工程实际问题的方法和经验,可供从事电推进航天器技术研究与应用的工程技术人员、科研人员阅读和参考,也可作为其他相关专业领域人员研究和教学的参考。

图书在版编目(CIP)数据

电推进航天器总体设计 / 王敏等著. —北京:科学出版社,2019.12
(空间电推进科学与技术丛书)
ISBN 978-7-03-063021-6

Ⅰ. ①电… Ⅱ. ①王… Ⅲ. ①电推进—航天器—设计
Ⅳ. ①V423.9

中国版本图书馆 CIP 数据核字(2019)第 244564 号

责任编辑:徐杨峰 / 责任校对:谭宏宇
责任印制:黄晓鸣 / 封面设计:殷 靓

科学出版社 出版
北京东黄城根北街 16 号
邮政编码:100717
http://www.sciencep.com

南京展望文化发展有限公司排版
广东虎彩云印刷有限公司印刷
科学出版社发行 各地新华书店经销

*

2019 年 12 月第 一 版 开本:B5(720×1000)
2025 年 1 月第五次印刷 印张:18 1/2
字数:360 000

定价:148.00 元
(如有印装质量问题,我社负责调换)

电推进航天器总体设计
编写人员

主　编

王　敏

副主编

仲小清　王　珏

参编人员

耿　海　金雪松　张　伟　林骁雄　温　正　李　强
李　烽　魏　鑫　张　旭　杨俊泰　贾艳辉　王少宁
孟　伟　高　俊　蒋文婷

丛书序

喷气推进通过将工质流高速向后喷出,利用动量守恒原理产生向前的反作用力使航天器运动变化,在此过程中消耗质量和能量。根据能量供应的形式,可以分为基于燃料化学能的化学推进和基于外部电能源的电推进。电推进的设想由俄国物理学家齐奥尔科夫斯基和美国物理学家罗伯特·戈达德分别在 1902 年和 1906 年提出,与传统化学火箭提出时间基本一致。但是由于其技术复杂性和空间电功率等限制,早期电推进的发展明显滞后于化学推进。20 世纪 50 年代,美国和苏联科学家对电推力器进行了理论研究,论证了空间电推进的可行性,并开始了电推进技术的工程研究。1960~1980 年是电推进技术成熟发展并开始应用的主要发展阶段,几位电推进的先驱者留下了探索的足迹。

空间飞行器对燃料消耗量非常敏感,推进器的比冲成为最重要的性能指标。化学推进受到推进剂焓能限制和耐高温材料的制约,比冲达到 340 s 水平后几乎再难以大幅度提升;电推进可以借助于外部电能,突破传统化学推进比冲的极限,目前已经很普遍地达到 1 000~3 000 s 的高比冲,并且远未达到其上限。

电推进由于其高比冲、微推力等主要特征,在长寿命卫星、深空探测、无拖曳控制等航天工程中正日益发挥极其突出的作用,成为航天推进技术的前沿,受到世界各国的重视;智慧 1 号探月卫星、隼鸟号、深空 1 号、全电推进卫星等的成功应用,标志着电推进技术逐渐走向成熟,在未来航天领域的重要性日益凸显;中国的电推进经过了漫长的发展储备期,在离子推进、霍尔推进、电弧推进、脉冲等离子体推进等方面取得了坚实的进展,2012 年实践 9 号卫星迈出了第一个空间验证的步伐,此后实践 13、实践 17 等卫星进入了同步轨道应用验证和工程实施阶段。

我国电推进的学术交流蓬勃发展,其深度、广度和影响力持续提高,电推进学会发展走入正轨,对促进电推进技术的知识共享、扩大影响、壮大队伍、加快技术进步发挥了巨大的作用。

在此背景下,我国电推进行业的发展和人才培养急需一套电推进技术领域的专业书籍,科学出版社和中国宇航学会电推进技术专业委员会合作推出了这套丛书,希望这套丛书的出版,对我国航天推进领域科学技术的发展起到推动作用。

丛书在编辑过程中得到北京控制工程研究所、上海空间推进研究所、兰州空间技术物理研究所、北京理工大学、北京航空航天大学、哈尔滨工业大学、空间技术研究院通信卫星事业部、航天工程大学、西安微电子技术研究所、合肥工业大学、上海交通大学等单位的大力支持,对此表示感谢。

由于电推进技术处于快速发展中,丛书所包括的内容来不及涵盖最新的进展,书中的不足之处在所难免,敬请广大读者和同行批评指正。

丛书编委会
2019 年 7 月

序

　　国民经济和国防建设的快速发展对航天技术创新需求日益迫切,对技术创新、产品创新、体制创新提出了更高的要求。电推进作为一种先进的推进技术,具有高比冲的突出优势,在美、俄、欧等国家和地区的卫星上得到广泛应用,带动了航天器性能的整体性提升。

　　我国电推进研究起步较早,取得了一定的成果。20世纪末我国曾经论证过在通信卫星配置电推进系统的可行性,但是限于技术原因未能实现。2009年东方红三号B公用卫星平台立项研制,将电推进作为平台标准配置进行攻关,我国电推进由预先研究向工程化应用迈出了坚实的一步。2017年实践十三号卫星成功发射,进行了电推进在轨测试,积累了电推进航天器总体设计宝贵的经验,获取了地面试验验证和在轨飞行验证试验数据,为进一步应用打下了基础。当前,电推进技术已推广应用至我国一批新型卫星的设计和研制中,成为推动我国卫星性能跨越提升的重要手段。

　　电推进技术涉及真空物理、电力电子、新型材料、力热分析、可靠性评估等多个学科,与整星接口复杂。电推进系统要求高精度微小流量工质供给、高压大功率供电、推力矢量精确调整,等离子体羽流对整星产生力热冲击和电磁干扰,小推力使得电推进系统在轨应用策略发生很大变化。

　　本书作者从事该领域研究多年,担任实践十三号卫星、东五平台新技术试验通信卫星等配置高比冲电推进系统的航天器副总设计师,从事总体设计、系统应用和验证评估工作,在电推进航天器总体设计和工程研制方面取得了多项研究成果。从卫星总体设计的角度系统地研究了电推进轨道和姿态控制方法,突破南北位置保持与偏心率控制耦合、非完备配置下电推位保控制、小推力变轨策略优化等难题,奠定了电推进航天器飞行任务设计基础,构建了电推进系统核心技术体系和技术指标体系,提出了系统组成方案并完成工程研制和验证,解决了电推力器小子样可靠性评估、万小时量级的推力器寿命试验考核和整星系统级兼容验证等难题,实施了完整的电推进羽流效应和电磁兼容试验,实现了电推进系统与整星兼容,为后续应用打下了良好基础。

当前国内外专门介绍电推进航天器设计的书籍较少。本书反映了编写组成员多年来在电推进航天器设计和应用领域的最新研究成果。相信该书的正式出版，对于提升我国电推进航天器总体设计能力、推动先进航天器研制、助力航天强国建设具有重要意义。

中国工程院院士

2019 年 8 月

前　言

电推进是一种利用电能转化为航天器动能的推进技术。与化学推进技术相比,电推进系统的比冲明显提高,可大幅度降低航天器的推进剂使用量,并带来包括减轻航天器发射重量、提高航天器载荷能力、延长航天器工作寿命、增加航天器飞行距离等多方面的效益,可显著提升航天器全方位能力。

电推进系统产品类别多、涉及学科多,与航天器的接口复杂,需要从任务需求分析、系统总体等层面进行顶层设计。本书在调研国内外电推进航天器设计和研制的基础上,依托国内电推进通信卫星总体设计和工程实践多年来的经验,阐述了电推进航天器总体设计应该关注的诸多要素,介绍相关理论基础、设计方法和应用情况,包括推进任务分析、航天器总体设计、电推进系统设计、姿态轨道控制策略、羽流防护设计、电磁兼容性设计、试验验证和评估等,希望对推动我国电推进航天器总体设计和工程研制进展有所帮助。

全书共分9章:第1章为绪论,主要介绍基本概念和应用对象;第2章为航天器电推进任务分析与总体设计,主要介绍航天器推进任务需求、总体设计特点和详细设计;第3章为电推进系统设计,主要介绍电推进系统组成、典型单机设计、环境分析与设计、系统可靠性设计和电推进系统工作流程设计等;第4章为电推进位置保持与姿态控制,主要介绍针对地球静止轨道航天器的位置保持策略和姿态控制策略设计;第5章为电推进轨道转移与姿态控制,主要介绍针对航天器变轨和星际飞行任务的轨道转移策略和姿态控制设计;第6章为电推进羽流分析和防护设计,主要介绍电推进羽流特性和羽流效应、电推进羽流与航天器的相互作用机理、电推进羽流特性和羽流效应的测量评估方法和试验方法;第7章为电推进航天器电磁兼容性设计,主要介绍电磁兼容基本理论、电推进电磁特性和兼容性设计,以及开展电推进卫星电磁兼容的试验方案;第8章为电推进航天器试验与验证,主要从研制试验的角度描述电推进航天器从单机级到整星级的试验项目;第9章为典型电推进航天器总体设计,介绍各类典型的电推进航天器的设计和应用。

本书的编写过程中,得到了各级领导以及国内相关领域专家的大力支持。周志成院士在本书的选题立题、章节设置、内容编写等方面给予了全面的指导。徐福祥研究员、曲广吉研究员、周佐新研究员、魏延明研究员、李峰研究员、魏强研究员、王凤春研究员、裴胜伟研究员、李朝阳研究员、孙征虎研究员、王玉峰研究员、张天平研究员等型号两总和专家对本书内容的研究给予了有益的指导与支持。航天科技集团五院总体部、五〇二所、五一〇所、五一二所，航天科技集团六院八〇一所，以及北京航空航天大学、哈尔滨工业大学等单位的专家、学者为本书提供了大量资料并参与了相关编撰工作。五一〇所顾佐研究员审阅了全书，并提出了非常宝贵的修改意见。对上述为本书提供指导和帮助的单位、专家一并表示衷心的感谢。

　　电推进航天器总体设计与应用涉及知识面广，技术发展迅速。限于作者水平，书中难免存在疏漏和不当之处，恳请读者批评和指正。

王　敏

2019 年 7 月于北京航天城

目　录

第1章　绪　论

第2章　航天器电推进任务分析与总体设计

第3章　电推进系统设计

第4章　电推进位置保持与姿态控制

第5章　电推进轨道转移与姿态控制

第6章 电推进羽流分析和防护设计

第7章 电推进航天器电磁兼容性设计

第8章　电推进航天器试验与验证

第9章　典型电推进航天器总体设计

第1章
绪　论

1.1　航天器与电推进系统

1.1.1　航天器的发展

航天器是指在稠密大气层外环绕地球,或在行星际空间、恒星系空间,按照天体力学的规律在太空运行,执行探索、开发、利用太空等任务的各类飞行器,又称空间飞行器。为了完成航天任务,航天器必须与航天运载器、航天器发射场和回收设施、航天测控和数据采集网、用户台站(网)等互相配合、协调工作,共同组成航天系统。航天器是执行航天任务的主体,是航天系统的主要组成部分[1]。

航天器的出现使人类的活动范围从地球大气层扩展到广阔无垠的宇宙空间,使人类认识自然和改造自然的能力得到飞跃,对社会经济和社会生活产生了重大影响。航天器在地球大气层以外运行,摆脱了大气阻碍,可以接收来自宇宙天体的全部电磁辐射信息,开辟了全波段天文观测。航天器从近地空间飞行到行星际空间飞行,实现了对空间环境的直接探测以及对月球和太阳系行星及其他星体(例如小行星带)的逼近观测和直接取样探测。环绕地球运行的航天器从几百千米到数万千米的距离观测地球,快速且大量地收集有关地球大气、海洋和陆地的各种各样的电磁辐射信息,直接服务于气象观测、军事侦察和资源考察等。人造地球卫星作为空间无线电中继站,实现了全球卫星通信和广播;作为空间基准点,可以进行全球导航和大地测量。利用空间高真空、强辐射和失重等特殊环境,可以在航天器上进行各种重要的科学实验研究。

航天器具有多种分类方法,可以按照其轨道性质、任务特点和应用领域等进行分类。航天器按任务特点可以分为无人航天器和载人航天器。无人航天器分为人造地球卫星、空间探测器和货运飞船,载人航天器分为载人飞船、空间站、航天飞机和空天飞机等。人造地球卫星分为科学卫星、技术试验卫星和应用卫星。科学卫星分为空间物理探测卫星和天文卫星,应用卫星分为通信卫星、气象卫星、导航卫星、测地卫星、地球资源卫星、侦察卫星、预警卫星、海洋监视卫星、截击卫星和多用途卫星等。空间探测器分为月球探测器、行星及其卫星探测器、行星际探测器和小行星探测器等。此外航天器按照运行轨道高度还可以分为低轨航天器、高轨航天器和深空探测航天器。低轨航天器运行高度在 1 000 km 以下,一般简称为 LEO 航天器。高轨航天器以地球静止轨道航天器为主,运行高度约 36 000 km,一般简称为 GEO 航天器。深空探测航天器包括月球探测器、行星和小行星探测器以及其他类型的探测器。

　　航天器的发展大致可分为三个阶段。第一个发展阶段为初期空间环境探测和技术试验阶段,在 20 世纪 50 年代末 60 年代初,以人造卫星为主,探测地球周围空间环境,试验各种航天技术和有效载荷,掌握各类轨道的发射技术,为后续设计航天器提供了依据,并在地面建立各种模拟实验设备,这一阶段的航天器质量是几十到上百千克,工作寿命短且功能较单一,主要用于探索航天器各系统实现的方案。第二个发展阶段为试验应用阶段,20 世纪 60 年代中期后各类航天器先后进入试验应用阶段,形成不同领域的应用卫星系列。随着空间技术的不断发展,航天器技术不断优化和改进,实现时间和空间上的连续服务,地面终端和数据中心也逐步完善,最终形成了各种卫星应用系统。进入 20 世纪 90 年代后,航天器发展进入了新阶段,除传统应用外,发展了空间站、太阳系探测、空间在轨服务、微小卫星、星座和编队飞行等新的航天应用方向。

　　电推进作为一种先进的空间推进技术,在航天器中的应用不断深入。1971 年苏联在 Meteor 气象卫星上使用一对 SPT-60 型霍尔推力器进行地球同步轨道的位置保持,首次实现了电推进技术的应用。1997 年美国波音公司在其商业通信卫星 IntelSat-5 上首次使用了离子电推进系统,取得了显著的应用效益。之后电推进系统在国外各类航天型号任务中的应用不断增加,电推进系统所承担的航天任务从应用初期的 GEO 卫星位置保持,逐渐拓展到后来的 GEO 卫星轨道提升,中低轨道卫星轨道维持和轨道转移,以及深空探测航天器的主推进任务,电推进系统在航天器上的应用得到了蓬勃发展[2-3]。

　　目前,国外已经实现的航天器电推进应用主要包括 GEO 卫星位置保持和轨道转移、深空探测航天器主推进、低轨航天器无拖曳控制和低轨星座卫星的轨道控制等,截止至 2016 年,总计 234 颗使用了电推进系统的航天器中,GEO 卫星有 208 颗,LEO 卫星有 19 颗,深空探测航天器有 7 颗,GEO 通信卫星成为电推进航天器的主要应用方向。电推进系统在不同领域航天器上的应用有相似性,也有差异性。本书以 GEO 电推进航天器为主介绍电推进航天器的总体设计,同时其他类型的电推进航天器总体设计也可以参考使用。

1.1.2　航天器电推进系统

　　航天器电推进系统是航天器推进系统的一大类型。航天器推进系统是利用自身携带的工质(燃料),依靠反作用原理为航天器提供推力或力矩的整套装置,它能够在大气层外真空条件下工作,使航天器达到所需要的速度和飞行姿态,又称为空间推进系统。推进系统是航天器最重要的分系统之一,无论是哪种航天器,推进系统在其中都占据着十分重要的地位和作用,它制约着航天器的寿命,直接决定着航天任务的成败[4]。

航天器推进系统可分为化学推进和电推进,两者均已经得到广泛研究、应用和发展。化学推进和电推进都属于喷气式推进系统范畴,利用推力器中工质高速喷出产生的动量反作用形成推力,但其工作原理和主要特点存在较大区别。化学推进的能源系统与推进剂供给系统是一体的,利用固体或液体氧化剂和燃料的燃烧或单组元推进剂的催化分解将推进工质的化学能转化为内能或压力的势能,内能或势能的释放产生推力。化学推进的最大特点是推力大、推力范围宽,特别适用于推力要求大和快速机动的场合。电推进的能源系统和推进剂供给系统是相互独立的,推进剂可选范围宽,气体、液体或固体均可。电推进的最大特点是能源转化效率高、推力精确可控、可调节范围宽、比冲高,特别适用于推进剂携带量受限以及控制精度要求高的场合[5]。

从能源转换角度讲,由于化学推进能源系统和推进剂是统一的,因此,化学推进是能量受限系统,而化学推进剂能量密度有限,从根本上限制了其能量转换体量,也就限制了可达到的最大排气速度或比冲。与化学推进相比,由于电推进能源系统和推进剂相互独立,因此,电推进是典型的非能量受限系统。对于给定质量的推进剂,从原理上讲可为其供应任意多的能量(来源于外部的太阳能),其能量转换体量远远超过推进剂本身的能量,可产生远高于化学推进的比冲。但是,电推进是功率受限系统,外部能源对推进剂的能量供应速率与电源系统的质量成比例,导致对于给定的推进系统质量,电推进的推力水平有限。因此,电推进是典型的高比冲小推力动力装置。

根据上述分析,与化学推进相比,电推进具有下述典型技术特征:

(1)比冲高,相同任务消耗推进剂少,相同发射质量下可以有效提高航天器载荷承载能力;

(2)单机提供总冲高、寿命长,可以有效提高航天器在轨工作寿命;

(3)可长时间连续工作,提供连续推力和更大的冲量,使航天器持续加速飞行;

(4)推力精确可控,有利于实现高精度的姿态和轨道控制;

(5)推力器启动过程对航天器产生更小的振动。

从空间推进技术发展历程看,以单组元和双组元发动机为代表的化学推进系统一直居于核心地位。但是,随着大容量通信卫星、宽带多媒体通信卫星、多媒体广播卫星、移动通信卫星等新兴业务需求的扩大,对卫星平台的承载能力提出了更高的要求,化学推进的局限逐渐凸显。电推进系统具有的高比冲和最小冲量小等技术特点,是减少卫星推进剂携带量、提高平台承载能力的最有效的途径,在长寿命、高承载比航天器上应用前景广阔。应用电推进系统替代化学推进系统完成轨道提升和位置保持任务,可以显著提高地球静止轨道卫星载荷承载能力,国际上发展的新一代通信卫星平台都陆续应用了电推进技术。应用电推进还可完成常规推进系统难以完成的任务,如深空探测、星际航行等需要大速度增量的任务。在微小卫星、卫星星座上应用电推进技术,可以实现姿态精确控制和星间位置保持。电推进在空间推进系统的应用比重持续增加,应用领域不断拓展。

图 1-1 给出了对于地球静止轨道南北位置保持任务,采用电推进系统与双组元化学推进系统相比,不同初始质量的卫星 15 年寿命期间所节省的推进剂质量。电推进系统比冲分别取 1 500 s、3 000 s、4 500 s,化学推进系统比冲取 310 s。

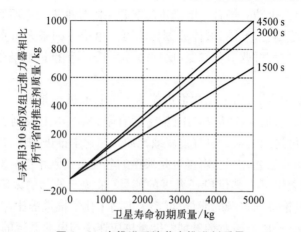

图 1-1　电推进系统节省推进剂质量

图 1-1 显示卫星全寿命期间所节省的推进剂质量与卫星初始质量成正比,即卫星初始质量越大,节省的推进剂质量越多,综合效益就越可观。以卫星寿命初期质量为 2 000 kg 为例,采用电推进后 15 年寿命期间的推进剂消耗可节省约 190～340 kg;而当卫星寿命初期质量为 4 000 kg 时,采用电推进后 15 年寿命期间的推进剂消耗可节省约 500～770 kg。卫星节省的重量可以搭载更多载荷,提升卫星经济效益,或者低重量的卫星可以节省更多发射费用,降低卫星发射成本。

1.2　电推进原理和技术发展

1.2.1　电推进基本原理

电推力器也称电火箭,是电推进系统的核心单机。电推力器工作原理是采用电能将推进工质电离形成等离子体,通过电场或电磁场将等离子体加速喷出产生反推力[6]。

电推进以电能作为输入,采用电能实现工质电离与加速等离子体。航天器电能主要来自空间光能或核能,相应的推进系统称为太阳电推进或核电推进。从原理上讲,电推力器产生的等离子体的喷射速度远高于化学推进方式,因此可以实现更高的比冲,通常是化学推进的十倍或者更高。化学推进和电推进工作原理如图1-2所示。

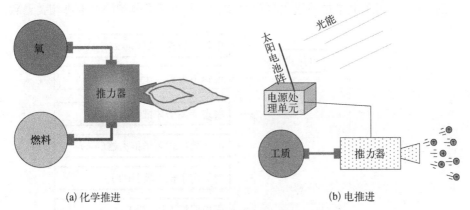

(a) 化学推进　　　　　　　　　　　　　(b) 电推进

图 1-2　化学推进与电推进工作原理示意

电推进技术在航天器中的应用和实现需要配置一整套电推进系统,典型的电推进系统由电推力器、电源处理单元、(推进剂)贮供单元、推力矢量调节机构等组成。电推力器利用电能加热或电离工质加速喷射而产生推力。电源处理单元把星上电能转化为推力器工作所需的各种电压和电流源,贮供子系统存储工质并向推力器提供所需流率的各路供气。以通信卫星为例,电能通常由星上太阳能电池阵提供,使用较多的推进剂为氙气。

1.2.2　电推进特点和类型

根据工质加速原理的不同,电推进系统大致可分为电热式、电磁式和静电式三种[7]。

电热式推力器的工作原理是利用电能加热工质,使其气化、分解,再经喷管膨胀,加速排出产生推力。按其工质加热方式的不同,又可分为电阻加热推力器、电弧推力器、微波等离子体推力器和太阳热等离子体推力器等。电热式推力器的特点是比冲适中、结构简单、成本低、安全可靠、操作和维护方便等。

电磁式推力器主要利用电能电离工质,带电工质在电磁场作用下加速喷出,产生推力。按其工作状态可分为脉冲等离子体推力器、磁等离子动力学推力器、脉冲感应推力器和变比冲磁等离子体推力器等。电磁式推力器的特点是比冲高、技术成熟、寿命长、推力小等。

静电式推力器主要利用电能电离工质,带电工质在静电场作用下加速喷出,产生推力。静电式推力器又分为稳态等离子体推力器(霍尔推力器)、阳极层推力器、电子轰击式离子推力器(考夫曼离子推力器)、射频离子推力器、回旋共振离子推力器、场效应发射离子推力器和胶体推力器等。其特点是比冲高、质量轻、推力小、可多点工作和技术成熟。

图1-3介绍了电推进系统主要分类,表1-1介绍了典型的电推进相关参数。

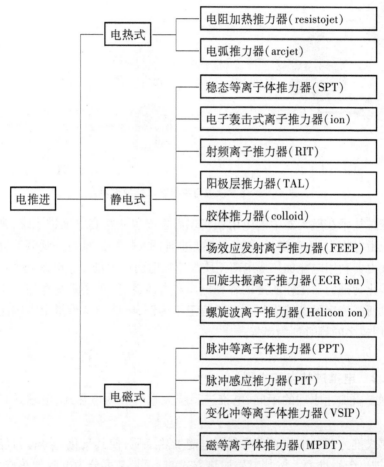

图1-3 电推进主要分类

表1-1 典型的电推进性能参数

类　型		比冲/s	功率推力比/$(kW \cdot N^{-1})$	效率/%	推力/mN
电热式	电阻加热推力器	150~700	1~3	30~90	5~5 000
	电弧推力器	280~2 300	9	30~50	50~5 000

续　表

类　　型		比冲/s	功率推力比/ ($kW \cdot N^{-1}$)	效率/%	推力/mN
静电式	电子轰击式离子推力器	1 200~100 000	25~100	55~90	0.05~600
	稳态等离子体推力器	1 500~2 500	17~25	40~60	1~700
	回旋共振离子推力器	3 000~4 000	25	56~75	15
	阳极层推力器	1 500~4 250	17~25	40~60	1~700
	胶体推力器	1 100~1 500	9	50~75	0.001~0.5
	场效应发射离子推力器	4 000~6 000	60	80~98	0.001~1 000
电磁式	磁等离子体推力器	1 000~11 000	0.5~50	10~40	20~200 000
	脉冲感应推力器	1 000~7 000	20~100	20~60	2 000~200 000

1）电阻加热推力器

电阻加热推力器工作原理及实物如图 1－4 所示。电阻加热推力器是利用电能（电流流过电阻丝产生的热能）把推进剂加热到高温，推进剂温度升高后经喷嘴喷出，产生推力。它具有结构简单、造价低廉、可靠性高的特点，适用于小型、低成本航天器的轨道调整、高度控制和位置保持。只要不与电阻加热器材料发生化学反应，几乎所有气体都可用作推进剂，例如气体 H_2、N_2、He、N_2O、Ar 等或者液体 N_2H_4、NH_3、C_4H_{10}、H_2O 等；在空间站也可用各种生物废气、废料作推进剂，实现资源重复利用。典型的电阻加热推力器的推力范围可以从几毫牛到几牛。

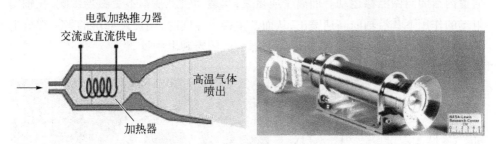

图 1－4　电阻加热推力器原理图和实物

电阻加热推力器使用较早，其原理属于冷气和单组元化学推进的一种改进，性能提升潜力受限。

2）电弧推力器

电弧推力器工作原理及实物如图 1－5 所示。电弧推力器是利用直流放电形成的高温电弧来加热推进剂的，主要有工质、电源和两个电极组成，推力器和电源系统的结构非常简单，且启动容易、控制灵活。根据能量供应方式的不同可分为：直流式、交流式、脉冲式、射频式、微波式、激光式和太阳式等。推进剂工质包括

N_2、Ar、He、NH_3、N_2H_4 等。目前技术最成熟、应用最广泛的是直流式肼(N_2H_4)电弧推力器。肼电弧推力器的比冲可达 280~2 300 s,几乎是肼电阻加热推力器的两倍。该类型推力器优点是推力密度高、结构简单、启动迅速、控制容易、羽流比较柔和,且只有少量的离子流;其缺点是效率低、电极易被烧蚀。

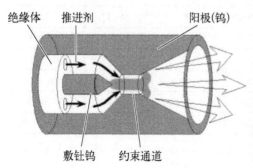

图 1-5　电弧推力器原理图和实物

3) 稳态等离子体推力器

稳态等离子体推力器又称霍尔推力器,其工作原理及实物如图 1-6 所示。阴极发射的部分电子在电场作用下进入放电室,在正交的径向磁场和轴向电场的共同作用下向阳极漂移,在漂移过程中与从阳极/气体分配器喷出的中性推进剂原子(一般为氙)碰撞,使得氙原子电离。由于存在强的径向磁场,电子被限定在放电通道内沿周向做漂移运动。而离子质量大,其运动轨迹基本不受磁场影响,在轴向电场的作用下其沿轴向高速喷出,从而产生推力。同时,阴极发射出的另一部分电子与轴向喷出的离子中和,保持了推力器羽流的宏观电中性。

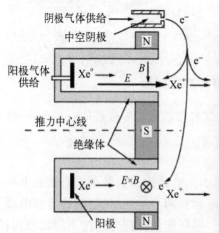

图 1-6　霍尔推力器原理图和实物

与稳态等离子体推力器相近的另一类霍尔推力器是阳极层稳态等离子体推力器。

霍尔推力器结构相对简单、工作电压低,推力密度比离子推力器高,体积较小。

4) 脉冲等离子体推力器

脉冲等离子体推力器工作原理及实物如图 1-7 所示。高压直流电源(500~3 000 V)向主放电电容器充电,然后启动电路按照指令及控制逻辑使火花塞启动。启动产生的微量放电导致主放电贮能电容器在两极间沿推进剂表面放电,放电形成的高温电弧烧蚀掉推进剂表面很薄的一层并把它分解、离化成等离子体。该等离子体在热力和自感磁场产生的电磁力作用下沿电极加速喷出,从而产生脉冲推力。电容器放电后,工作结束或者重复以上过程。脉冲等离子体推力器是最早获得应用的电推力器,在小功率下易实现高比冲、结构简单、体积小、重量轻、安全可靠、控制灵活,其缺点是效率低、难以获得大推力。

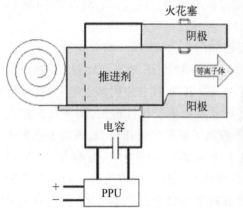

图 1-7 脉冲等离子体推力器原理图和实物

5) 电子轰击式离子推力器

电子轰击式离子推力器又称考夫曼离子推力器,工作原理及实物如图 1-8 所示。放电室内的空心阴极放电产生的原初电子在电磁场的作用下,不断与推进剂气体分子发生碰撞,推进剂气体被电离在放电室内形成等离子体。放电室室内的电子在阳极正电势作用下,最终达到阳极表面,被阳极吸收,离子在栅极组件静电场作用下,聚焦并加速喷出,产生推力。高速喷出的离子流再与推力器外中和器产生的电子流中和,以保持航天器的电中性。

离子推力器电离和加速过程分开,效率更高,通常达 60%~80%;离子喷出速度是由栅极静电压控制,更易实现高比冲和功率宽范围调节,比冲通常为 3 000~6 500 s,最新的超高比冲离子推力器在氙气工质下实现了 10 000 s 的比冲。

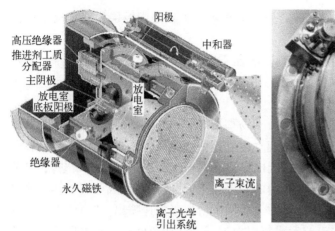

图1-8　电子轰击式离子推力器原理图和实物

除电子轰击式离子推力器外,常见的还有射频离子推力器和回旋共振离子推力器,与电子轰击式离子推力器的区别主要是放电室内工质气体电离方式不同。

6) 场效应发射离子推力器

场效应发射离子推力器工作原理及实物如图1-9所示。场效应发射离子推力器由发射器、加速器和中和器三部分组成。在发射器中,液态金属铯(或铷、铟)推进剂通过毛细管的表面张力作用达到管子尖端出口,加在发射器电极尖端(或锐边)的高电压(10~12 kV)形成局部强电场导致发射离子化推进剂,离子化的推进剂在加速器的加速电压作用下加速喷出,形成离子束产生反作用力,该离子束被中和器发射的电子中和。这种推力器具有高比冲(6 000~10 000 s)、低推力(1 μN~1 mN)的特点,而且可以通过不同集束的组合构成不同推力的推力器。目前存在的主要问题是,推进剂的供给复杂、金属化射流对星体会造成严重污染,目前尚无空间飞行应用案例。

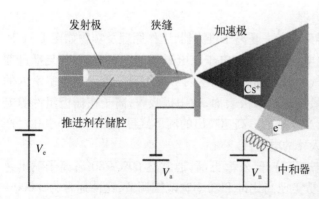

图1-9　场效应发射离子推力器原理图和实物

7）胶体推力器

胶体推力器基本原理及实物如图 1－10 所示。胶体推力器工作时选取强极性的液体作为推进剂,推进剂通过供液供给系统供到发射极的微管道中。抽取极和发射极之间加高电压,高电压在发射极顶端处形成的高场强诱导强极性的液体推进剂荷电。荷电后的液体在电场的作用下在发射极的顶端首先形成一个棱台（泰勒锥）,进而形成射流丝。泰勒锥喷射在强电场中发展的结果是液体荷电量的进一步增加,并最终导致电应力超过表面张力,从而使射流丝失稳、破裂,形成带电的液滴。带电的液滴在电场中运动并可能再次荷电、失稳、破裂、并被加速。最后,加速的带电液滴从抽取极中间的空隙中喷出,形成推力。

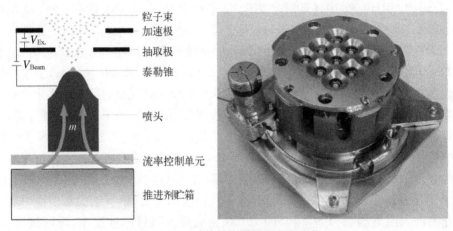

图 1－10　胶体推力器原理图和实物

胶体推力器和场致发射推力器是电推进技术中少数不依靠气相电离过程的推力器。

1.2.3　电推进技术发展

目前,电推进技术已经相对成熟,并广泛应用于各类航天器。截至 2016 年,已经超过 230 颗航天器采用电推进系统执行轨道保持、轨道提升或主推进任务。电推进应用最广泛的是通信卫星领域,主要执行位置保持、位置提升和寿命末期离轨等任务,并逐渐拓展到其他领域,如深空探测、空间科学、微小卫星星座和编队等。预计未来电推进能够提供的最大速度增量可以达到 100 km/s,可用于开展太阳系外行星探测。随着电推进逐渐向高功率发展,未来还有望应用于载人深空探测、载人火星和空间货运等任务[8]。

自 1902 年齐奥尔科夫斯基和 1906 年戈达德博士分别提出电推进概念以来,电推进技术发展已经走过了一个多世纪的历程。1962 年苏联进行了世界上首次脉冲等离子体电推进的空间飞行试验,1964 年美国进行了世界上首次离子电推进空间飞行试验,1998 年首颗以电推进为主推进的深空探测器发射,2015 年全球首颗全电推进通信卫星发射与在轨交付。

采用电推进作为动力在轨应用最广泛的是基于离子电推进系统和霍尔电推进系统的航天器。

离子电推进的应用历史大体可分为两个阶段[9-11]。以 1990 年为界,第一阶段以纯粹的空间飞行试验为特征,包括美国国家航空航天局(National Aeronautics and Space Administration, NASA)的空间电推进试验系列、美国空军的 661A 计划、NASA 和空军联合应用试验卫星系列、日本工程试验卫星三号(ETS-3)、欧洲尤里卡(EURECA)试验等。第二阶段以工程验证和应用为主要特征,包括美国波音(休斯)公司的 601HP 和 702(702HP、702SP)平台卫星[12]、NASA 的深空一号(Deep Space-1,DS-1[13])、欧洲的 Artemis 卫星[14]、日本隼鸟(Hayabusa)航天器等[15]。

SPT 类型霍尔电推进主要经历了四代的试验和应用:第一代基于 SPT-50 和 SPT-60 电推力器,主要用于低轨道流星系列(Metero 和 Metero priroda)卫星进行试验性轨道维持,1971 年 12 月苏联发射的流星(Metero)气象卫星首次采用火炬设计局的两台 SPT-60 稳态等离子体推力器;第二代基于 SPT-70 电推力器,从 1982 年开始先后应用于 Kosmos、Luch 等卫星进行东西位保;第三代基于 SPT-100 电推力器,从 1994 年开始应用于 Gals、Express 等同步轨道卫星进行南北位保和东西位保[16];第四代基于 SPT-140 电推力器,在 2017 年开始应用于欧洲 Eutelsat 172B 等卫星用于轨道转移。20 世纪 90 年代冷战结束后,俄罗斯的霍尔推力器技术开始进入西方国家,1997 年 SPT-100 完成西方飞行标准鉴定,逐渐被接受。1998 年 10 月俄罗斯 TsNIMASH 的 D-55 阳极层霍尔推力器在西方 STEX 航天器首次应用。2003 年 9 月 28 日应用霍尔推力器 PPS-1350 作主推进的 SMART-1 开始月球之旅[17],美国和欧洲装配了 SPT-100 霍尔推力器的通信卫星 Inmarsat-4 F1[18]、Intelsat 10-02、MBsat、Thaicom-4、Intelsat Americas-8 等已经相继成功发射,在轨运行正常[19]。2010 年 8 月,美国 A2100M 平台先进极高频 (AEHF)通信卫星发射,该卫星采用了 Aerojet 公司研制的 4.5 kW BPT-4000 霍尔电推进系统,是当时实现在轨飞行性能最优的霍尔电推进系统[20]。2017 年 6 月,欧洲全电推进平台(Eurostar 3000EOR 平台)首发星 Eutelsat-172B 发射升空,采用 SPT-140 电推力器,其工作功率最大可达 4.5 kW,是目前在轨工作的功率最高的霍尔电推进产品[21]。霍尔电推进已经成为在欧洲航天器上逐渐扩展应用的高性能空间电推进技术。

1974 年兰州物理研究所开始研究电推进,1986 年完成 LIPS-80 汞推进剂离子推力器样机研制与验收,之后进入技术沉淀期。1999 年重新开始,启动了 LIPS-200 氙离子推力器研制,2012 年 11 月 LIPS-200 离子电推进和 660 W 霍尔电推进搭载 SJ-9A 卫星完成了首次在轨飞行验证[22]。2016 年 11 月 LHT-100 霍

尔电推进和磁聚焦霍尔电推进搭载 SJ‒17 卫星完成在轨飞行验证[23-24]。2017 年
4 月 LIPS‒200 离子推力器作为 DFH‒3B 卫星平台的标准配置，在实践十三号卫
星上开展了参数标定及南北位保功能测试[25]。2017 年面向我国大型通信卫星东
方红五号平台(DFH‒5)，兰州物理研究所研制了 LIPS‒300 多模式离子推力器，
已完成飞行产品交付[26]。

电推进技术的发展和应用方兴未艾。随着科学技术的进步和航天技术的迅速
发展，空间领域的活动越来越频繁。高轨卫星的迅猛发展、空间探测任务的急剧增
加和微小型航天器的日益兴盛，使得电推进在航天器上的应用将更加广泛。同时，
满足未来航天任务要求的新型高性能、长寿命电推进技术的研究也日益受到各国
的重视，中国、美国、俄罗斯、欧洲部分国家和日本等都在加强电推进技术的研究，
电推进被列为 21 世纪航天关键技术之一。

1.3　电推进在航天器上的应用

1.3.1　地球静止轨道卫星任务

早期高轨通信卫星主要采用电推进执行寿命期间的轨道位置保持和寿命末期
离轨任务，后来随着电推进系统能力的不断提升和电推进技术的进一步成熟，电推
进应用扩展到执行航天器轨道提升的主推进任务。

美国波音公司 BSS‒601 卫星平台采用了 XIPS‒13 离子电推进系统执行南北
位保任务，2000 年以来成功发射了 Galaxy 4R、Galaxy 10R、PAS 9、DirecTV 4S、
AsiaSat 4、Galaxy 13、Measat、SES‒7 等卫星，使用该平台的在轨卫星超过 20 颗[27]。
波音公司 BSS‒702HP/SP 卫星平台采用了 XIPS‒25 离子电推进系统完成位置保
持及部分轨道转移任务，2000 年以来成功发射了 Anik F1、PAS 1R、XM1、XM2、
Galaxy 3C、Anik F2、XM3、Spaceway 1、Spaceway 2、XM4、WGS 1、Spaceway 3、
DIRECTV 10 等超过 20 颗卫星[28]。美国空间系统劳拉公司 LS‒1300 平台采用
SPT‒100 霍尔电推进系统完成南北位置保持任务，自 2004 年首发以来成功发射
了 MBSat 1、Telstar 8、Thaicom 4、NSS 12、XM5、Telstar 11N、Sirius FM5、Quetz Sat 1 等
超过 10 颗卫星[29]。美国洛克希德马丁公司在 A2100M 平台上采用 BPT‒4000 霍
尔电推进系统完成南北位保任务，自 2010 年来成功发射了 AEHF‒1 和 AEHF‒2
卫星，后续将陆续发射另外 6 颗卫星[30]。

欧洲阿斯特里姆公司(后被欧洲空客防务与航天公司收购)的 Eurostar‒3000
平台采用了 SPT‒100 和 PPS1350 霍尔电推进系统执行南北位保任务，自 2004 年
首发以来成功发射了 Intelsat 10‒02、Inmarsat 4‒F1、Inmarsat 4‒F2、Inmarsat
4‒F3、Ka‒Sat、Yahsat 1A、Yahsat 1B 等 7 颗卫星[31]。欧洲泰雷兹·阿莱尼亚公司
的 Spacebus‒4000C 平台采用 SPT‒100 霍尔电推进系统完成南北位保任务，自

2005 年首发以来成功发射了 AMC12、AMC23、Gicl2、Eutelsat V2A、Eutelsat W7、Eutelsat V3B 等 6 颗卫星[32]。欧洲 ALPHABUS 平台采用 PPS - 1350 霍尔电推进系统执行南北位置保持任务[33]。

俄罗斯应用力学联合体在 Express 系列平台上采用 SPT - 100 系列霍尔电推进系统完成全部位保任务,自 2000 年以来成功发射了 Express A2、SESAT、Express A3、Express A4(1R)、Express AM22、Express AM11、Express AM1、Express AM2、Express AM3、Express AM33、Express AM44 等 11 颗卫星。俄罗斯能源设计局在 Yamal - 100 平台卫星采用 SPT - 70 霍尔电推进系统完成全部位保任务,2003 年成功发射了 Yamal - 201 和 Yamal - 202 两颗卫星[34]。

我国基于 LIPS - 200 离子电推进系统的 DFH - 3B 卫星平台首发星实践十三号卫星已经正式在轨服役,目前正在进行基于 LIPS - 300 离子电推进系统的 DFH - 5 平台首发星研制。

随着航天器及电推进技术的进步,美国、欧洲、俄罗斯等国家和地区均已经实现了通过电推进完成航天器轨道提升任务。波音公司在 BSS - 702 平台卫星上实施了应用 XIPS - 25 离子电推进系统完成最终 GEO 轨道圆化的部分轨道转移任务[35]。欧洲 Eurostar - 3000EOR 全电平台卫星成功实现轨道转移。传统俄罗斯地球静止轨道卫星一般通过运载上面级直接送入轨道,但随着卫星能力及质量不断增加目前的运载能力不足以支持其新一代基于 Express - 2000 平台卫星直接送入地球静止轨道。俄罗斯 ISS 公司为了弥补火箭运载能力的欠缺,进一步提升卫星能力,在其新一代 Exspress - 2000 平台上增加了轨道转移模块,通过霍尔电推进系统实现了卫星自身向地球静止轨道的轨道转移[36-38]。

2012 年波音公司实现了 BSS - 702SP 平台 4 颗全电推进卫星的商业订货,目前已全部发射并在轨应用,卫星采用 XIPS - 25 离子电推进系统完成全部轨道转移和位置保持等任务,完全取消了化学推进系统。

2017 年 6 月,欧洲空客防务与航天公司的全电推进平台(Eurostar - 3000EOR 平台)首发星 Eutelsat - 172B 发射升空,采用 SPT - 140 电推力器成功完成轨道提升,并于当年 11 月完成轨道转移并投入使用。

俄罗斯 ISS 公司新一代基于 Express - 2000 平台卫星 Express AM4 与 Express AM5 卫星分别于 2013 年和 2014 年发射,起飞质量超过 3 300 kg。通过“质子”运载火箭加“微风”上面级将卫星送入转移轨道,之后通过卫星自身霍尔电推进轨道转移模块进行了不超过 4 个月时间的飞行,实现了由转移轨道向地球静止轨道的轨道转移,卫星入轨并投入使用,后续将通过霍尔电推进位保模块实现其寿命期间轨道位置保持。

目前高轨卫星平台采用的主流电推进系统为中高功率的离子或霍尔电推进,代表性卫星平台参数如表 1 - 2 所列。

表 1-2　国外主流卫星平台采用电推进的情况

平　台	公　司	电推力器制造商（国别）	电推力器类型	电推力器数量	首发电推进卫星
BSS-601	波音（美国）	L-3（美国）	XIPS-13	4	PAS 5（1997.8.28）
BSS-702	波音（美国）	L-3（美国）	XIPS-25	4	Galaxy 11（1999.12.22）
BSS-702SP	波音（美国）	L-3（美国）	XIPS-25	4	ABS-3A（2015.3.2）
LS-1300	劳拉（美国）	火炬设计局（俄罗斯）	SPT-100	4	MBSat 1（2004.3.13）
A2100	洛克布德·马丁（美国）	航空喷气公司（美国）	BPT-4000	4	AEHF 1（2010.8.14）
Eurostar-3000	空中客车（欧洲）	火炬设计局（俄罗斯）	SPT-100	4	Intelsat 10-02（2004.6.16）
Eurostar-3000EOR	空中客车（欧洲）	SNECMA（法国）	SPT-140	4	Eutelsat-172B（2017.6.1）
Spacebus-4000	泰雷兹·阿莱尼亚（法国）	火炬设计局（俄罗斯）	SPT-100	4	AMC 23（2005.12.29）

1.3.2　深空探测任务

最能体现电推进系统优势的应用是深空探测任务或星际探索任务。对于更复杂更深远的深空探测任务,如果采用化学推进完成,深空探测器需要携带巨量的推进剂[39]。

1998 年 10 月美国发射的深空一号(DeepSpace-1)航天器应用单台 NSTAR30 离子电推力器完成小行星探测的主推进任务,2001 年 12 月完成探测任务,在历时 3 年多的飞行任务中离子电推进系统累计工作 16 265 h,开关机 200 多次,共消耗氙气 73.4 kg,产生速度增量 4.3 km/s[40]。

2003 年 5 月日本发射的隼鸟号(Hayabusa)航天器应用 4 台 μ10 微波离子电推力器完成 S 类近地小行星丝川(Itokawa)的采样返回的主推进任务,2010 年 6 月返回舱成功降落到澳大利亚并回收。在整个飞行任务中,离子电推进系统累计工作 39 637 h,消耗氙气 47 kg,产生速度增量 2.2 km/s,单台推力器最长工作时间达到 14 830 h,开关机 1 805 次[41]。

2003 年 9 月欧洲发射智慧一号(SMART)航天器应用单台 PPS-1350 霍尔电推力器完成月球探测主推进任务,2005 年完成了月球探测使命最终坠落月球表面。在整个飞行任务中电推进累计工作近 5 000 h,由于推进系统的良好性能,使得航天器绕月球探测工作时间从原计划的 6 个月延长到 1.5 年[42]。

2007 年 9 月美国发射的黎明号(DAWN)航天器应用 3 台 NSTAR-30 离子电推进系统完成对主带小行星中灶神星(Vesta)和谷神星(Ceres)科学探测的主推进任务,该探测器同样也是在轨先后探测两个目标的航天器。航天器于 2011 年 7 月实现 Vesta 的轨道捕获,2012 年 9 月完成为期 14 个月的 Vesta 科学探测任务并离开,2015 年 3 月到达 Ceres。完成所有探测任务后,NASA 决定进行第三个探测目标。2017 年 10 月,NASA 宣布拓展任务直至推进系统燃料耗尽。离子电推进系统在轨工作超过 50 000 h,为探测器共提供 11.14 km/s 的速度增量[43]。

日本于 2014 年发射的隼鸟 2 号(Hayabusa-2)航天器继续采用 4 台 μ10 微波离子电推力器完成 1999 JU3 小行星采样返回的主推进任务,航天器已于 2018 年 10 月到达 1999 JU3 并采样,计划 2020 年返回地球[44]。

ESA 和 JAXA 联合研制的水星探测贝皮科伦布(Bepicolombo)航天器计划应用 4 台 T6 离子电推力器把水星轨道器和星体轨道器送入水星轨道,已于 2018 年 10 月 20 日发射。电推进系统在整个任务中将提供不少于 5 km/s 的速度增量,推力器累计工作 20 000 h 以上[45]。

采用电推进系统作为主动力已经完成、正在开展和计划开展的深空探测任务或探测器如表 1-3 所列。

表 1-3　基于电推进系统的深空探测任务

探测器名称	探测目标	国别/机构	发射日期	电推进系统类型或推力器型号
DeepSpace-1	1992KD 小行星	美国	1998.10.24	NSTAR 离子电推进系统
Hayabusa	25143Itokawa 小行星	日本	2003.5.9	μ10 电推进系统
DAWN	Vesta 和 Ceres 小行星	美国	2007.9.27	NSTAR 离子电推进系统
Hayabusa-2	1999 JU3 小行星	日本	2014.12.3	μ10 电推进系统
SMART-1	月球	ESA	2003.9.7	PPS-1350 电推进系统
Bepicolombo	水星	ESA 和日本	2018.10.20	T6 离子电推进系统
ARM	小行星重定向	美国	—	12.5 kW 霍尔电推进系统
MSR	火星	美国	—	NEXT 离子电推进系统
木星极轨探测器	木星	美国	—	
彗星表面采样	Tempel 1 彗星	美国	—	NEXT 或 NSTAR 离子电推进系统

1.3.3　对地观测和科学实验任务

欧洲空间局(European Space Agency, ESA)2009 年发射的重力场和稳态海洋环流探测器(Gravity Field and Steady-state Ocean Circulation Explorer, GOCE)是世界上第一个重力梯度测量卫星。该卫星采用 T5 离子电推进系统,充分利用了电推进可长时间持续工作、推力控制精度高等特点,满足 GOCE 卫星所需的 20 mN 主推力需求;并采用另一类场效应电推力器,能够输出微牛到毫牛量级的推力,用作卫星的姿态控制。GOCE 卫星的成功,验证了电推进技术在 LEO 卫星进行精确控制的应用前景[46-47]。

1.3.4 电推进应用发展趋势

电推进技术正逐渐由高轨通信卫星应用拓展至深空探测、空间科学、低轨通信星座等应用领域。电推进航天器发展方向主要有以下几方面。

1. 地球静止轨道全电推进卫星

全电推进地球静止轨道卫星的出现是电推进技术应用的革命性事件。全电推进卫星是发射后完全依靠电推进系统变轨进入工作轨道,且入轨后位置保持也采用电推进系统的卫星。2012 年美国波音公司率先推出基于 XIPS-25 离子电推进系统的 BSS-702 全电推进卫星平台。该卫星平台一经推出,波音公司即宣布获得亚洲广播卫星公司和墨西哥卫星公司的四颗卫星订单,拉开了全电推进卫星应用的序幕。世界上各个国家都先后开展了全电推进卫星的研制,截至 2018 年 12 月份,全球已有 29 颗全电推进卫星被订购,9 颗全电推进卫星成功发射[48-50]。

2. 电推进作为推进主动力的深空探测器

电推进系统高比冲的优势最能够在深空探测任务中体现。美国深空一号(DS-1)探测器充分验证了电推进系统作为深空探测航天器巡航期间主动力的卓越表现,日本隼鸟号(Hayabusa)首次采用电推进系统动力深空探测器完成小行星采样返回,黎明号(DAWN)航天器应用电推进系统完成对灶神星(Vesta)和谷神星(Ceres)科学探测,隼鸟 2 号(Hayabusa-2)和贝皮科伦布水星探测器(Bepicolombo)电推进系统正在执行任务过程中。众多基于电推进系统的火星载人探测、小行星和行星探测、载人深空探测等任务也在论证中,未来将有更多的深空探测任务采用电推进系统作为空间动力[51]。

3. 基于电推进完成轨道维持任务的低轨空间站

低轨空间站由于飞行高度较低,一般不超过 400 km,自身体积质量巨大,在太空飞行时间长达数十年,由于大气阻力使飞行高度不断降低,每年为了补偿大气阻力导致飞行高度降低所造成的化学推进剂消耗量可观,在发展太空补给加注技术的同时,通过电推进系统利用其高比冲优势替代化学推进进行大气阻力补偿不失为一种较好的选择。俄罗斯在 20 世纪 90 年代就已经提出了用电推进对当时的和平号空间站进行大气阻力补偿的设计方案,后面由于经费等原因未能实施。我国正在研制的天宫号中国载人空间站已经配置了电推进系统,可极大地减少化学推进剂消耗,从而减少货运飞船发射次数,节省费用[52]。

4. 基于电推进系统的超静卫星

随着卫星对地球表面观测精度要求的不断提升,卫星天线和相机口径不断增加,对航天器位置、姿态控制精度要求不断提高,推进系统点火对平台姿态影响要求更加严格。空间引力波、重力场等科学测量任务要求航天器相对位置控制精度水平极高,常规化学推进无法满足,电推进系统具有推力小、可连续工作的特点,成为满足超静卫星平台需求的理想的选择[53]。

5. 基于电推进系统的小卫星星座和编队飞行航天器

"小卫星、大星座"概念不断被人熟知和认可,电推进推进剂需求量少,且易于实现小型化、轻量化和集成化。采用电推进技术可以将微小卫星在轨寿命提升一倍甚至更高,可以用较小的代价实现小卫星初期轨道抬升和末期离轨,小卫星在位置和姿态受控的情况下更能实现其应用价值,电推进技术在小卫星星座和编队飞行航天器领域具有很好的应用前景[54]。

6. 超大功率电推进系统航天器

电推进具有的高比冲特点,在大型深空探测、载人深空探测和空间货运等应用领域,对于提高载荷承载能力具有显著的优势。以往限于空间能源系统电功率的限制,电推进系统在实现高比冲的同时,很难实现大推力。随着空间电源技术的不断突破,面向火星载人探测任务、火星货运任务和地月货运任务等需求,超大功率电推进的应用将不断推进,多个电推进研制国家或单位都制定了相应的研制计划,超大功率电推进系统的应用正逐步成为现实[55]。

第 2 章

航天器电推进任务分析与总体设计

电推进系统的使用可大幅度降低航天器的推进剂使用量,减轻航天器发射重量、提高航天器载荷能力、延长航天器工作寿命、增加航天器飞行距离,显著提升航天器全方位能力。电推进系统产品类别多、涉及学科多,与航天器的接口复杂,需要从任务需求分析、系统总体最优等方面开展顶层设计。本章首先分析航天器电推进任务需求和任务适应能力,引入电推进系统主要性能指标,结合地球静止轨道卫星开展典型任务设计和应用效益评估,最后介绍电推进航天器总体设计的基本任务和应遵循的基本原则,从构型布局、供配电、热控等方面介绍了典型电推进航天器的总体设计。

2.1 航天器电推进任务分析

虽然电推进与传统推进的原理和性能存在显著差异,但究其根本,电推进作为一种空间推进系统,其最根本的任务是为航天器提供在轨姿态、轨道控制所需的力和力矩。航天器电推进任务的分析是电推进航天器设计的出发点,其主要目的是分析和识别航天器在轨运行过程中的姿态控制、轨道控制等任务需求,明确推进系统工作性能、工作模式等系统使用方式,比较其效益和代价,从而达到整个航天器电推进系统任务设计的总体优化[56]。

2.1.1 航天器电推进任务需求

航天器推进任务主要包括轨道控制和姿态控制两方面。

航天器的轨道控制任务主要包括轨道转移和在轨位置保持两大类。轨道转移是指航天器从一个运行轨道利用推进系统提供的速度增量转移到另一个轨道,一般包括轨道高度的变化、轨道相位的变化、轨道倾角的变化等,典型应用包含同步轨道卫星等航天器从星箭分离轨道转移到工作轨道、月球探测器等科学探测航天器从初始运行轨道变化至另一个任务轨道、卫星星座中的卫星从入轨轨道转移至工作轨道、航天器在寿命末期的离轨、同步轨道航天器从一个定点位置变化至另一个定点位置、航天器从同一轨道某相位变化至另一相位。航天器的轨道转移一般需要比较大的速度增量,轨道转移的时间要求与具体的航天器任务有关。如果任务紧急、要求在短时间内完成轨道转移,则要求推进系统具有较大的推力,其他性能参数可适当放宽;如果时效性要求不高,则可以在降低推力的条件下利用更高比冲的推进系统,达到节约推进剂的目的。

由于地球非球形、太阳和月球的多体引力、太阳光压等影响,航天器运行轨道与理想二体运动轨道之间存在摄动;在轨运行轨道保持的主要目的就是利用推进系统提供的速度增量抵消以上因素造成的轨道摄动影响,其速度增量相对轨道转移较小。航天器的轨道保持一般是在航天器入轨后、正常开展业务期间完成的,要求推进系统点火工作不能影响航天器正常开展和完成应用任务,但对推进系统的点火工作时长要求不严格;因此,轨道保持任务通常不希望推进系统的推力过大,以免影响航天器的姿态稳定度,但要求推进系统的比冲尽量高,以节约推进剂、提高航天器寿命或有效载荷承载能力。

现代航天器多采用三轴稳定的控制方式,三轴稳定航天器的姿态控制需求主要为姿态保持和姿态机动两类。航天器在轨运行过程中,通常会受到太阳光压、大气阻力、地球重力梯度等造成的干扰力矩影响;航天器为了保持特定的指向姿态,就必须使用推进系统产生特定方向的力矩来抵消干扰因素。在姿态保持的过程中,推进系统产生的力矩会使得航天器在短时间内产生一定的姿态振荡。由于现代高性能三轴稳定航天器对每个轴指向精度的要求较高,通常要求小于 $0.05°$,因此,航天器在进行角动量管理时,一般希望推进系统提供的最小角动量变化量尽量小(即最小冲量尽量小);角动量变化量又等于推力器的最小元冲量乘以力臂,所以最小角动量变化量的要求可以根据航天器设备布局转化为对推力器最小元冲量的要求。

航天器的姿态机动主要包含两类:一类是航天器与运载火箭分离后的速率阻尼;另一类是根据轨道转移、航天器应急安全等任务要求执行的航天器指向姿态改变。航天器在进行姿态机动时,通常对姿态机动时间有较严格的要求,这就要求推进系统能够在有限时间内推动航天器达到一定的角速度,并在航天器姿态指向满足机动要求后及时完成航天器减速。因此,航天器姿态机动通常要求推进系统能够提供的力矩大于一定的下限值。航天器姿态机动可通过控制系统的动量轮或力矩陀螺等设备完成。动量轮控制应用方式是基于动量守恒原理,利用动量轮转速的变化实现航天器本体和动量轮间动量的转换;当出现动量轮饱和时(转速达到极限),就需要使用推力器进行动量管理,改变航天器本体和动量轮组合体的动量总和,俗称动量轮卸载。

下面以地球静止轨道卫星为例,具体介绍航天器的推进任务需求。

(1)轨道转移任务。地球静止轨道卫星由运载火箭发射至近地点为几百千米、远地点为静止轨道高度或更高的椭圆轨道与运载火箭分离。卫星首先使用星上推进系统完成星箭分离后的姿态消旋和指向调整,然后完成从分离轨道到地球静止轨道间的轨道转移,最终实现卫星的入轨。

(2) 位置保持任务。针对卫星在轨期间受太阳、月球引力等摄动影响导致的卫星星下点南北方向位置改变,以及受地球形状、太阳光压等摄动影响导致的卫星星下点东西方向位置改变,使用星上推进系统进行倾角、经度漂移率和轨道偏心率的调整,使得南北和东西方向"位置"保持在要求范围内。

(3) 寿命末期离轨任务。一方面,使卫星离开工作轨道,为后续卫星"腾出"宝贵的静止轨道轨位资源;另一方面,卫星寿命终止后将不受控,需要使卫星离轨,确保不影响相邻在轨卫星的安全。

(4) 姿态控制任务。包括上述轨道转移、在轨位置保持、寿命末期离轨操作期间的姿态控制,太阳、地球和其他姿态基准捕获,动量管理(飞轮卸载),以及三轴稳定极限环在轨正常模式控制等。

不同推进任务对推进系统工作时间(速度增量 $\triangle V$ 的需求量)和推力器指向(推力或者力矩)要求不同。表 2-1 给出了典型静止轨道卫星的推进任务分析。

表 2-1　典型静止轨道卫星推进任务分析

推进任务	推力需求方向	推力指向	速度增量 $\triangle V$	
			大小/(m/s)	比　例
轨道转移	轨道切向方向	推力过质心	约 2 000	约 70%
15 年南北位保	南北方向	推力过质心	约 700	约 25%
15 年东西位保	东西方向	推力过质心	约 45	约 2%
15 年姿态控制	三轴正负方向力矩	不经过质心	约 10	<1%
末期离轨	轨道切向方向	推力过质心	约 9	<1%

2.1.2　电推进任务适应能力分析

相对于化学推进,电推进的特征是比冲高、推力小,需要整星提供相应的能源供给。这些特征是电推进对推进任务适应性分析的主要考虑因素。

比冲高是电推进相对于其他推进方案的优势。比如对于静止轨道卫星南北位置保持任务,使用电推进可以大幅降低位置保持推进剂携带量;对于速度增量非常大的深空探测任务,电推进可以显著降低推进剂消耗,进而降低对航天器规模、运载火箭等的需求。

高比冲带来的大功率代价是任务选择中需要考虑的重要因素。比冲越高,对于给定推力所需的电功率越大,就需要更大体积和质量的功率处理和输出设备。提高比冲减少了推进剂携带量,但增加了电推进系统本身的硬件质量。理论上每种推进任务存在一个最优比冲范围,使推进剂减少和硬件质量增加达到一种平衡。

小推力主要影响电推进对于时间相关性非常强的任务的适应性。时间要求较高的姿态和轨道控制任务限制了电推进的应用,例如卫星与火箭分离后快速把旋转速度控制到要求范围内,卫星在故障情况下快速调整姿态使其进入安全模式,用户有明确时间周期要求的入轨任务等;有加速度要求的轨道应用也不适用于电推进,例如月球车登月返回任务。

但另一方面,电推进的小推力为非常精确的姿态控制和位置保持提供了一种解决途径。在一些应用卫星领域,推力较大的化学推力器点火会使卫星姿态产生较大的扰动,影响卫星业务的正常开展。使用电推进可以通过精确的方向和点火时间控制,减少推力器点火对卫星的影响,非常适用于航天器超高精度姿态控制、高精度航天器星座控制及航天器无拖曳控制等任务。

任务适应性分析中,还有一些与现有技术水平、条件相关的因素需要考虑:第一,寿命和可靠性能力。无论是否具备在轨维修能力,推进系统的寿命和可靠性都直接决定了航天器在轨服役能力;第二,与整星的兼容能力。推进系统的工作必须不影响卫星载荷的正常工作,例如羽流和通信信号不应相互影响,羽流不应由于沉积作用影响光学相机、光学敏感期等相关器件的正常工作;第三,相关应用的基础设施。为确保电推进应用在轨性能,需要在地面完成充分的试验和验证,需要建设与任务相适应的真空舱、测量设备等。

2.1.3　电推进系统主要性能指标

电推进系统级指标包括推力、比冲、功率、总冲、寿命、推进剂消耗量等。

1. 推力

推力是电推力器在工作中供给航天器的作用力。通过电推力器与粒子的相互作用,使得粒子最终具有向后的速度,而电推力器获得向前的作用力,这一作用力就是电推力器的推力。推进剂的消耗引起航天器质量的改变,推力还被定义为航天器动量随时间的变化率。推力用公式表示为

$$F = \frac{\mathrm{d}}{\mathrm{d}t}(mv) = \frac{\mathrm{d}m}{\mathrm{d}t}v = \dot{m}v \qquad (2-1)$$

式中,F 表示推力;$\dot{m}$ 为推进剂质量流率;v 为离子喷出速度,单位为 m/s。

束流的运动学推力功率,称为喷射功率 P_{jet},定义为

$$P_{\mathrm{jet}} = \frac{1}{2}\dot{m}v^2 = \frac{1}{2}F \cdot v \qquad (2-2)$$

2. 推力器寿命和总冲

推力器寿命定义为电推力器允许工作的最长工作时间。电推力器由于推力较小,寿命一般要求达到一万小时甚至数万小时。

推力器总冲定义为推力与工作时间的乘积。在电推力器存在多种工作模式时,总冲定义为每种工作模式下推力和工作时间的求和或积分。总冲反应出电推力器总计能提供的航天器全部动量总和。总冲用公式表示为

$$I = \sum F_i \cdot t_i = M \cdot \Delta v = m \cdot v \qquad (2-3)$$

3. 比冲

比冲用 I_{sp} 表示,定义为单位重量推进剂产生的总冲,也可以表示为单位推进剂质量流率能产生的推力,单位用 s 表示。比冲用公式表示为

$$I_{sp} = \frac{F \cdot t}{m \cdot g} = \frac{F}{\dot{m} \cdot g} = \frac{v}{g} \qquad (2-4)$$

比冲大小取决于推力器的离子喷出速度,直接反映了推进系统完成特定推进任务的效率。推进系统比冲越高,完成推进任务所需的推进剂质量就越少,或者航天器获得的速度增量就越多。

4. 推力器功率和效率

推力器的电效率 η_e 定义为束流的运动学喷气功率与总的输入电功率的比值,其表达式如下:

$$\eta_e = \frac{P_{jet}}{P_T} \qquad (2-5)$$

式中,P_T 为总功率。

由上式可以得到

$$F \cdot I_{sp} \cdot g = 2\eta_e P_T \qquad (2-6)$$

上式表明,在输入功率 P_T 一定的情况下,电推进系统的推力和比冲成反比。推力越大,比冲越小;比冲越大,推力越小。

5. 推进剂消耗量

推进剂消耗量定义为电推进工作所消耗的推进剂总量。推进剂消耗量与航天器质量、任务速度增量和推力器比冲关系如下:

$$M_p = M_0 \left(1 - e^{-\frac{\Delta V}{I_{sp} \cdot g}} \right) \qquad (2-7)$$

2.1.4 航天器轨道维持推进任务设计

运行于空间轨道的卫星受到大气阻力、日月摄动、地球非球形等因素的影响，如果不进行控制，会逐渐偏离实际运行位置。LEO 航天器在大气阻力的作用下，轨道高度会逐渐降低，轨道维持任务是通过推进系统工作保持轨道高度。GEO 航天器由于国际空间法规和地面用户使用要求，对航天器星下点位置偏移有明确的要求，轨道维持任务是通过推进系统工作保持星下点位置。GEO 航天器星下点位置偏移取决于航天器运行轨道倾角、偏心率和半长轴的变化，南北方向变化主要取决于轨道倾角的变化，东西方向变化主要取决于轨道偏心率和半长轴的变化。根据GEO 航天器轨道摄动分析，卫星轨道倾角变化引起的速度增量占在轨阶段位置保持所需总速度增量的 90% 以上，用电推进补偿由于轨道倾角变化引起的位置偏差效益最高，GEO 航天器电推进最初也是应用在南北位置保持上。本节以 GEO 航天器南北位置保持任务为例，介绍电推进系统的轨道维持任务设计。

1. 轨道维持任务方案

影响轨道倾角的主要因素包括太阳引力、月球引力等。以太阳摄动为例分析。在冬天，太阳位于轨道的南边；在夏天，太阳位于轨道的北面，如图 2-1 所示。特别地，在冬至和夏至，太阳位于惯性坐标系的 $y-z$ 平面内；而在春分和秋分时刻，太阳位于赤道面（即静止轨道面）上。太阳对卫星的万有引力平均大小为 F，方向指向太阳质心。在前半天，引力均值为 $F+\Delta F$；在后半天，引力均值为 $F-\Delta F$。导致引力大小变化的原因是卫星在后半天距太阳的距离较前半天增大。卫星沿轨道运行一周所受平均引力的作用力臂可视为与太阳恒星时角相同。依据角动量定理（质点所受的合外力矩等于它的角动量对时间的变化率），可以得出倾角矢量的漂移方向垂直于太阳的恒星时角，漂移率正比于法向摄动的力矩[57]。

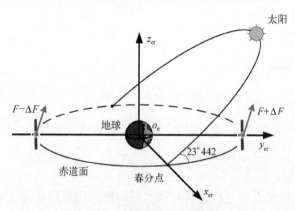

图 2-1 太阳引力引起的摄动

月球引力下的倾角摄动与太阳类似。尽管月球比太阳小得多，但因为月球离地球更近，相对于太阳它对卫星的影响更大。此外倾角变化还与地球扁状带来的引力势带谐项有关。

为了消除摄动对倾角变化的影响,需要进行倾角控制,一般称为南北位置保持或南北位保。其基本原理是,如果静止轨道卫星倾角 i 不为零,那么卫星纬度在一个恒星日周期内在 $+i$ 与 $-i$ 之间摆动。倾角位置保持的任务是依据纬度允许摆动的大小规定一个允许的最大倾角 i_{max},其典型值为 $0.05°$ 至几度的范围。采用倾角矢量 $\boldsymbol{i}$ 表示,该约束条件为

$$i = | \boldsymbol{i} | = \sqrt{i_x^2 + i_y^2} \leqslant i_{max} \tag{2-8}$$

考虑到倾角矢量漂移平均方向大致为 $+x$ 方向,可以给出倾角位置保持的一般原则:在卫星恒星时 $90°$ 附近,向南推;在卫星恒星时 $270°$ 附近,向北推。

GEO 航天器受到的轨道摄动包括年周期项、半年周期项、半月周期项等。在航天器初期方案设计中,可以仅考虑长周期项,对推进系统选型、推进剂消耗估算等进行评估;但在后期详细设计阶段,应该结合航天器对轨道倾角等漂移控制要求限制,对航天器轨道机动策略进行进一步细化分析,在不同季节对电推进系统的点火时长等进行更精确地控制。对于 i_{max} 较小的场合,因为 i 中短周期项影响相对来说变得比较重要,因此机动策略比上述更为复杂。

2. 轨道维持效益分析

电推进可以降低推进剂消耗,可以带来如下三个相互联系的效益:① 延长工作寿命,在运载和填装推进剂量不变的情况下,应用高比冲电推进节省的推进剂消耗量可以延长卫星服役寿命;② 增加有效载荷,在运载条件和使命需要的速度增量不变的情况下,应用高比冲电推进可以减少推进剂需求量,这些节省的推进剂质量可以用于增加航天器的有效载荷;③ 减轻发射质量,在最终送入工作轨道航天器质量和使命需要的速度增量不变的情况下,应用高比冲电推进节省的推进剂消耗量使得航天器发射重量能够减轻,从而降低发射成本[58]。

本书以延长在轨寿命为例,评价电推进轨道维持效益的分析方法。假设入轨后卫星的质量相同,记为 M_0,仅使用化学推进时的推进剂携带量为 M_c。进一步假设每年南北位保速度增量为 ΔV_{ns},东西位保每年速度增量为 ΔV_{ew},寿命末期离轨速度增量为 ΔV_d。那么,仅使用化学推进,卫星的寿命 Y_c,满足如下关系:

$$M_c = (1 + \eta) M_0 \left[1 - e^{\left(-\frac{(\Delta V_{ns} + \Delta V_{ew}) Y_c + \Delta V_d}{I_{sp} \eta_c g} \right)} \right] \tag{2-9}$$

式中,η 为考虑轨道维持期间姿态和误差散布修正的系数。

设由于增加电推进分系统,以及相应的电源、热控等重量增加,卫星增加的重量的和记为 M_e,如果使用电推进完成南北位保任务,使用化学推进系统完成东西位保任务和离轨任务,在发射重量、载荷重量都不变情况下,推进剂总携带量减少

了 M_e，卫星的寿命 Y_e 满足如下关系：

$$M_c - M_e = (1 + \eta)M_0 \left[1 - e^{\left(-\frac{\Delta V_{ew} Y_e + \Delta V_d}{I_{spc} \eta_c g} - \frac{\Delta V_{ns} Y_e}{I_{spe} \eta_e g} \right)} \right] \qquad (2-10)$$

式(2-9)和式(2-10)中，I_{spc} 和 I_{spe} 分别表示化学推进和电推进所对应的比冲；η_c 和 η_e 分别表示化学推进和电推进的使用效率。由于电推进比冲大于化学推进比冲，所以 Y_e 大于 Y_c。

定义 B 为使用电推进的效益：

$$B = \frac{Y_e}{Y_c} \qquad (2-11)$$

那么，当 B 大于 1 时，使用电推进具有延寿效果，B 越大，延寿效益越高。

因此，在推进任务分析过程中，应该着重对电推进和传统化学推进的任务进行合理分解，在任务允许的条件下使用电推进完成尽可能多的位置保持任务，利用电推进系统的高比冲优势抵消航天器使用电推进带来的额外重量代价，提高电推进使用的效益。

3. 轨道维持代价评估

首先，使用电推进系统完成轨道维持任务，就必须考虑增加电推进系统后航天器干重的提升。电推进系统的重量包含了电推力器、电源处理单元、推进剂贮供系统以及推力矢量调整机构等。电推力器的重量主要取决于推力器的类型。根据推力器原理的不同，同样功率、推力等级的电推力器重量存在一定的差距，离子推力器通常重于霍尔推力器，这一差距又进一步带来了推力矢量调整机构重量的差距。电源处理单元的重量主要取决于电推力器的功率需求，在一定的工程研制能力下，电源处理单元的重量基本上与电推力器的功率需求成正比。因此，针对特定的任务需求，需要对电推进的推进任务需求进行仔细评估，合理选择电推进系统的类型和功率水平，从而最大化航天器电推进使用效益。

其次，根据电推进的原理，电推进系统需要消耗航天器的电能才能产生推力。考虑到轨道维持任务通常都是在航天器的实际工作轨道进行的，此时航天器已经处于实际任务执行阶段，各种航天器任务载荷均正常工作。航天器要在工作轨道额外为电推进系统提供电能，就要求航天器的太阳翼等能源产生系统具备更大的电功率输出能力，航天器供电和配电系统的重量也会相应增加。因此，在进行电推进轨道维持代价的评估时，需要同步评估电推进使用对航天器供配电系统的影响。

特别地，对于 GEO 航天器，在春分与秋分附近的一个多月时间内，航天器会遭遇地影。为维持任务的连续性，GEO 航天器一般会携带蓄电池，在地影期间使用蓄电池为卫星供电，在光照期间留出足够的能量预算为蓄电池进行补充充电。通过优化设计,航天器可以将电推进所需的电能与蓄电池充电电能进行分时复用,从而降低电推进对供配电系统的影响。

2.1.5　航天器轨道转移推进任务设计

GEO 航天器、深空探测航天器等通常均使用航天器自带的推进系统完成星箭分离轨道至工作轨道之间的轨道转移任务。分析电推进在国外的应用历程可以看出,电推进除用于 GEO 航天器轨道位置保持任务外,已经越来越多地被应用于 GEO 航天器的轨道转移、深空探测航天器的行星际飞行等。本节以 GEO 航天器轨道转移任务为例,介绍电推进航天器轨道转移任务的设计。

1. 轨道转移任务方案

如图 2-2 所示,综合运载及运载上面级、航天器化学推进、航天器电推进等方式,GEO 航天器的入轨方式大致可分为三类:第一种方式为利用运载火箭和上面级直接把卫星送入 GEO 轨道;第二种方式为使用运载火箭及上面级将卫星发射至 GTO 轨道(同步转移轨道)或 SGTO 轨道(超同步转移轨道),使用星上化学推进系统变轨进入 GEO 轨道(地球静止轨道);第三种方式为使用运载火箭发射至 GTO 轨道或 SGTO 轨道等中间轨道,并使用星上化学推进和电推进(或全部使用电推进)变轨进入 GEO 轨道。航天器使用的电推进系统比冲通常显著高于传统化学推进系统,也高于运载和上面级使用的固体或液体发动机。因此在发射重量不变的条件下,使用化学推进和电推进联合变轨,或者全部使用电推进变轨可以显著增加卫星入轨质量(可等价为有效载荷质量的提升)。

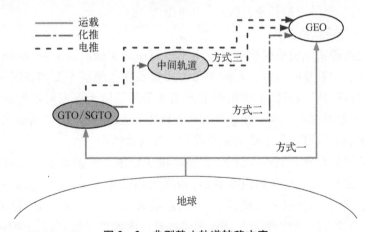

图 2-2　典型静止轨道转移方案

传统化学推进在进行轨道转移任务设计时,由于轨控发动机的推力较大,通常可以简化为脉冲变轨,利用近似霍曼转移的方式,在轨道控制效率最高的远地点或近地点进行发动机点火,完成从星箭分离轨道至 GEO 轨道的轨道转移任务。在具体实施过程中,航天器通常在远地点附近进行轨控发动机点火,提高轨道近地点;在近地点附近点火,降低远地点高度。根据星箭分离轨道的不同,GEO 卫星通常通过 4~6 次轨控发动机点火完成整个轨道转移任务[59-60]。

由于电推进推力较小,在轨道转移过程中,需要电推进系统在整个轨道转移阶段中持续进行点火。由于航天器轨道模型的非线性很强,在现有条件下,一般难以对电推进轨道转移任务的方案进行解析的计算和描述;在工程实践中,通过各种参数寻优的方法对电推进变轨策略进行数值寻优。在策略计算的过程中,还需要充分考虑航天器轨道转移的内外部约束条件。例如,为了降低航天器在高层大气中运行受到的阻力影响,要求航天器在轨道转移初期尽快提高近地点;考虑航天器控制系统的可实现性,需要对航天器在轨道转移过程中的姿态指向角度和最大机动角速度进行约束。

对于化学推进、电推进联合完成轨道转移任务的航天器,需要考虑电推进、化学推进在轨道转移效率上的差异,对电推进、化学推进的轨道转移任务分配进行设计。以改变轨道倾角为例,按照轨道摄动方程,在轨道升、降交点附近进行倾角机动的效率最高。由于化学推进推力较大,通常只需要较短时间的点火即可提供倾角机动所需的冲量要求,可以将化学推进点火安排在升、降交点附近进行,变轨效率通常比较高;而电推进推力小、点火时间长,在整个轨道周期进行平均后,电推进倾角机动的效率显著低于化学推进。但在近圆轨道的半长轴提升、深空探测航天器的持续加速等轨道机动任务中,推进系统的点火基本上沿航天器飞行的速度方向,电推进和化学推进的效率差别不大。在航天器轨道转移任务的设计中,就需要针对化学推进、电推进的任务分配进行专门的优化。

2. 轨道转移效益分析

使用电推进实施轨道转移的效益主要体现在减少推进剂消耗,从而带来载荷质量增加或发射重量的减少。在航天器干质量和任务轨道不变的情况下,应用高比冲电推进进行轨道转移,节省的推进剂消耗量使得航天器发射重量能够大幅减轻,从而降低发射成本。在运载条件和任务轨道不变的情况下,应用高比冲电推进节省的推进剂质量可以用于增加航天器的有效载荷质量。

以载荷质量提升为例进行分析,评价电推进轨道转移的效益。设定用化学推进进行轨道提升,经过转移轨道变轨后,最终入轨质量为 M_1。设定其中部分轨道任务由电推进代替,经过转移轨道变轨后,最终入轨质量为 M_2。M_2 和 M_1 的差值即为电推轨道转移获得的效益。入轨质量提升与电推进变轨时间、电推进比冲、电推进推力等相关,计算公式如下:

$$\Delta m = M_2 - M_1 = \frac{T_c \Delta t_c}{I_{spc} g} - \frac{T_e \Delta t_e}{I_{spe} g} \qquad (2-12)$$

式中，Δt_e 为电推代替化推工作的时间；Δt_c 为化推减少工作的时间；T_c 为化学推力器推力；T_e 为电推力器推力；I_{spc} 化学推进比冲；I_{spe} 电推进比冲。

对于同时配置化学推进和电推进的卫星，当电推进具备变轨能力时，将与卫星的化学推进形成功能备份，极大提高卫星的可靠性。在化学推进变轨发动机失效情况下，使用姿控推力器和电推进实施轨道救援是电推进应用的一个重要方向。ARTEMIS 卫星和 AEHF-1 卫星化学推进轨控发动机失效后，均使用电推进系统参与了轨道转移任务，最大限度保证了卫星的在轨剩余寿命，降低了发动机失效的故障影响。在经过这次救援任务后，AEHF 系列后续卫星将电推进末期轨道提升作为了卫星的正常设计方案。

3. 轨道转移代价评估

电推进完成轨道转移任务的最大特征是变轨时间长，较长的变轨时间又会对大系统、整星和分系统等不同层面带来额外的代价，在设计中这些代价可转化为电推进轨道转移设计约束。

1) 系统代价

由于电推进推力较小，使用电推进变轨时的一个特点是变轨时间长。由此带来如下几方面约束。

轨道转移成本代价。由于电推进完成轨道转移的时间较长，对 GEO 航天器来说变轨时间通常在几个月到半年以上，相比传统化学推进一周左右的入轨时间来说，电推进长时间变轨期间需要产生额外的地面测控成本；在整个电推进变轨期间，航天器通常无法投入运营，卫星运营商无法获得经营收入，同时还需要承担项目投资的利息、变轨期间的额外保险费用等。

安全性代价。电推进轨道转移期间，航天器轨道通常为缓慢变化过程；以 GEO 航天器为例，卫星轨道通常从 GTO 轨道或 SGTO 轨道缓慢变化至 GEO 轨道，在此期间卫星轨道远地点高度逐渐降低，近地点高度逐渐抬高。这导致卫星运行轨道从低到高扫过大片的空间区域，卫星与轨道上未知的卫星、碎片等空间垃圾碰撞的概率增加，由此增加了卫星变轨过程中的风险。在接近 GEO 轨道时，卫星还需要特别注意与相邻定点位置附近航天器的主动空间隔离，避免发生碰撞，这也对电推进轨道转移设计提出了额外的要求。

2) 卫星设计代价

电推进发动机虽具有高比冲的优点，但其推力很小，单台发动机推力在百毫牛量级，GTO 向 GEO 的变轨飞行时间长达半年甚至更多（根据实际推力加速度不同而不同），使得常规的基于远地点发动机的变轨策略不再适用。

控制系统代价。第一方面，星上控制系统需要具备同时保证太阳翼对日指向（保证星上能源）、点火姿态（保证轨道控制效果）等的能力；第二方面，变轨过程必须自主，电推进需要长期（几十天至上百天）点火，如此长的飞行期间内若仍采取常规地面控制为主的飞行控制手段,需要耗费大量的人力物力资源;第三方面,星上姿态敏感器设备适应超同步轨道要求,比如地敏视场必须适应超同步轨道要求。

空间辐照代价。地球辐射带的高能粒子会影响太阳电池阵使得卫星能源供给能力降低。地球辐射带分为内辐射带和外辐射带。地球内辐射带高度为 600~10 000 km,中心位置高度为 3 000~5 000 km,在南北纬 40°以内。内辐射带主要由质子和电子组成,另有少量的重离子。地球外辐射带高度为 10 000~60 000 km,中心位置高度为 20 000~25 000 km,在南北纬 70°以内。外辐射带主要由电子组成,另有一些能量较低的质子。内辐射带能量更高,质子的能量从几十 keV 到几百MeV,相应的影响更大。内辐射带是 GTO 至 GEO 经历的区域,也是设计重要分析的方面。根据电推变轨过程进行仿真分析,结果表明在 GTO 至 GEO 转移轨道运行半年的总辐射剂量最高达到相当于 GEO 轨道运行半年总辐射剂量的约 5 倍,要求航天器设备具有更强的耐空间辐射能力。

卫星热控代价。电推进长时间点火,以电推进 10 000 W 功率点火计算,电推进工作时星内供电设备散热超过 500 W,整星需要具备相应的热控能力。此外,卫星长期处于 GTO 轨道,整星需要具备相应的热控手段保证星上载荷等设备的安全。

在卫星设计方面,还涉及大功率电推进应用产生的高电压、大电流等带来的元器件和原材料方面的难题。

3)电推进系统代价

电推进实施轨道转移后,电推进系统研制将主要存在如下几方面的代价。

第一,电推进系统需要具备多模式工作的能力。电推进应同时适应轨道转移和在轨位保的能力。两种任务对电推进需求不同,轨道转移对推力要求相对较高,而在轨位保对比冲要求相对较高。对于轨道转移任务,电推进工作功率一般应达到万瓦级。

第二,电推进系统寿命验证要求。国外电推进在轨故障表明,电推进系统在轨故障主要体现在系统寿命能力方面。电推进实施在轨位保和轨道转移后,系统工作时间大幅延长,达到上万小时的量级,相应地寿命验证难度较大。需要综合降低技术风险、优化试验成本和周期、降低试验条件保障等多方面因素设计出寿命验证方案。

2.2　电推进系统功能和性能分析

2.2.1　电推进系统功能分析

根据电推进系统在轨任务要求和工作模式设计,电推进系统的主要功能为在整星供电支持下输出特定大小的推力,并将其调整到指定方向上,提供满足航天器全寿命期的推进任务总冲量。

电推进系统在航天器各个飞行阶段应具备以下基本功能：

（1）电推进系统各单机在主动段应能承受主动段的振动、加速度和冲击等各种环境；

（2）星箭分离完成后，电推进系统推力指向调节机构应具备可靠解锁功能，并在解锁完成后，具备推力矢量二维调节功能；

（3）电推进分系统应能根据航天器任务需求提供稳定的推力输出；

（4）地面确定点火推力器和点火时间等任务实施方案后，电推进系统应具备在轨自主完成点火和关机操作的功能；

（6）电推进系统应具备对在轨故障的处理或保护功能，确保分系统和航天器在轨安全；

（7）电推进系统设计应对推力器、PPU 等关键单机进行冗余备份，提高系统可靠性，具备不会由于单点故障的发生造成系统整体失效的能力。

电推进系统按其功能实现，可划分为控制子功能、推进剂贮存子功能、推进剂流量控制子功能、电源变换子功能、电源分配子功能、推力输出子功能、指向调节子功能。电推进系统功能组成见图 2-3。

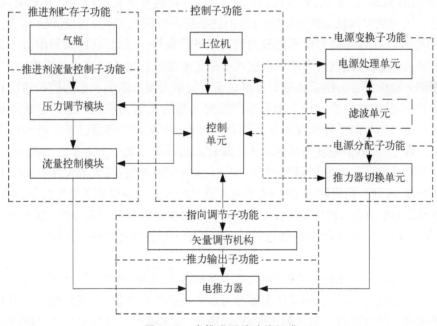

图 2-3 电推进系统功能组成

其中，控制子功能用于实现对电源处理单元各功能模块电路的控制及遥测，实现对氙气存贮与供给系统的控制与遥测，实现对推力矢量调节机构的控制，实现与航天器上位机的通信功能；推进剂贮存子功能实现对氙气等推进剂工质的高压稳定存贮功能;推进剂流量控制子功能包含压力调节和流量控制功能,实现对高压氙气等推进剂工质的减压控制,并为下游提供相对稳定的压力输入,同时实现对不同工作模式推力器工作的稳定工质输出功能;电源变换子功能与电源分配子功能用于实现对电推力器进行供电,实现供电输入和为电推力器提供所需的稳压电源、恒流电源、脉冲电源等各路输出功能,并具备输出保护和恢复功能;推力输出子功能则用于实现对氙气等工质的电离和加速,满足等离子体加速形成推力的输出功能;指向调节子功能用于支撑电推力器实现对推力的矢量调节需求。

2.2.2 电推进系统性能分析

1. 推力分析

在进行电推进推力指标分析时,需要充分考虑航天器推进任务的需求。推力相关的性能指标包括稳定工作推力、推力调节范围、推力控制精度等。

稳定工作推力是电推进系统标称工作状态下的平均推力。对 LEO 航天器大气阻力补偿任务来说,电推进系统的推力最低不得低于航天器受到的大气阻力;对 GEO 等航天器的轨道维持任务来说,电推进系统平均推力越小、电推进点火时间(也就是点火弧段)越长,轨道控制的效率越低;对航天器轨道转移任务来说,也可以近似认为航天器轨道转移时间与电推进系统的推力成反比,当航天器有最长变轨时间要求时,就需要对电推进推力的下限进行限制。因此,在航天器推进任务分析阶段,就需要根据航天器的系统级约束确定电推进稳定工作推力的要求。

部分特殊任务的航天器还对电推进系统的推力调节范围和推力控制精度有额外的要求,其中最典型的任务为科学探测航天器的无拖曳控制。欧洲空间局研制的地球重力场与海洋环流探测卫星(GOCE)的一个重要科学目标就是精确探测地球重力场分布,测量精度达到地表重力加速度的百万分之一。为了达到这一目的,卫星需要对在轨受到的大气阻力等非保守力进行实时补偿;在方案设计中,GOCE 卫星选用 QinetiQ 公司研制的 T5 型离子电推进系统来完成卫星的无拖曳控制,要求电推进系统的推力调节范围不低于 1~20 mN,推力控制精度优于 25 μN。在实际飞行中,电推进系统的推力控制精度达到 12 μN,帮助卫星出色完成探测任务[61]。

2. 比冲分析

由于运载火箭承载能力的限制,航天器通常表现为一个重量严格受限的系统。一般来说,航天器任务总是希望能够尽可能多地携带任务载荷,或者在任务载荷一定的条件下尽可能延长航天器工作寿命,因此,航天器的总体期望是尽可能降低每个系统的质量。

与航天器其他系统不同,推进系统的质量包括设备干重和推进剂质量两部分,而推进剂质量又与推进系统的比冲息息相关,因此,推进系统的比冲、设备干重和推进剂质量应进行统一设计和评估。对电推进系统来说,电推进的比冲较高,可以节省较多的推进剂,降低电推进系统总质量。但是,随着比冲的提高,电功率相应增加,导致电源系统质量增大,因而需要合理选取电推进系统的比冲。

图 2-4 给出了某卫星方案设计阶段载干比与比冲的分析结果。定义 α 为电推进系统的比功率,反映电推进系统功率与质量的比值。可以看到,针对特定的 α值,系统载干比随着比冲的提高呈现出先增大、后减小的趋势,存在最优比冲使得系统的载干比最高、载荷承载能力最大。同时还可以看出,随着 α 值的增大(图中$\alpha_1 < \alpha_2 < \alpha_3$),系统的最优比冲也呈现出增大的趋势;这是由于 α 增大后,提高电推进系统功率的重量代价相对降低,因此系统可以承受更大的电推进系统功率带来的重量。

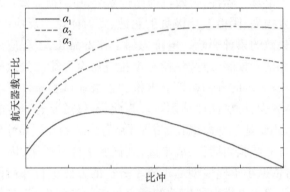

图 2-4　航天器任务载干比分析

3. 功率分析

由于航天器的总重量受限,供配电系统不可能无限制增加太阳电池、蓄电池的重量,导致航天器的总功率实质上也是受限的。对普通航天器而言,上文在进行比冲和重量分析时,已经从供配电重量的角度出发,考虑了电推进系统功率的影响,在此不再对此类航天器电推进系统的功率要求开展进一步分析。

但是,对行星际探测航天器而言,其功率限制主要不是由航天器发射重量决定的。这类航天器的总功率主要受到行星际飞行过程中太阳辐射能量的限制,当航天器远离太阳时,太阳电池接收到的太阳辐射能量密度与太阳距离呈平方反比减小。也就是说,航天器与太阳的距离每增加一倍,航天器接收到的太阳辐射能量密度降低为四分之一,航天器太阳电池的发电能力也同比降低。例如同样设计的航天器,在火星轨道的总功率仅为地球轨道的 43% 左右。因此对于行星际航天器而言,通常需要考虑航天器的工作轨道,对电推进系统的功率进行限制,在实际工程中,可能要求电推进系统具有较大的功率调节范围。

4. 工作寿命分析

电推进系统寿命依据航天器的任务周期内的总冲需求确定,在总冲量相对确定的情况下,推力越小,推力器点火时间越长,由此带来的寿命试验验证周期越长,对电推进系统可靠性要求越高。电推进的寿命性能是航天器产品在轨应用尤其是推进产品工程应用必须保证和确认的性能。

电源处理单元属于电子产品,其寿命主要取决于电子元器件在特定应力水平下的寿命。电子元器件失效率可以通过查阅相关手册得到,电源处理单元的寿命可以通过设计分析进行验证。贮供系统的寿命主要取决于压力传感器、温度传感器、热节流器、电磁阀、减压器等电子产品或活动部件产品的寿命。压力传感器、温度传感器可选用在长寿命航天器上已经过验证的成熟产品。电磁阀、比例阀等需要通过长寿命动作次数考核试验,验证其寿命符合性。

电推力器属于电真空器件,失效机理比较复杂,在磨损失效机理方面存在阴极发射体高温热蒸发损失、阴极触持极溅射腐蚀、发射体化学反应中毒、发射体溅射物沉积等磨损性失效的累计影响。电推力器工作寿命长,工程应用前必须对推力器工作寿命进行评估和摸底,通过试验对电推进所有可能的失效模式进行全面研究,并保证系统具备一定的寿命裕度。电推力器寿命试验条件要求苛刻、周期长、成本高,试验样本数少,可靠性评估困难。为此,不仅需要有一定的寿命试验和老练试验考核数据,还要基于寿命试验数据,开展寿命预测和可靠性分析。

由于电推进寿命试验周期长、成本高,其试验子样数受限,因此电推力器寿命模型的建立,通常依据小子样模型通过概率分析的方法进行寿命评估和可靠性评估。首先分析确认引起电推力器失效的所有可能的失效模式,并从设计层面确认其可有效抑制的技术途径,对于不可避免的失效模式确认影响机理的特征参数,从而确认测试的特征参数点;其次,通过阶段试验数据测量,分析引起推力器性能变化的关键参数,确定初步的失效磨损机理,建立磨损分析模型;然后通过进一步的试验对模型进行修正;最后,通过概率性工作寿命分析预测技术得到电推力器满足具体使命的工作寿命要求,并计算出不发生失效的概率,这样可以在较少试验子样下实现相对较高置信水平的工作寿命预测和评价。

2.3　电推进航天器系统设计

2.3.1　航天器总体设计概述

1. 航天器总体设计基本任务

航天工程是一个典型的复杂大系统工程。一方面,航天器系统的功能在地面是不能发挥作用的,它必须由运载火箭送入预定轨道,利用地面测控系统对航天器的姿态及轨道进行跟踪、测量和控制,并与地面应用系统配合,才能发挥航天器的应用功能。航天器系统设计向上涉及整个航天工程的任务规划、轨道设计、星地测控、应用系统、运载器接口等一系列大系统问题。另一方面,航天器系统复杂,而且各功能不同,其专业技术差别较大,一般将航天器系统向下分为若干分系统,有的分系统下一层次又有若干子系统,在分系统或子系统下一层次又有若干设备,设备下一层次又有若干元器件(或零件),需要组织不同专业技术特长的设计师和研制单位承担研制。航天器系统设计向下包含各分系统、子系统、单机、模块直至元器件的设计,也包含各级产品之间的接口、可靠性、安全性等设计和实现[62]。

航天器设计呈现典型的层级化特征,一般可分为系统设计、分系统设计和单机设计三大层次。特殊情况下,可将部分联系紧密、接口复杂的单机组成子系统,开展子系统层级的设计。各层级设计有其一致性,均以上一级的任务要求作为主要设计依据,以上一级经选择和确认的各种接口规范作为约束条件,开展任务需求分析、方案选择、性能分析、"可靠性、安全性、维修性、测试性、保障性、环境适应性"(以下简称为"六性")分析、风险分析与控制等工作。各层级设计又有其特殊性。系统设计、分系统设计更着力于对本级产品(航天器系统、分系统)的工作模式、下级产品的选择和配置方案、不同工作模式下对相关下级产品的功能性能要求,以及各下级产品之间的接口要求和匹配情况进行设计;单机设计更着力于单机的机械、电路、热、工艺等详细设计,确认单机产品满足专用技术文件和通用规范的要求。系统设计和分系统设计具有一定的相似性和相关性,在特定的条件下,可以将系统设计和分系统设计结合,直接由系统总体和分系统总体联合完成分系统设计任务,并向单机研制单位下达技术要求和任务书。

航天器设计的主要目的是确认从系统到单机的各级航天器产品的设计状态,其中,航天器系统总体设计承担着航天器"定方向、定大局、定功能"的任务,在航天器整个研制过程中起着提纲挈领的作用,是航天器设计的基础。概况来说,航天器总体设计的任务是在规定的研制周期和成本条件下设计一个能满足用户任务要求的、功能性能尽量优化的航天器系统。其基本任务可归纳为以下方面。

(1)合理分析用户要求,将用户要求转化为航天器系统的轨道设计、构型布局、飞行程序、工作模式、系统信息流、主要功能及性能参数,并使该系统满足大系统(运载火箭、发射场、测控中心和应用系统)的约束要求。

(2)合理选用航天器技术方案和路线,既保证航天器系统技术方案具有一定的先进性、能够满足各功能性能需求,又需要考虑技术方案有较好的继承性,新技术应用的风险受控。一般而言,对于某个航天器研制机构其技术路线具有一定的延续性。

(3)将航天器系统功能和性能参数分解到各个分系统中,经过分析和协调来保证各种功能的、物理的和程序的接口兼容,最终完成总体方案设计。

(4)完成航天器系统的总装、集成、测试与试验详细设计(含总装设计、地面机械支持设备需求设计、总体电路设计、地面电气支持设备需求设计、电性能测试和环境模拟试验要求等)。

（5）完成航天器与大系统的接口设计,确认设计结果满足大系统的力、热、EMC、测控等接口要求。

（6）开展“六性”设计,提出产品保证要求,完成系统级可靠性、安全性、电磁兼容性及软件等保证大纲及规范。

（7）开展系统研制技术流程设计,明确系统研制过程的工作项目,并以此为基础编制完成系统研制计划流程。

（8）开展工程研制过程中的技术风险、进度风险分析,明确风险项目和控制措施。

与其他工业产品相比,航天器具有其特殊性,航天器系统设计中也需要将这些特点作为要求贯彻到设计结果中。

1）空间环境适应性要求

航天器的工作环境一般为外层空间,航天器在工作运行过程中会遭遇低气压及真空环境、电磁场及电磁辐射、高能粒子辐射、微流星和空间碎片等;航天器设计过程中需要充分考虑产品对真空及低气压环境的耐受能力、地磁场等空间电磁场对航天器任务的影响、太阳及地球热辐射对航天器温度的影响、辐射环境对航天器产品性能造成的损伤、微流星和空间碎片的碰撞等。

2）航天器高可靠和高安全性要求

由于航天器研制和发射的成本很高,当前大多数航天器发射后难以开展在轨维修任务,因此航天器对全任务周期内的可靠性要求较高。此外,航天器一般携带有易燃易爆推进剂、高压气体等危险物质,在研制和发射过程中存在较大的安全性风险,总体设计中要充分考虑航天器的安全性设计。

3）高度自主控制要求

航天器在轨运行期间需要完成姿态测量和控制、主备份件切换、蓄电池充放电、加热器通断电、轨道测量和控制、数据传输等任务。由于空间距离、测控速率等限制,航天器必须在轨自主完成姿态控制、故障隔离和处理等实时性要求较高的任务。此外,航天器用户对航天器系统好用性、易用性的要求日益提高,这就要求航天器进一步提高智能化水平,增强航天器自主运行和控制的能力,降低地面测控的工作频度和难度。航天器系统开展设计时,应充分考虑在轨测控、应用的任务需求,全面提高航天器的自主控制能力;此外,航天器自主控制设计还应充分发挥航天器、测控系统、应用系统的能力,对航天器的自主控制需求进行合理分配,在大系统的层面上实现最优。

4）平台化设计要求

航天器一般可以分为平台和有效载荷两大部分。平台部分为航天器提供基础支撑结构,并完成航天器能源管理、信息管理、轨道和姿态控制、遥测遥控等任务。有效载荷主要面向应用系统,在平台的支持下完成航天器的通信、遥感、科学探测等应用任务。由于航天器研制的高成本、高可靠等特点,在航天器研制中,一般倾向于面向多个相似任务和规模的航天器研制通用的航天器平台,在通用平台基础上通过有效载荷的合理选择和配置,完成不同的应用任务。通用平台的设计可以有效地缩短航天器的研制周期,降低研制成本。继承性的平台设计还可有效确保航天器的高可靠性。因此,在航天器系统设计时,应尽可能沿用平台化的设计结果。在无法沿用现有平台时,也应有目标地将航天器平台设计成适应多种有效载荷的公用平台。

2. 航天器总体设计基本原则

航天器设计的重要性和复杂性决定了航天器总体设计过程中必须遵循一定的设计原则[63]。

1) 满足用户需求的原则

航天器总体设计必须以用户需求或国家的特定需求目标为依据,设计出航天器总体方案、航天器总体功能和性能指标、对分系统的技术要求以及航天器总体详细设计等,使最终研制出的航天器满足用户特定的需求。除满足特定的使用性能指标要求外,还要满足用户提出的研制周期和成本要求。

2) 系统整体性原则

航天器是一个复杂的系统,它是由相关的组成部分(分系统、子系统或独立部件)有机组合成的一个整体。该系统具备特有的功能和性能,它是由系统组成部分之间相互联系、相互作用、相互协调而形成的。系统的功能和性能是其组成部分所不具备的,也不是其组成部分的功能和性能的代数相加。系统论的创始人贝塔朗菲提出“整体大于它的各部分的总和”的系统论的基本规律,这一规律称为整体性。总体设计一定要服从系统的整体性规律,从航天器的整体功能和性能出发,把握航天器各组成部分之间的相互关系和相互协调,进行系统分解和总和两方面的技术协调。在设计中,一定要防止脱离整体功能和性能而去追求局部高性能或迁就局部,而需进行科学的分析和计算。

3) 航天器研制阶段性原则

航天器系统研制和应用过程大致可分为设计、制造、发射和应用四个阶段。航天器总体设计又可大致分为任务分析、可行性总体方案论证、总体方案设计和总体详细设计四个阶段。航天器的阶段性是由于航天器系统的整体性和层次性而产生的一项固有特性,而且由于航天器系统还要适应外界环境要求(通过鉴定试验),所以其详细设计还要分成初样设计和正样设计两个阶段。航天器总体设计阶段是系统工程客观上存在的先后顺序,前一阶段工作未做完,则后一阶段工作无法进行。

4) 创新性和继承性原则

航天器是 20 世纪 50 年代末发展起来的新技术,而且其技术和性能在不断创新和提高,另外,还不断涌现出许多新概念、新理论、新技术、新材料、新工艺。这就要求航天器总体设计中要发挥创新性,提高航天器总体性能。但创新必须建立在继承的基础上,决不能为创新而创新。创新性应主要体现在按系统论的观点和系统工程的方法进行总体分析与综合,以实现航天器整体优化。整体优化的原则,并不是要把精力集中在或过多地用在某些局部的创新上,设计一种新航天器,也要尽量继承经过在轨考验的原有技术、部件或电路等。在实际的约束条件下,高效率设计和制造出高品质和良好经济性的新航天器,才是创新性发挥的主要任务。

5)效益性原则

航天器研制成本很高,航天器工程的经费投入和产出的效费比也很高。为了获得最高的效益,总体设计要通过优化设计,最有效地利用现有的技术成就进行最佳的组合,提高可靠性、缩短研制周期、降低研制成本,使航天器研制以最少的代价,达到用户对航天器系统功能和性能的要求。

3. 电推进航天器总体设计特殊要求

由于电推进的应用,电推进航天器的设计除以上的通用要点外,还有其特殊的设计要素。首先是采用电推进技术对航天器总体任务与总体设计的影响,电推进的使用会引起航天器能源、结构、热控、测控、控制等分系统设计变化,带来接口匹配性、系统兼容性等额外问题,对运载火箭、地面运控系统等提出额外的要求。再次是合理选择电推进系统技术路线和产品的配置,确定推力、比冲等主要技术指标参数,以达到系统效能最优。最后是要制定专门的电推进系统地面测试试验验证计划,针对性地开展验证工作。

1)电推进与航天器的兼容

化学推进与航天器的接口相对简单。化学推进系统一般由推进剂贮箱、阀门、管路、压力传感器、温度传感器、推力器和发动机等组成;阀门通常采用驱动脉冲或驱动电平的方式进行控制,压力传感器通常使用模拟电压量形式进行遥测采集,温度传感器通常采用航天器常见的热敏电阻、铂电阻等形式,化学推进与航天器的电气接口均为航天器标准的指令和遥测接口形式。在机械接口方面,化学推力器的尺寸一般较小,对航天器的布局空间、运载火箭整流罩兼容性等影响相对较小。最后,在能源方面,由于化学推进系统主要利用推进剂自身携带的化学能工作,对航天器能源系统的要求较低。

电推进在与航天器的整体兼容方面与化学推进存在显著的区别。电推进系统一般由电源处理单元、电推力器、推进剂贮存与供给子系统,还可根据需要配备推力器切换单元、推力指向调节机构等。电推力器是电推进系统的核心,也是最终产生恒定推力的设备;电源处理单元负责为电推力器提供所需的各种电源,推进剂贮存与供给子系统负责按照电推力器的需求提供指定流量的推进剂;推力器切换单元负责将电源处理单元输出的各种电源按照需求分配至指定的推力器;推力指向调节机构按照航天器的需求,对电推进推力的方向进行调整。其中,电推力器属于电真空机电产品;电源处理单元和推力器切换单元属于电子产品;推进剂贮存与供给子系统与化学推进产品类似,多属于管路阀门类产品;推力指向调节机构属于空间机构类产品。电推进系统包含的产品类别繁多,与航天器的接口复杂,在兼容性方面需要重点进行设计考虑。

（1）在能源接口方面,电推进系统的能源主要通过电源处理单元从航天器能源系统获取,因此,电源处理单元也是航天器上最大的用电设备之一,其功耗可以达到数百至数千瓦。如果电源处理单元的供电能源接口出现问题,则可能对整个航天器的供电安全造成影响,因此,通常需要对电源处理单元的能源接口进行特殊的安全保护设计。

（2）在机械接口方面,电推力器一般安装在航天器的外部,且尺寸较大。1 kW级别的离子推力器外轮廓尺寸可以达到 $\Phi300$ mm×300 mm 左右,霍尔推力器略小,但也可达到 $\Phi150$ mm×150 mm×150 mm 左右,均显著大于化学推力器的外形尺寸（大约 $\Phi50$ mm×150 mm）。在进行电推力器布局设计时,需要在充分考虑航天器与运载火箭整流罩兼容性、电推力器与光学敏感器等其他星表设备兼容性等约束条件的基础上,尽量提高电推力器点火工作的几何效率。此外,由于电推力器一般质量较大,航天器可携带的电推力器数量有限（以地球静止轨道通信卫星为例,通常可携带化学推力器 14~20 台,但电推力器数量一般不超过 4 台）,还需要综合考虑电推进的各种推进任务需求,合理设计电推力器的位置和指向。

（3）在系统兼容性方面,电推进技术的应用为航天器引入了许多额外的兼容性风险。不同于航天器的其他常见负载,电推力器是一种气体等离子体放电负载。由于等离子体振荡和不稳定性等,电推力器的负载特性可能存在较高频率（最高可达几兆到几十兆赫兹）的振荡,该振荡将通过电推力器的供电线路返回到电源处理单元中,影响电源处理单元的电磁兼容特性,在航天器内部引入额外的干扰源;因此,必须对电推进系统的电磁兼容情况进行额外的考虑。此外,电推进的羽流为等离子体。电推进工作时,其羽流等离子体将影响航天器周围的空间等离子体特性,对航天器的表面充电等特性造成影响;羽流等离子体密度较大时,甚至可能影响航天器通信电磁波的相位、幅度和极化等传播特性,航天器设计时需要对相关影响效果进行评估。最后,由于电推进的比冲较高,推进剂粒子的喷出速度最高可达到化学推进的十倍以上,可能对航天器表面造成刻蚀等效应,需要对航天器表面光学特性的衰减进行评估或裕度设计。

（4）与化学推进相比,电推进的推力较小,实现相同的速度增量所需的点火时间长。以同步轨道卫星轨道转移任务为例,传统化学推进卫星一般都选择在地面测控网的可见弧段内开展发动机点火工作;但对电推进航天器而言,由于变轨点火时间长,在不可见弧段内也需要进行电推进点火工作,否则将成倍延长航天器的变轨时间,这就对航天器与地面测控网的接口设计提出了新的要求。一方面,航天器需要提高其在轨自主工作能力,并具备一定的遥测数据缓存能力;另一方面,地面测控网需要提高快速反应能力,在航天器的测控可见弧段中快速完成航天器测轨、航天器状态检查和设置等遥测遥控任务。

2)电推进选型和配置

从电热式到静电式,不同的电推进有着不同的推力、比冲和功耗特性,在航天器设计时,需要根据航天器任务和约束条件进行合理选择。例如,电弧推力器虽然比冲低,但结构简单、系统干重小,适用于总速度增量不大的中小型卫星;离子电推进虽然系统较为复杂、干重较大,但比冲更高,相比其他类型的电推进可节约更多的推进剂,因此更适用于同步轨道转移、深空探测等总速度增量较大的航天器。

此外,不管对于何种电推进,其功耗基本正比于推力器推力和比冲的乘积。航天器能提供给电推进的功率是有限的,这就要求航天器系统在进行电推进选型时,必须在推力和比冲之间进行权衡。

在电推进配置方面,首先应该解决的是电推力器的配置数量问题。除电热式推力器以外,其他电推力器的体积、质量一般较大,因此,电推力器的数量一般以满足推进任务要求的最低数量为基础,再考虑可靠性要求增加一定的冗余备份。此时,如何通过合理的电推力器布局和策略设计,在较少的电推力器数量限制下更好地实现推力器的冗余备份,是电推进航天器设计中的一个重点和难点。

电推力器的配置确定之后,还需要对电源处理单元、推进剂贮存和供给子系统的冗余备份情况进行设计;在设计时应重点对各单机的主备份切换接口进行检查和分析,避免因为单一产品的失效造成整个冗余备份的失效。

3)电推进的测试与试验

由于电推进系统与航天器的相互影响较为复杂,在航天器设计中需要对电推进的地面测试和试验进行专项的设计和策划。

电推进的测试和试验可大致分为两大类:一类是对电推进自身的功能性能设计、寿命和可靠性、环境适应性等进行的测试;另一类是针对电推进的系统应用开展的使用策略、系统兼容性等进行的试验和验证。

第一类测试和试验可参照航天器其他单机产品进行设计,但在试验方案设计中应充分考虑电推进的技术特点。

(1)电推进单机间硬件接口,尤其是电推力器与电源处理单元之间的接口,存在较为复杂的匹配关系。根据电推力器的设计、部组件选型等不同,电推力器的等离子体放电特性存在较大的差别。因此在电推进系统产品选择时,应尽量成套选择电推力器和电源处理单元产品,在地面试验中,也需要安排专门的匹配性验证试验,对各种可能工况下的硬件产品匹配情况进行验证。验证试验应尽可能在产品初样研制阶段实施,并尽可能采用或模拟航天器实际使用的与电推进系统匹配的遥测遥控软硬件产品。

（2）电推进的工作特性要求航天器具备较强的自主控制能力，其中包括电推进系统自主工作、电推进故障检测和处理、航天器姿轨控协同工作等。在相关软件的测试过程中，应该由软硬件设计人员共同参与，既要满足软件测试和评测的通用要求，又要充分考虑电推进实际工作过程中的典型现象。必要时还应该组织电推进自主控制软件与实际硬件的联试，确保软件中的处理措施能够与硬件配合达成预期的效果。

（3）电推力器或电推进的最终性能表现为推力、比冲、功率等。电推进的推力通常较小，根据不同的推进类型可能为微牛至毫牛级，一般需要设计专门的推力测量设备，在设计时还应该特别注意对摩擦、线缆和管路的弹力/扭矩等干扰因素的补偿。推进系统的比冲是推力与推进剂流率的比值，电推进的推进剂流率一般为mg/s 量级，远小于传统化学推进系统的推进剂流率，需要在测试中进行专门的测量系统设计。

（4）电推力器在寿命和可靠性方面也存在较大的特殊性。电推力器的点火寿命通常为上万小时，目前尚没有一个得到公认的理论可以据此开展电推力器的加速寿命试验，国内外主流的电推力器寿命试验还都是通过 1∶1 地面点火进行的。电推力器点火必须在真空舱内进行，一般认为电推力器的寿命受放电部件的碰撞溅射影响，在寿命试验中希望真空舱的工作真空度尽可能低，降低背景气体电荷交换碰撞产物对电推力器的寿命影响。电推力器的寿命试验一般耗资巨大，很难开展大批量寿命试验，通常只开展一台或两台产品的全寿命试验考核。寿命试验样本量的缺乏也对电推力器的可靠性评估造成了特别的困难，需要采用小子样或超小子样的评估方法对电推力器的可靠性进行估算。

第二类测试和试验与航天器级的测试和试验相关。航天器采用电推进技术后，除了与传统化学推进系统相似的氙气贮供系统外，还额外增加了电源处理单元、推力矢量调节机构等设备，需要在系统测试过程中考虑对这些设备的功能、性能以及健康状态进行确认。电推进的应用还导致了航天器的轨道转移、轨道保持操作与化学推进存在较大差异，需要针对性地进行验证。

（1）由于电推进系统的特点，电推进在使用时的策略与化学推进存在较大的不同。首先，由于电推进的推力较小，在执行轨道转移任务时，点火作用时间的影响不可忽略，不能像化学推进一样按照脉冲推力来进行近似处理，而必须按照小推力变轨的处理方法，充分考虑轨道不同弧段位置点火的影响。其次，由于电推力器的数量一般较少，无法像化学推进一样通过不同推力器的组合点火来抵消非期望的力或力矩分量，在点火工作时必须考虑非期望分量的作用效果，通过合理设计使用策略来进行抵消。最后，在电推进点火时应该充分考虑轨道控制和姿态控制的耦合作用，至少确保电推进进行轨道控制时不会对航天器姿态造成不利影响。如果可能,还应该尽量通过调节电推力器的推力方向,在完成轨道控制的时候附带执行部分或全部姿态控制任务。以上的策略均需要在地面通过仿真等手段进行验证。

(2)电推进系统使用的电推力器无法在大气条件下工作;出于安全性考虑,氙气贮供子系统在地面测试期间不长期充压,测试时通常需要连接地面气源,操作较为复杂。因此,在航天器进行 AIT(总装集成测试)阶段测试时,大多需要研制专用测试设备来模拟电推力器和氙气贮供子系统的接口特性。在此条件下,电推进航天器系统设计就需要基于电推进系统的设计和使用状态,对 AIT 阶段电推进测试的目的和项目进行分析,明确各类测试设备的有限模拟需求,结合单机的实际测试完成电推进专用测试设备的设计和研制,既要确保测试试验的有效性,又要避免陷入无限的特性模拟以至于浪费过多的时间和成本。

(3)电推力器交付装星后,在大气条件下无法进行测试。由于航天器 AIT 阶段时间较长,大型航天器可能达到一年或以上,系统设计师必须提前考虑电推力器的健康检查方法,在航天器 AIT 阶段适时进行电推力器的健康检查,避免其在地面发生损伤而无法辨识。

(4)推力矢量调节机构在设计时均按照在轨状态进行驱动力矩等参数设计,不考虑地球重力影响,在地面进行测试时,可能因地球重力作用造成机构驱动力矩不足,无法按照设计完成转动任务,甚至可能损伤产品,必须在地面测试时进行重力卸载。推力矢量调节机构通常具有两个或以上的自由度,卸载方案通常比较复杂,需要在产品设计时同步开展卸载方案和卸载工装的设计。

2.3.2　电推进系统构型布局设计

1. 电推进系统构型布局设计原则

电推进分系统的构型布局与卫星的结构、控制、供配电、热控、化学推进、综合电子、遥测遥控等分系统直接相关。电推进在航天器上的布局一方面需要使得电推力器可以提供航天器所需的各种方向的力和力矩,协助航天器完成在轨任务;另一方面需要完成电推进系统单机本身在卫星上位置布置,满足力、热、羽流等要求。

电推进在星上的布局应综合考虑以下几个方面的因素。

1)电推力器

如何通过电推力器的合理布局,降低电推力器总数量需求,同时提供一定的冗余备份关系以提高系统可靠性,是整个电推进系统的布局设计中最具有特色、也最困难的内容。LEO 航天器和深空探测航天器通常要求推力沿航天器的飞行速度方向,布局要求较为单一,SMART‐1 探测器、GOCE 卫星等都将电推力器放置在航天器轴线上或沿轴线对称放置。对于静止轨道卫星而言,电推进任务涵盖了位置保持、轨道转移、姿态控制等,其配置和布局设计难度更大,更具有代表性。

一方面,要求电推力器工作时的综合效率尽可能高,以减小推进剂的携带量;

另一方面,当实施轨道控制任务时,电推进工作时的干扰力和干扰力矩尽可能小,以保证电推力器工作期间卫星的姿控精度满足卫星指标要求。此外,还应使得光学敏感器和太阳翼等不受电推力器的羽流污染且羽流对太阳翼的附加干扰力矩尽量小,推力器布局时应避免其工作时的热量对周围部件造成不利影响。最后,由于电推进尺寸一般较大,并且布置在航天器本体的外表面,需要确认电推力器的布局与运载的允许包络相容。

静止轨道卫星电推力器典型布局有"人"字布局、锥形布局、十字交叉布局三种,见图 2-5。

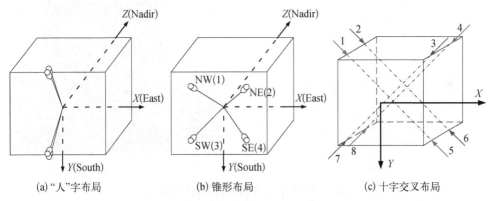

(a) "人"字布局 (b) 锥形布局 (c) 十字交叉布局

图 2-5 静止轨道卫星电推力器常用布局

2) 贮供系统

电推进系统在轨工作所需的氙气一般存储在贮供系统的高压气瓶中。对大型航天器而言,氙气的装填量通常达到几十到几百千克;在轨飞行过程中,氙气逐渐消耗,贮供系统的质量特性会发生显著变化。因此,在贮供系统布局中,需要对氙气瓶的布局位置进行专门设计,以确保卫星在轨期间,随着推进剂的消耗,卫星质心变化不要过大,以免给指向调节机构的设计带来难度。贮供系统各模块(贮存模块、压力调解模块、流量调节模块等)对温度有严格的要求,布局时应考虑控温的需要。气瓶充满氙气时的质量一般超过几十千克,需要安装位置具有较好的刚度和强度。此外,还应减小电推进系统管路模块与化学推进管路模块之间的耦合,便于模块的拆装和测试、检查。

3) 电源处理单元

电源处理单元工作时的发热量大,应有足够的散热面积。电源处理单元输出的电压种类多、电流大,应提前规划电缆的走向并考虑整星的安全性问题。

2. 南北位置保持任务布局设计

"人"字布局配置 4 台电推力器安于卫星背地板或南北板,南、北侧一主一备两台电推力器安装于同一套矢量调节机构。通常该电推力器构型只用于卫星南北位保,采用化学推力器进行东西位保,BSS - 601 平台和 DFH - 3B 平台采用此种构型。"人"字布局的主要特点是 4 台电推力器在南北板的中心面 YOZ 面,示意图如图 2 - 6(a)所示。该种安装方式南北位保效率较高,但无东西方向推力分量(即无法完成东西位保)。

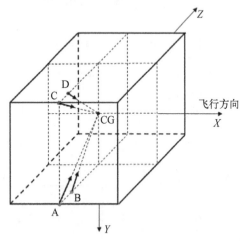

(a)"人"字布局方案示意图

(b)"人"字布局方案实例(DFH-3b)

图 2 - 6 "人"字布局方案示意图与实例

"人"字布局在我国研制的东方红三号 B 平台[DFH - 3B 平台,布局图片如图 2 - 6(b)所示]、波音公司 BSS - 601HP 平台、劳拉空间系统公司 LS - 1300 平台、空中客车防务及航天公司 E - 3000 平台、泰雷兹·阿莱尼亚公司的 SB - 4000 平台,以及空中客车防务及航天公司和泰雷兹·阿莱尼亚公司联合开发的 Alphabus 平台中均得到了应用。典型的南北位置保持需要电推进采用南北对称点火方式,点火区域位于轨道的升交点和降交点附近,为避免电推进点火带来的姿态扰动,还需要通过矢量调节机构保证点火推力器推力矢量经过航天器质心[64]。

实际应用中,根据卫星在轨飞行方向的不同,"人"字布局产生了两种演变方案。

一种演变方案是将 4 台推力器由安装在南北板对称面 YOZ 面,调整到非对称面 YOX 面,即安装在南北板和东西板侧棱上,典型应用是基于 Alphabus 平台首发星 Inmarsat XL 卫星。图 2 - 7(a)为 Alphabus 不带大天线时的推力器布局示意图,图 2 - 7(b)为携带大天线的基于 Alphabus 平台的 Inmarsat XL 卫星的电推力器布局[65]。

基于 Alphabus 平台首发星 Inmarsat XL 卫星,配置了大型网面天线。为适应整星质心变化,以及避免羽流对网面天线的干扰,卫星在轨飞行姿态相对于标准平台对调了 X 轴和 Z 轴方向,同时对化学推力器和电推力器的布局进行了适应性更改。图 2 - 8 是按照卫星在轨飞行方式给出的电推力器布局。可以看出,Alphabus 平台

(a) 非大天线卫星电推力器布局　　　　　(b) 带大天线(Inmarsat XL)电推力器布局

图 2-7　Alphabus 平台两种电推力器布局

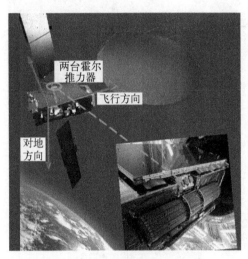

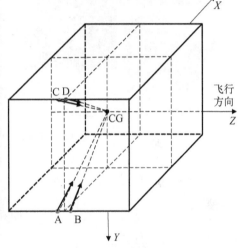

(a) Alphabus(Inmarsat XL)电推力器布局在轨示意　　(b) Alphabus(Inmarsat XL)电推力器布局示意图

图 2-8　Alphabus 首发星 Inmarsat XL 推力器布局

配置大天线用于移动通信时,卫星飞行方向为承力筒轴线(Z 轴)方向,此时推力器在轨仍然在背地面方向。

　　对比图 2-7(b)和图 2-8(b)可以看出:DFH-3B 等平台电推力器安装在轨道法向和径向形成的平面内,而 Alphabus 平台电推力器是相对于轨道法向和径向形成的平面对称安装,存在一个非常小的角度,但该布局方案的在轨任务仍然以在轨南北位保为主。

　　"人"字布局难以直接应用于轨道转移,因此劳拉公司提出了可用于轨道转移的改进后的"人"字布局,演变过程见图 2-9。劳拉空间系统公司[66]在使用"人"

字布局利用电推进完成轨道转移时,设计了较为复杂的可展开式推力矢量调节机构,如图2-9(b)所示。在完全展开状态下,推力器指向-Z方向,可以用于变轨任务。在部分展开状态下,推力器布局恢复到"人"字布局构型,可以用于南北位保,见图2-10。

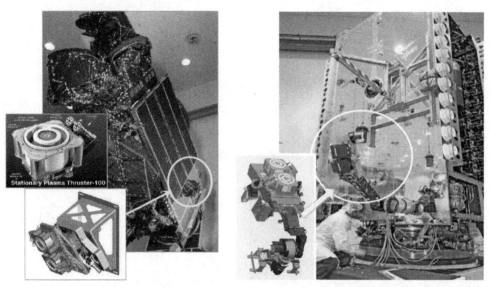

(a) 电推力器仅用于南北位置保持布局　　　　　(b) 电推力器用于位保+轨道转移布局

图2-9　劳拉空间系统公司电推进"人"字布局方案演变

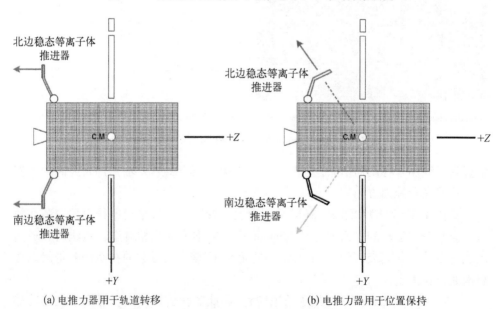

(a) 电推力器用于轨道转移　　　　　　　　(b) 电推力器用于位置保持

图2-10　劳拉空间系统公司改进后的电推进"人"字布局方案

3. 南北和东西位保及轨道转移任务布局设计

锥形布局配置 4 台电推力器安装于卫星背地板,对角线两台电推力器为一组,两组互为备份,每台电推力器都安装于独立的矢量调节机构。该构型的优点是同时兼顾了轨道转移、位置保持与角动量卸载能力,性能集成度高,可靠性高;缺点是使姿态、轨道控制存在耦合,增大了控制策略设计难度,BSS - 702 系列平台采用此种构型。

锥形布局的主要特点是电推力器布置于背地板,相对于 YOZ 对称分布,南北两侧每侧两台,对称安装于背地板外表面靠近南北隔板的位置,如图 2 - 11(a)所示。四台推力器 NW、NE、SW 和 SE 成对对称安装在背地板四边,两台推力器在北侧(NW 和 NE),两台推力器在南侧(SW 和 SE)。该布局方案可以完成南北位保任务、东西位保任务,并且可以较好地适应轨道转移任务。

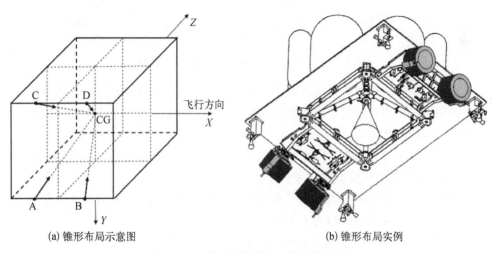

(a) 锥形布局示意图　　　　　　　　　　　(b) 锥形布局实例

图 2 - 11　锥形布局方案示意图与实例

锥形布局主要应用在波音公司 2002 年首飞的 BSS - 702HP 平台,以及波音公司于 2015 年首飞的 BSS - 702SP 平台。卫星配置了 4 台离子推力器,成对角布局设计,可实现在轨轨道倾角(南北位保)、漂移率和偏心率控制(东西位保)功能,且可实现功能备份。姿态控制推力器能够产生向西的推力,可作为一定功能的备份。同时,离子推力器可作为卫星转移轨道辅助变轨功能,此能力可以大幅提升卫星有效载荷重量[67-68]。

在执行南北位保时,北侧的两台推力器(NW 和 NE)在升交点附近点火(图 2 - 12 位置 B),南侧的两台推力器(SW 和 SE)在降交点附近点火(图 2 - 12 位置 A)。这样每次点火都能产生径向和切向的 ΔV,可以在倾角控制的同时控制偏心率和东西漂移。

不考虑角动量卸载时,利用矢量调节机构调整推力方向使其对准质心,此时不产生力矩作用。当特意使推力不对准质心时,就可以产生一定的力矩,用于卫星角

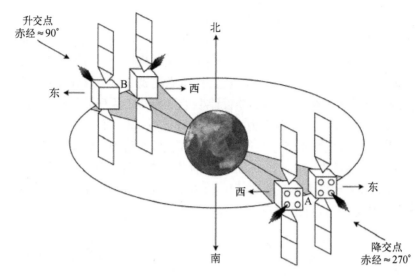

图 2 - 12　锥形布局方案位置保持点火示意图

动量卸载。每个矢量调节机构有两个转角,只调整一个推力器的方向无法实现三轴的卸载力矩。当调整两个推力器的矢量方向时,通过调整四个转角就可以产生合适的三轴的卸载力矩。

转移轨道小推力变轨过程中,使用对角线上的两台推力器同时以大功率模式工作,通过矢量调节机构调整至垂直于背地板方向。

锥形布局的最大的缺点在于:当其中一台推力器失效时,推力器提供的速度增量需求需要增加到原来的约 1.5 倍。

4. 南北和东西位置保持任务布局设计

十字交叉布局中 4 台电推力器直接安装东西板和南北板相邻侧棱上。在这种构型下,每台电推力器工作都能同时产生法向和切向速度,不产生径向速度,轨道控制中的耦合影响减弱,姿态轨道控制耦合作用较小,且不需要矢量调节机构,降低了系统复杂度。

十字交叉布局的主要特点是电推力器布置在南北/东西板的四个侧棱上,Z 方向高度相同,如图 2 - 13(a)所示。该布局方案可以完成南北位保任务、东西位保任务。十字交叉布局在美国洛克希德·马丁公司的 A2100M 平台上得到应用,基于 A2100M 平台研制的 AEHF - 1 卫星照片及推力器布局如图 2 - 13(b)所示。

十字交叉布局的一个重要要求是推力器安装高度与卫星质心高度一致或接近一致,以消除或减少径向分量的影响。如果无法布置在质心高度处,那么十字交叉布局和"人"字布局在使用策略上将较为接近,这将丧失十字交叉布局的优势。

俄罗斯的快讯(Express)卫星的布局方案原理和十字交叉布局类似,只是快讯卫星上使用 8 台电推力器,如图 2 - 14 所示。

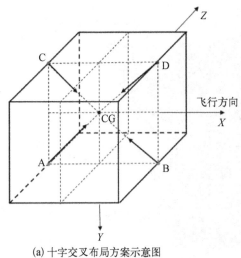

(a) 十字交叉布局方案示意图

(b) 十字交叉布局方案实例（AEHF-1卫星）

图 2 - 13　十字交叉布局方案示意图与实例

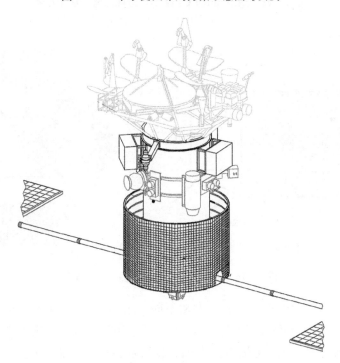

图 2 - 14　俄罗斯快讯卫星电推力器布局方案

　　德国 OHB 系统公司开发中的 Small GEO 卫星平台也采用了类似的布局方式，平台使用了 8 台霍尔推力器，构型如图 2 - 15 所示[69-70]。SGEO 平台电推力器构型方案可有效避免电推进羽流对卫星太阳翼和天线的影响，并且可根据卫星质心预计，对推力器布局位置进行适当调整，如图 2 - 16 所示。

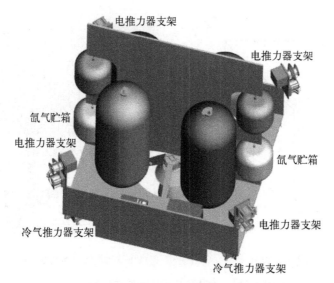

图 2－15　德国 Small GEO 平台电推力器布局示意图

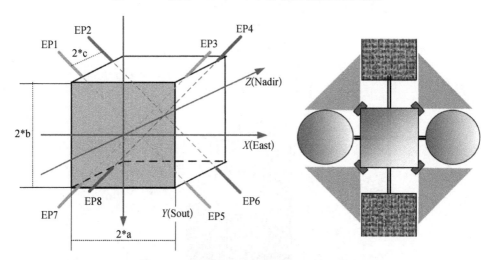

图 2－16　SGEO 平台电推力器构型示意图

SGEO 平台八台电推力器按照类型不同分为两个分支: HEMP3050 的四台电推力器(EP1、EP4、EP5 和 EP8)为主份, SPT－100 的四台电推力器(EP2、EP3、EP6、EP7)为备份。八台电推力器成对安装在东、西板上,推力方向相对天底方向对称。标称情况下,每台电推力器工作都能同时产生法向和切向速度,不产生径向速度。在这种构型下,整个寿命周期内星体质心变化不超出推力方向构成的平面所包围的区域,始终能保证电推力器点火时能产生卸载力矩,同时也兼顾了羽流影响和南北位保余弦损失。

SGEO 平台电推进系统位置保持策略有以下特点:

（1）位置保持周期 7 天，其中 6 天电推力器进行位置保持点火，剩余 1 天不点火用于轨道确定；

（2）考虑到南北位置保持消耗最多的推进剂，在位保策略中主要依据南北位置保持需求确定点火计划，兼顾东西位保（偏心率与平经度控制），实现南北、东西位保联合控制；

（3）考虑到电推力器点火次数限制，每天每台电推力器只点火一次；

（4）位置保持策略兼顾飞轮卸载需求，与飞轮卸载联合进行；

（5）两套电推进系统 HEMP3050 分支和 SPT‒100 分支都能独立完成位置保持与飞轮卸载任务，当其中一个分支失效时，不影响位置保持与飞轮卸载。

2.3.3　电推进系统供配电设计

电推进的在轨点火需要整星提供相应的供电保障，整星首先需要针对电推进的应用进行整星功率的分配与预算。功率的选择是一个综合权衡的过程，一方面电推进功率增加，电推进推力等均可相应增加；另一方面，功率的增加也使得整星的太阳电池阵等容量和规模增加。

供配电设计整星还需要考虑整星供电体系的问题。卫星电源系统由太阳翼、太阳电池、蓄电池与管理单元、电源控制器（PCU）、电源管理单元（power processing unit，PPU）、二次电源以及电缆网组成。航天器母线由 PCU 进行调节，一次电源母线电压可以分为 28 V、42 V、50 V、100 V 等。PPU 电压范围从 300 V（霍尔推力器）到 1.9 kV（大功率离子推力器），功率范围从千瓦左右（SMART‒1、GOCE 等）到 3~6.5 kW（波音 702 系列平台卫星、欧洲 BepiColombo 水星探测器等）。一种方式是电推进作为常规负载，由整星电源控制器供电；第二种方式是直接由太阳电池阵供电驱动。第一种方式 PCU+PPU 的两级变换体制是当前航天器电推进电源系统的主流。

对于电推进航天器的供配电设计，一般需要考虑以下电推进的应用特点：

（1）超大功率配电特点。如前文所述，电推进系统工作时，PCU 需要对 PPU 进行单路数百瓦到数千瓦级别的配电，稳态供电电流最高可能达到几十安，远远超出其他常规用电设备几十到一两百瓦的用电功率级别。因此，在配电保护方面，难以使用传统的熔断器方式对电推进（通常是 PPU）的大功率配电通路进行保护。针对 PPU 的大功率输入需求，一般采用"采样电路+电子开关"的方式对 PPU 的大功率输入母线进行保护，以免 PPU 内部短路等故障引起航天器供电母线过流，造成航天器整体断电。根据航天器设计的实际情况，该保护电路可以设计在 PCU 的出口端，也可以设计在 PPU 的入口端。

（2）等离子体负载放电特点。除电热式电推进以外，其他各种电推进系统的电源负载均为气体等离子体放电，在放电过程中通常伴随着各种等离子体特征振荡、等离子体不稳定性等。这些振荡可能通过各级供电电源逐级反射到整星母线上,对母线供电电压的稳定性造成影响。因此,在电推进的整个供电通路中,需要考虑对电推力器的振荡进行滤波;霍尔电推进的振荡一般更为显著,通常需要在PPU与霍尔推力器之间设置专门的滤波单元。

（3）推力器瞬态击穿放电特点。离子电推进和霍尔电推进都是使用高压电场对推进剂离子进行加速以获得推力。当高压电场的分布区域内出现多余物时,加速电场会在多余物附近发生重新分布,出现一定的电场不均匀性;当电场强度超出气体的击穿强度时,就会在电推力器的两个电极间发生瞬态击穿放电。这个放电供电通路上体现为以下过程:首先,PPU的输出端电容放电,直接为瞬态击穿放电提供能量;其次,PPU的输入端电容、PCU的输出端电容共同放电,为PPU的电源变换器提供能力,同时伴随着母线电压的下陷;最后,PPU电源变换器触发过流保护不再消耗整星母线电能,PCU重新对输出端电容、PPU输入端电容充电,母线电压恢复。从全生命周期来看,电推力器的瞬态击穿放电是普遍现象;为了降低推力器瞬态击穿放电对整星母线的影响,就需要尽量缩短PPU过流保护的响应时间、增大PCU的输出端电容。

2.3.4　电推进系统热控设计

航天器增加了电推进系统之后,氙气瓶、贮供系统、电推力器、推力矢量调整机构等设备均需采取相应的热控设计。

贮供系统的热控设计基本可以沿用传统化学推进管路的设计思路,但需要根据氙气的物理特性对温度控制目标进行调整。

PPU具有热耗大、热耗分布不均、间歇工作等特点。在热控设计中,除继承普通电子单机的热设计思路外,还需要针对性进行热管布局设计。例如,在PPU热耗集中区域布置热管网络,提高散热效率;对多个轮流工作的PPU进行热耦合设计,通过工作状态的PPU对非工作状态PPU加热,减少热控加热器的使用。

电推力器一般布置在航天器的外表面,直接面向深冷空间,需要采用主动加热措施确保推力器使用的各种材料不超出允许的工作温度下限;同时,电推力器点火时的热耗较大,可能达到数百瓦到千瓦量级,推力器表面的半球发射率不能太低,以免影响产品辐射散热。特殊地,离子推力器的高压电场主要集中在栅极组件附近;处于离子推力器工作性能的考虑,栅极组件之间的间距一般很小,通常为1 mm左右,在离子推力器设计中,需要尤其注意推力器冷热交变对栅极组件的影响。

与传统化学推进系统使用的氦气瓶相比,氙气瓶的热控设计也有其特殊要求。氙气瓶以高压状态贮存氙气推进剂,氙气瓶内氙气密度较高,通常可以达到1 g/cm^{3}以上,需要的加热器功率通常比氦气瓶更大。除此以外,氙气瓶内氙气为超临界状态,氙气压力对温度的变化非常敏感。图2-17给出了不同状态下氙气的温度-压力-密度变化特性;可以看出,在氙气临界点（约5.84 MPa/16.6℃）附近,氙气温度的微小变化就可能造成巨大的压力变化。当航天器的多个氙气瓶采取直接并联的方式时,多个氙气瓶形成连通器效应;当一个氙气瓶温度升高时,氙气瓶压力升高,部分氙气会进入别的氙气瓶中,造成整星氙气的重新分配。重新分配的氙气质量与压力变化量呈正相关;在氙气临界点附近,同等氙气温度变化造成的压力变化大,从高温氙气瓶中转移到低温氙气瓶中的氙气质量也更大。这个重新分配过程可能对航天器的质心位置造成较为显著的影响。因此,在航天器的发射过程和轨控发动机的点火过程中,需要对多个氙气瓶的温差进行严格控制,以减少氙气重分布造成的航天器质心偏移,降低航天器受到的干扰力矩。

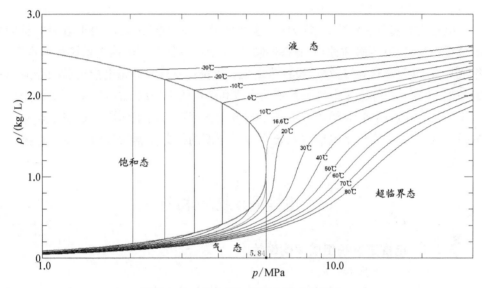

图 2-17　氙密度与压强和温度的关系

第3章
电推进系统设计

电推进系统具有比冲高、推力小、速度增量大等特点,适合应用于航天器长期的位置保持、轨道转移、微推力姿态补偿、星际航行等任务。电推进系统类型众多,组成复杂,涉及学科和专业多,设计难度大。电推进系统设计是电推进航天器应用的基础,本章首先介绍了电推进系统的组成和使用的推进剂工质,并对可靠性安全性设计进行重点阐述,介绍了电推进系统各类典型单机的工作原理和需重点关注的设计要素,最后介绍了电推进系统全寿命周期的任务流程设计和自主运行流程设计。

3.1 电推进系统总体设计

3.1.1 电推进系统组成架构设计

1. 电推进系统基本组成

为实现电推进系统的各种功能,航天器电推进系统通常由电推力器、电源处理单元、贮供单元、矢量调节机构、控制单元等几部分组成,基本组成见图3-1。

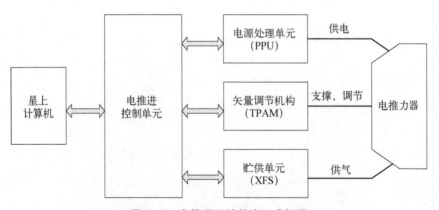

图3-1 电推进系统基本组成框图

（1）电推力器。电推力器是电推进分系统的推力输出机构，是电推进系统的基础。电推力器在其他单机和子系统的配合下，将进入推力器的推进工质（通常为氙气）电离，并利用静电场或磁场的作用将推进剂离子加速喷出，以此产生推力。

（2）电源处理单元（PPU）。PPU 是电推力器的供电设备，PPU 将航天器母线供电转化为电推力器所需的各种电源，具备供电输入及各路供电输出控制功能。以离子推力器为例，PPU 需要向离子推力器提供屏栅电源、加速电源等稳压电源，中和器、阴极加热电源、触持电源、阳极电源等恒流电源，中和、阴极点火电源等脉冲电源。同时，PPU 还需要具备电源输入输出保护及恢复功能。

（3）推力器切换单元（TSU）。在配置多个电推力器和 PPU 时，一般需要配置 TSU。TSU 主要实现 PPU 电源输出对推力器的选择切换及隔离功能，与 PPU 配合实现对电推力器的供电。根据电推进系统设计的不同，在 PPU 与推力器"一对一"设计的系统中，TSU 通常被裁剪；在 PPU 与推力器交叉配置较简单的设计下，TSU 也可能被集成到 PPU 中。

（4）贮供单元。贮供单元是电推进系统的推进剂贮存和供给设备。推进剂贮存部分通常为高压气瓶，用于贮存超临界状态的氙气等推进剂。电推力器需要的推进剂流率通常较小，为 mg/s 量级，在贮供单元设计中，通常采用两级或更多级减压控制的方式完成微小流率的推进剂供给。首先，压力调节模块 PRM 利用机械减压或电子减压的方式将上游高压气瓶中的气体推进剂压力降低，并为下游流量控制模块 FCM 提供相对稳定的压力输入条件。FCM 根据推力器需求，采用热节流器、比例式电磁阀等节流元件对元件流阻进行闭环反馈控制，为电推力器提供稳定的微小流率推进剂供应。电推力器的推进剂分配功能通常也由 FCM 中的阀门组件来完成。

（5）推力矢量调节机构（TPAM）。TPAM 是电推力器的机械支持和调节装置。在主动段飞行期间，TPAM 为推力器提供足够的刚性支撑和力学保护，实现主动段的锁紧功能，确保推力器在主动段力学环境下不被损坏。入轨后，用火工品解锁器等产品实现机构解锁。在轨工作期间，TPAM 根据任务需求实现一维或二维方向推力矢量的调节，确保推力器工作时的推力过卫星质心，并向控制单元提供推力器安装位置和运动方向的测量信号。TPAM 一般还具有机构限位保护功能，以避免 TPAM 或推力器转动时与航天器其他设备发生碰撞。在电推进试验卫星上和一些特殊要求的航天器上（例如 GOCE 卫星要求整星为刚性设计，不配备任何可运动机构），TPAM 也可以被省略。

（6）电推进控制单元。电推进控制单元是整个电推进系统的大脑，实现电推进系统的工作流程控制、遥控指令驱动、遥测采集和传输、电推进故障诊断和处理等功能。在工程实践中，电推进控制单元一般与航天器的中心计算机、姿轨控制计算机等进行联合设计，从而节约航天器的重量、能源、信息和计算资源。在一些设计中,PPU 也可以完成电推进控制单元的部分功能。

2. 电推进系统组成冗余设计

电推进系统的组成架构设计应以满足推进任务需求的最小配置为前提,再依据可靠性要求进行相应的冗余和备份设计,避免由于单点故障的发生引起任务失败。电推进系统组成架构设计的核心是电推力器的组成和配置设计,其他组成部分围绕电推力器合理配置。

1) 推力器分支设计

在进行电推力器的配置和布局设计时,需要对电推力器正常和故障工况下的电推进系统使用方法进行分析,从而确认电推力器的分支和冗余备份关系满足要求。从设计的便利性出发,如果一台推力器,或几台推力器的组合可以独立完成电推进系统的在轨推进任务,则将这一台推力器或几台推力器的组合称为一个分支。

以本书 2.3.2 节的"人"字布局方案为例,在正常工况下,使用南北各一台推力器(例如,图 2-6 中的推力器 B 和 D)完成推进任务;当推力器发生故障时,可以更改为推力器 A 和 C 完成推进任务。因此,可以将推进效率较高的推力器 B 和 D 认为是主份分支,效率较低的推力器 A 和 C 认为是备份分支。

在本书 2.3.2 节的锥形布局方案中,推力器全部正常工况下,四台推力器轮流点火工作,共同完成卫星的东西、南北位置保持任务,如图 2-12 所示。当发生推力器故障时,卫星仅使用对角的两台推力器点火,在轨道升、降交点附近完成东西、南北位置保持的主要任务,并在特定位置增加一次点火以抵消升降交点点火残余的偏心率和平经度漂移。在此配置下,将一条对角线上的 A/D 推力器视为一个分支,另一条对角线上的 B/C 推力器视为另一个分支;两个分支的推进效率等指标基本相同,没有明确的主备份关系。

2) PPU 和 TSU 配置设计

在确定电推力器的分支和冗余备份关系后,即可以根据推力器分支情况开展其他设备的组成架构设计。在设计 PPU 和 TSU 组成架构时,首先应该确保每个分支都各自配备 PPU,使得电推进系统的每个分支均具有完整的电源和推力器配置,具备完成卫星推进任务的能力。随后,需要对电源、推力器的匹配系统进行进一步分析,从系统可靠性的角度出发,尽量减少活动部件(尤其是继电器、机构等)的动作次数,提高系统可靠性。

以本书 2.3.2 节的"人"字布局方案为例,卫星配备两台 PPU,一台为推力器 B/D 供电,另一台为推力器 A/C 供电。TSU 配置设计需要将一台 PPU 产生的各种电源进行输出选择,选择输出到同一分支内两台推力器中的一台。例如 TSU 可以通过两组继电器的通断控制来完成 PPU 电源的分配,该方案下的推力器及电源配置方案如图 3-2 所示。

进一步分析可以看到,在正常工况下,卫星使用主份推力器 B 和 D 轮流点火

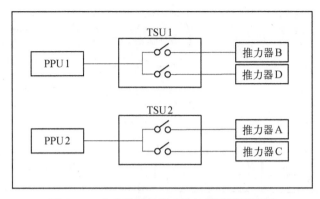

图 3-2　电推进及电源系统初始配置示意图

完成位置保持任务时,需要对 TSU1 中的两组继电器进行轮流通断控制,而 PPU2 和 TSU2 则一直处于闲置状态。该设计容易导致 TSU1 中频繁切换的继电器组发生故障。对该方案进一步优化后,推力器及电源配置方案如图 3-3 所示。在正常工况下,TSU1 中连接推力器 B 的继电器组、TSU2 中连接推力器 D 的继电器组处于接通状态,其他继电器组处于断开状态。PPU1 对推力器 B 供电,PPU2 对推力器 D 供电,避免了 TSU 中继电器的频繁动作,可以有效提高系统的可靠性。

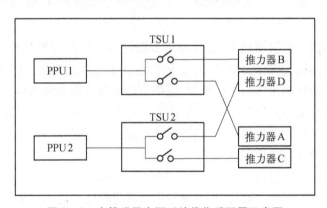

图 3-3　电推进及电源系统优化后配置示意图

3) 贮供子系统配置设计

贮供子系统组成一般包含氙气瓶、压力调节模块、流量控制模块三部分。氙气瓶和压力调节模块属于公用部分,流量控制模块一般与电推力器对应连接,属于推力器专用部分。贮供子系统配置组成见图 3-4。

在贮供子系统配置设计中,应针对电推进系统功能的故障模式分析结果,对关键功能产品进行冗余设计,避免因关键产品发生故障导致整个电推进系统单点失效。贮供子系统配置设计要重点考虑功能失效、管路泄漏和管路堵塞等故障模式。

在压力调节模块设计中,对压力控制元件(包括机械减压器和电子减压器)进

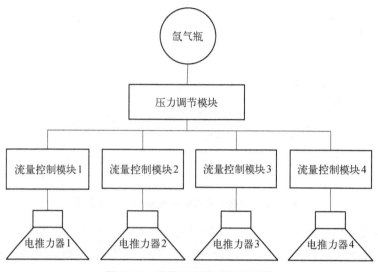

图 3-4 贮供子系统配置示意图

行双分支主备份设计。如果贮供子系统的压力控制选用电子减压器的方案,则应对压力闭环控制系统的敏感器(通常为压力传感器)采取多份冗余设计,在轨时以热备形式使用。用作压力控制的阀门应采取双分支并联设计,在轨时以冷备形式使用。

流量控制模块根据原理不同,分为热节流控制和比例阀控制两大类。热节流控制一般使用热敏元件作为敏感器,使用加热丝作为执行机构。比例阀控制使用阀口开度可调的比例阀作为执行机构,使用质量流量计作为敏感器,也可直接使用电推力器工作参数作为反馈参数。使用热节流控制时,还可根据系统资源对热敏元件和加热丝进行冗余备份设计,热敏元件可按照实际需要选择热备或冷备形式,加热丝一般以冷备形式使用。

高压气瓶一般通过加排阀进行充气和放气控制,加排阀的密封性能直接影响电推进系统推进贮存的可靠性,加排阀发生泄漏时将导致电推进系统的整体失效。因此,电推进系统使用的加排阀应采取两道或多道密封设计。贮供子系统的出口与电推力器直接相连,通过阀门的通断控制来实现对特定的电推力器供气,如果出口阀门因多余物等原因导致漏率超标或无法关闭,将会导致推进剂持续泄漏,影响电推进系统以及航天器的工作寿命,因此对贮供子系统出口通断控制的阀门采取串联冗余设计,确保阀门正确关闭。对高压气瓶下游的隔离阀进行并联设计,避免因阀门卡死造成推进剂供给失效。

此外,在贮供子系统配置设计中,还需要考虑地面管路焊接和系统测试的可操作性。例如为满足管路焊接要求,要在适当位置增加加排阀或工艺孔,以满足钛合金管路焊接过程中的通气保护要求。在系统测试方面,需要在气瓶下游设计隔离阀和加排阀,系统测试时直接从隔离阀下游的加排阀供气,避免对大容积气瓶充气,节约测试时间。

图 3-5 给出了 MUSE-C 卫星的贮供系统配置图。可以看到,压力调节模块分为 A 和 B 两个分支,每个分支包括一个高压自锁阀和两个阀门串联组成的电子减压器,形成完全的主备份冗余关系,保证贮供子系统的可靠性。流量控制模块分为 A/B/C/D 四个部分,每部分包括两个串联的推力器自锁阀、1 个为阳极供气的热节流器 2 和 1 个为中和器供气的热节流器 3。两个串联自锁阀形成"保关"设计,在单个阀门内漏率超标或无法关闭时,仍可以通过另一个阀门确保气路关断,降低了推进剂泄漏的系统风险。

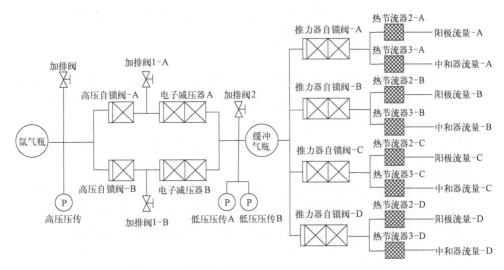

图 3-5 MUSE-C 卫星的氙气供给系统原理图

3.1.2 电推进推进剂工质设计

电推进系统具有比冲高、系统简单可靠、无污染等优点,在卫星姿态及轨道控制、深空探测、星际飞行等领域具有广阔的应用前景,以霍尔推力器和离子推力器应用最为广泛,其原理为先将气体工质电离,然后通过外部强电场将离子加速喷出而产生推力。

电推进系统的性能与选用的推进剂工质相关。推进剂工质为航天器提供推力需要经过电离和加速两个过程。推进剂工质原子或分子通过吸收电推进系统的能量发生电离,成为工质离子和电子,同时伴随着推进剂工质温度的升高,这一过程中推进剂工质吸收的能量与工质原子或分子的电离能正相关。推进剂电离的过程通常并不直接为航天器提供推力,这一过程的能量消耗越高,电推进系统的总效率越低,因此应尽量选择电离能较低、容易发生电离的材料作为电推进工质。在加速过程中,推进剂工质最终获得的总动能基本等于加速过程消耗的电能。在总能量相同的前提下,推进剂工质离子的质量越小,则其获得的速度越高,电推进系统的比冲也就越高。另一方面,推进剂工质离子的质量越大,其获得的动量越大,从动量守恒出发,航天器获得的推力也越大。因此,针对比冲要求高的电推进系统,应尽量选择分子量较小的推进剂工质;而对于推功比要求较高的电推进系统则应尽量选择分子量较大的推进剂工质。除此以外,在航天应用中,受到航天器体积、重量的限制,还应充分考虑推进剂工质的高密度贮存能力。

目前电推力器的最理想工质为惰性气体氙气(Xe),因为其分子量大、电离能低、无毒且易于贮存。在早期电推进技术研发和试验阶段,也曾经用过铯、汞等液态金属工质。其他惰性气体也可以用作电推进系统的推进剂工质,如氩气、氪气等,但与氙气相比,受限于高密度存储问题难以解决,应用较少。

1. 氙气的物理特性

氙气是一种单原子分子气体,其原子序数为54,原子量为131.3。氙气在常温常压下为无色透明气体,纯氙在常温常压下的密度为 5.761 kg/m³,大约是地球表面大气密度的4.5倍。在标准大气压下,氙气的沸点是-112℃,熔点是-108℃。氙的三相点为-112℃,81.6 kPa。液态氙的密度在三相点处达到最大,为 3.1 g/cm³,固态氙的密度为 3.64 g/cm³。

氙的临界点为289.7 K (16.6℃),5.84 MPa,氙气在此压力、温度之上转化为超临界流体。根据多项研究测定的结果,氙气的临界密度为 1.091~1.119±0.011 g/cm³。

氙在气态和液态的密度随温度和压力变化,变化规律如图3-6所示。

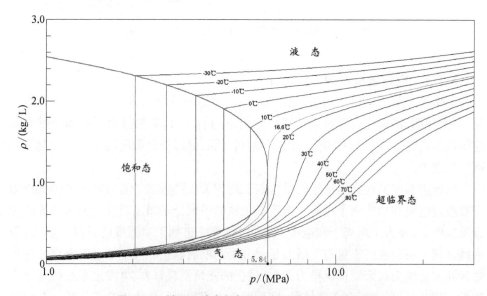

图3-6　封闭系统内氙气密度与压强和温度的关系

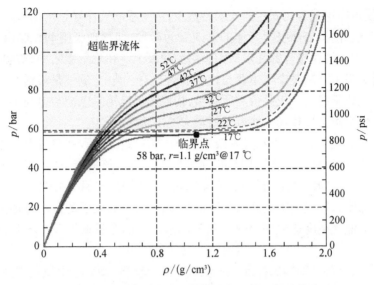

图 3 - 7　超临界流体状态氙气密度与压强和温度的关系

图 3 - 7 采用另一种方式给出了封闭系统内氙气密度、压强和温度的关系。

综合图 3 - 6 和图 3 - 7 可以给出密闭系统内氙气的相变信息。图 3 - 7 中虚线上方部分温度、压强均超过临界点,为超临界流体状态。图 3 - 6 中曲线左侧的竖直部分表示气液混合态下的系统压强和可能的密度范围。与竖直部分相连的曲线,上方部分为液态,下方部分为气态。从图中液体的密度随温度和压力的变化趋势可以看出,液态氙气可压缩,其密度随温度降低而升高,随压强增大而升高。

2. 氙气的纯度要求和控制

对于电推力器来说,氙气中的杂质会影响电推进系统的空心阴极(主阴极和中和器)等关键部组件的工作性能和寿命,特别是影响空心阴极发射体的效率、寿命和钽管的寿命。其中以氧气、水蒸气带来的影响最为严重。

空心阴极是一种电子发射源。按空心阴极使用的发射体材料可分为储备式阴极、LaB_6 阴极和 CeB_6 阴极三种。储备式阴极使用的是浸渍了稀土金属或碱土金属氧化物(如 BaO、CaO、Al_2O_3 等)的多孔钨基发射体,最常用的是钡钨阴极。当温度达到 1 000℃时,其表面逸出功函数约为 2.06 eV。储备式阴极的主要缺点是对通入的氙气的纯度要求很高。

为了寻找耐毒性的发射体材料,人们做了许多工作。实验测得单晶 LaB_6 和 CeB_6 的功函数分别为 2.70 eV 和 2.62 eV,多晶 LaB_6 空心阴极发射体典型的功函数约为 2.67 eV。目前应用在电推进上的空心阴极以 LaB_6 阴极和钡钨阴极为主。

阴极的中毒机理就是阴极表面吸附气体。这些被阴极表面吸附的杂质气体,与发射体表面上的原子形成偶极子,偶极子改变了发射体的表面电位和逸出功。

通常,将阴极中毒视为在固定的发射常数下,由于吸附气体导致的阴极表面平均逸出功的变化。阴极表面吸附气体的形式分为两种,即物理吸附和化学吸附。在物理吸附中,中毒气体靠范德瓦尔斯力吸附到阴极上。在化学吸附中,被吸附物被离子或共价力吸引。阴极中毒主要与化学吸附有关。其中,氧气是最活性的氧化剂。被吸附的氧原子靠离子或共价力所吸引,构成的偶极矩是电荷与电荷间隔的乘积。而共价化学吸附会导致最大偶极子或最大逸出功增值。

为防止氙气中氧气、水蒸气等杂质气体的浓度过高导致钡钨发射体中毒,影响其工作效率和寿命,一般使用"推进级"的氙气。该等级的氙气纯度不低于99.999%,氧气和水蒸气的浓度低于 0.1 ppm(体积比:每百万分之一)。六硼化镧阴极耐中毒能力较钡钨阴极高两个数量级,由于其具有较强的抗中毒能力,一般认为当使用的氙气纯度达到 99.99%、氧气和水蒸气的含量低于 2 ppm 时,就能满足要求。

《中华人民共和国国家标准——氙气(GB/T5828-200)》中规定了高纯氙和纯氙中氙气浓度及其中各成分含量的标准。该标准对于不同等级的氙气、氮气、氧气+氩气、氪气、氧化亚氮、氢气、一氧化碳、二氧化碳、甲烷、水分等多种杂质的含量都有严格的规定。氙气的纯度与氙气的生产过程有关,目前高纯氙的生产过程一般是:首先使用液化的方法从大气中分离出氮气和氧气,然后通过蒸馏的方法,从液氧中进一步分离得到氧气和氙气。在封装、加注、运输、使用过程中由于泄漏、脱附等会导致其他气体杂质混合到氙气中,也会影响氙气的纯度,在电推进系统使用前,需要用专门设备再进行去氧、去水等处理,以满足电推进系统氙气纯度的使用需求。

3. 氙气加注特性

在已知星上电推进系统高压气瓶的在轨最高工作温度和最高许用压力后,可以计算出气瓶的最大允许装填密度,根据气瓶体积可以计算出允许装填量。

氙气作为电推进系统的工质,具有分子量大、熔点高、沸点高及临界点高等特点。考虑到系统的稳态工作、充气加压等过程,其工作温度范围通常为 15~45℃,压力范围为 1~30 MPa。整个工作范围覆盖氙的临界点。在临界点附近,氙气状态对温度和压力变化十分敏感,分子间的作用力不可忽略,表现出强烈的真实流体特性,通常无法采用解析的方式对氙气的加注参数进行解算。在工程与研究实践中,可以基于对比态原理(corresponding state principle, CSP)对物态特性进行估算。

对比态原理是指对所有物质来说,其状态变量经过恰当的无量纲化处理后,都遵从普遍的变化规律。例如对压力 p、体积 V、温度 T 都以临界点参数进行归一化处理后(即 $p_r = p/p_c$、$T_r = T/T_c$、$V_r = V/V_c$),p_r、V_r 和 T_r 关系对于所有同类极性物质都一样。对比态原理是目前应用最广泛的物性估算方法。也就是说,在获得参考流体的物性试验数据后,就可以采用对应的对比态理论来计算目标流体的物性。对于具有不同分子结构而显现出不同极性的流体,按照对比态理论中使用参数的个数,可以分为两参数 CSP、三参数 CSP 和四参数 CSP。氙气等无极性分子通常适用于两参数 CSP。

从对比态原理可知,参考流体及其状态方程对于预测的范围和精度起着关键作用。在与氙气类似的无极性分子中,最常用的参考流体是甲烷,其状态方程较多采用改进的 BWR 方程。BWR 方程是 Benedict、Webb 和 Rubin 在 20 世纪中期提出的,方程形式较为复杂,但精度较高且应用温度、压力范围广。本节以甲烷为参考流体,基于甲烷的 BWR 方程和对比态原理,给出了一种气态和超临界状态氙气的"密度-压力-温度"计算方法[71]。经与美国国家标准技术研究院(NIST)数据库中的氙气物理特性数据及试验结果进行对比,该方法可以较为准确地对氙气物理特性进行计算,能够满足电推进加注参数设计的应用需求。

假设已知需要加注的氙气密度为 ρ,允许最高温度为 T,则氙气的压力 p 可通过以下方程进行计算:

$$\rho_0 = \rho/\rho_c \cdot 10.139 \tag{3-1}$$

$$T_0 = (T + 273.15)/T_c \cdot 190.8 \tag{3-2}$$

$$p_0 = \sum_{n=1}^{9} A_n(T_0)\rho_0^n + \sum_{n=10}^{15} A_n(T_0)\rho_0^{2n-17}\mathrm{e}^{-\gamma\rho_0^2} \tag{3-3}$$

$$p = p_0 \cdot (0.101325 \cdot p_c)/4.640 \tag{3-4}$$

其中,ρ_c、T_c、p_c 分别为氙气在临界点下的密度、温度和压力;ρ_0、T_0、p_0 分别为参考流体甲烷的密度、温度和压力;A_n 为对比态参照气体甲烷(CH$_4$)的状态方程系数,计算公式见表 3-1;各参数的取值见表 3-2[72]。

表 3-1　甲烷状态系数表

$A_1 = RT_0$	$A_9 = N_{19}/T_0^2$
$A_2 = N_1 T_0 + N_2 T_0^{1/2} + N_3 + N_4/T_0 + N_5/T_0^2$	$A_{10} = N_{20}/T_0^2 + N_{21}/T_0^3$
$A_3 = N_6 T_0 + N_7 + N_8/T_0 + N_9/T_0^2$	$A_{11} = N_{22}/T_0^2 + N_{23}/T_0^4$
$A_4 = N_{10} T_0 + N_{11} + N_{12}/T_0$	$A_{12} = N_{24}/T_0^2 + N_{25}/T_0^3$
$A_5 = N_{13}$	$A_{13} = N_{26}/T_0^2 + N_{27}/T_0^4$
$A_6 = N_{14}/T_0 + N_{15}/T_0^2$	$A_{14} = N_{28}/T_0^2 + N_{29}/T_0^3$
$A_7 = N_{16}/T_0$	$A_{15} = N_{30}/T_0^2 + N_{31}/T_0^3 + N_{32}/T_0^4$
$A_8 = N_{17}/T_0 + N_{18}/T_0^2$	

表 3 - 2　氙气及甲烷方程参数取值表

参数	取　值	参数	取　值	参数	取　值
ρ_c	1.099	T_c	289.74	p_c	5.840
R	0.082 056 16	γ	0.009 6	N_1	$-1.184\ 347\ 144\ 85\text{E}-2$
N_2	$7.540\ 377\ 272\ 657\text{E}-01$	N_3	$-1.225\ 769\ 717\ 554\text{E}+01$	N_4	$6.260\ 681\ 393\ 432\text{E}+02$
N_5	$-3.490\ 654\ 409\ 121\text{E}+04$	N_6	$5.301\ 046\ 385\ 532\text{E}-04$	N_7	$-2.875\ 764\ 479\ 978\text{E}-01$
N_8	$5.011\ 947\ 936\ 427\text{E}+01$	N_9	$-2.821\ 562\ 800\ 903\text{E}+04$	N_{10}	$-2.064\ 957\ 753\ 744\text{E}-05$
N_{11}	$1.285\ 951\ 844\ 828\text{E}-02$	N_{12}	$-1.106\ 266\ 656\ 726\text{E}+00$	N_{13}	$3.060\ 813\ 353\ 408\text{E}-04$
N_{14}	$-3.174\ 982\ 181\ 302\text{E}-03$	N_{15}	$5.191\ 608\ 004\ 779\text{E}+00$	N_{16}	$-3.074\ 944\ 210\ 271\text{E}-04$
N_{17}	$1.071\ 143\ 181\ 503\text{E}-05$	N_{18}	$-9.290\ 851\ 745\ 353\text{E}-03$	N_{19}	$1.610\ 140\ 169\ 312\text{E}-04$
N_{20}	$3.469\ 830\ 970\ 789\text{E}+04$	N_{21}	$-1.370\ 878\ 559\ 048\text{E}+06$	N_{22}	$1.790\ 105\ 676\ 252\text{E}+02$
N_{23}	$1.615\ 880\ 743\ 238\text{E}+06$	N_{24}	$6.265\ 306\ 650\ 288\text{E}-01$	N_{25}	$1.820\ 173\ 769\ 533\text{E}+01$
N_{26}	$1.449\ 888\ 505\ 811\text{E}-03$	N_{27}	$-3.159\ 999\ 123\ 798\text{E}+01$	N_{28}	$-5.290\ 335\ 668\ 451\text{E}-06$
N_{29}	$1.694\ 350\ 244\ 152\text{E}-03$	N_{30}	$8.612\ 049\ 038\ 886\text{E}-09$	N_{31}	$-2.598\ 235\ 689\ 063\text{E}-06$
N_{32}	$3.153\ 374\ 374\ 912\text{E}-05$				

注：数据来源：Zong, 2005。

3.1.3　推进剂预算和装填量分析

1. 推进剂预算分析

作为航天器轨道任务设计的输入条件,电推进推进剂消耗需要考虑各任务的速度增量需求。电推进系统推进剂预算在航天器在轨任务需求的速度增量的基础上,还应包括以下内容:

（1）在轨预处理的推进剂消耗;

（2）预热模式的推进剂消耗;

（3）在轨性能测试的推进剂消耗;

（4）气瓶及管路残留量;

（5）推进剂余量。

开展推进剂预算的基本输入参数包括:

（1）航天器在轨服务寿命;

（2）电推进任务的速度增量总需求;

（3）航天器起飞重量及在轨初始干重;

（4）航天器质心变化范围。

正常在轨任务的推进剂消耗计算时,电推进比冲和综合效率对消耗量影响较大,推力器的性能比冲往往会在寿命末期会有所下降,分析比冲可以参考推力器在轨标定的试验结果,也可以根据最坏情况来确定。尽管最坏情况分析能覆盖全部电推进产品的设计余量,当航天器配置较为紧张的情况下,还可以依据指标允许波动的范围制定较为合理的散度分布,因为即便到了寿命末期比冲降低时,还可以调整功率输入在一定程度上提高比冲。比冲散度的分布确定需要地面寿命试验数据的支撑。

综合效率方面,包含几何效率、弧段损失效率,设计过程需要考虑航天器质心偏差对综合效率的影响。

质心的偏差影响因素包括推力器安装误差、矢量调节机构安装误差及全工作寿命期间的结构热稳定性偏差等,因此设计时需要考虑一定的几何偏差来确定一个不确定性余量。

其他的非任务性推进剂消耗包括电推进系统管路预处理期间的氙气消耗、电推力器预处理的氙气消耗、电推力器预热工作模式的推进剂消耗、在轨性能测试的氙气消耗、剩余不可用的氙气余量以及整体工作寿命期间的电推进系统漏率带来的理论消耗量。其中,剩余不可用的氙气余量指实际贮供系统的状态,氙气瓶内低于一定压力时,氙气将不可使用的情况。依据压力与密度关系,推算出此时氙气的密度,进而计算氙气残留为

$$氙气残留 = 氙气瓶体积 × 氙气瓶数量 × 残留密度$$

另外,系统漏率指贮存于氙气瓶内的高压力氙气会通过漏孔向太空泄漏气体。泄漏量可直接通过漏率指标计算:

$$氙气泄漏量 = 漏率 × 在轨时间 × 标准体积压力下的密度$$

2. 推进剂消耗量分析

在电推进系统设计中,推进剂消耗量设计是一项重要的内容。电推进系统设计师需要根据电推进任务完成推进剂预算,并最终转换为高压气瓶的容积、推进剂的装填压力和总装填量等指标。

首先,需要根据航天器的全生命周期速度增量需求,对电推进点火的推进剂消耗量进行评估。在航天器设计的初期,可以直接引用公式(2-7)进行计算。以GEO航天器为例,考虑电推进轨道转移和位置保持后,电推进点火的推进剂消耗量计算公式为

$$M_p = M_0 \left[1 - e^{-\left(\frac{\Delta V_{\text{GTO}}}{g \eta_{\text{GTO}} I_{\text{sp}}} + \frac{\Delta V_{\text{GEO}}}{g \eta_{\text{GEO}} I_{\text{sp}}} \right)} \right] \tag{3-5}$$

其中,M_0 表示航天器发射重量;M_p 表示推进剂消耗量;ΔV 表示速度增量需求;g 为重力加速度;η 表示推进效率;I_{sp} 表示电推进系统比冲,下标 GTO 和 GEO 分别表示轨道转移阶段和 GEO 轨道工作阶段。对典型的 GEO 卫星而言,整个轨道转移阶段的平均推进效率大约为 0.6~0.7;如果仅完成近圆轨道提升,电推进的平均

推进效率通常可以达到 0.9 以上，甚至接近 1；对 GEO 轨道的位置保持任务，根据电推力器布局的不同，其推进效率大约为 0.5~0.7。

随着航天器轨道控制策略设计和仿真的深入，在航天器的详细设计阶段，可以直接引用轨道控制策略仿真的推进剂消耗量作为电推进点火消耗。

3. 推进剂携带量分析

在电推进点火消耗量的基础上，还应进行推进剂不确定性余量分析。推进剂消耗量的不确定性主要表现在推进效率与比冲的不确定性。

推进效率的不确定性主要是由推力矢量指向偏差引起的。推力矢量指向偏差包含两个部分：一是推力矢量调节机构本身的指向控制偏差，通常为 0.1° 量级，对推进效率的影响较小；二是为补偿航天器质心偏斜而主动进行的机构指向调整，对 GEO 轨道位置保持任务，根据推力器布局不同，机构指向每调整 1°，推进效率下降 0.01~0.015 左右。

比冲的不确定性主要来源于电推进系统的供电偏差、供气偏差，以及电推力器在全生命周期的性能衰退等。电推力器的推力特性通常可以通过 PPU 的供电电压、电流参数进行定量或半定量的评估，在航天器电推进系统设计中，可将离子推力器的屏栅电流、霍尔推力器的阳极放电电流作为控制目标，通过主动闭环算法对离子推力器的阳极电流、霍尔推力器的阳极放电电压进行调整，从而达到推力稳定控制的目的，实现对电推进比冲变化的补偿。

除以上两项与推进任务直接相关的预算外，电推进系统推进剂预算还应包括以下内容。

（1）在轨预处理的推进剂消耗：通常包含贮供管路冲洗和电推力器预处理两部分，与电推进系统的在轨使用要求相关。

（2）在轨性能测试的推进剂消耗：电推进系统完成在轨预处理后，需要对电推进系统的点火功能和性能进行测试评估，可能还需要通过多次点火实现电推进推力矢量对航天器质心的跟踪，降低电推进点火的干扰力矩。

（3）预热模式的推进剂消耗：主要指电推力器开始供气到实现推力稳定输出这一阶段的推进剂消耗量，通常与电推进系统的开关机次数成正比。

（4）残留不可用推进剂：贮供子系统减压器通常对上下游压差有一定的要求，气瓶压力降低至一定阈值后，气瓶内的剩余推进剂可能无法支持贮供子系统正常工作；残余不可用推进剂质量基本与气瓶容积、贮供子系统工作压力下限成正比。

（5）推进剂余量：一般由航天器总体根据起飞重量、航天器干重等进行评估确定，一般取总装填量的 3%~5%。

3.1.4　电推进可靠性安全性设计

可靠性是指产品在规定条件和规定时间内，完成规定功能的能力。安全性是指产品免除人员伤亡、产品损坏、财产损失或环境破坏的能力。在多年航天产品的工程实践中,总结和积累了大量的可靠性安全性设计理论、方法和准则。通用的可靠性安全性设计方法包括:故障模式影响及危害性分析(failure wode, effects and criticality analysis, FMECA)、环境适应性设计与分析、热设计与分析、裕度设计、静电放电防护设计、危险源分析、风险评估和验证等,电推进系统设计时要一并遵循。针对电推进系统产品的特点,提出电推进可靠性安全性设计中的要点和关注事项。

1. 可靠性安全性设计原则

电推进系统可靠性安全性设计原则如下。

(1)设计力求简单、可靠,在满足总体技术要求和可靠性要求的前提下采用尽量简化的原则。在产品的设计中充分考虑主要部件的简化设计,尽量减少硬件的数量、品种和规模,使整个系统的配置合理可行。

(2)电推进可靠性设计应充分继承成熟技术状态,不重新进行设计,以减小风险、提高系统可靠性。在继承性分析的基础上,对受电推进频率影响的单机进行了适应性修改。

(3)采用充分、合理的冗余设计,电推进冗余设计要从系统层面、关键单机方面采取必要的冗余设计来满足可靠性总体设计指标要求。尽可能消除系统级(整星级)单点故障。对不能消除的单点故障应采取有效措施降低其故障概率,并作为关键项目或关重件加以控制。

(4)对有寿命要求的离子推力器、PPU、压力控制电磁阀等影响分系统寿命的关键产品应加强相关产品的设计、试验及验证,保证产品满足年寿命的要求。

(5)电推进可靠性设计要充分考虑电推进系统设计特有的高压裕度、机械设计裕度和余量,保证各产品满足环境设计总体要求以及热设计、降额及防静电等总体设计要求。

2. 电推进冗余与故障恢复设计

电推进系统应通过增加地面遥控运行备份功能、软件的故障处理措施以及故障隔离与恢复(fault detection isolation and recovery, FDIR)设计等来提高电推进系统完成任务的能力。

1)遥控运行备份功能

电推进分系统应设计完整的地面遥控运行功能。遥控运行模式以地面遥控指令为主,星上电推进应用软件配合完成电推进点火工作。

在发生异常故障情况下,可以通过地面遥控指令以实现各功能模块的单独控制,具体包括启动压力自主闭环控制和流量自主闭环控制,控制贮供子系统向指定离子推力器输出额定流量的推进剂,控制 PPU 完成离子推力器点火和束流引出工作,电推进应用软件辅助完成点火参数判读。

2）软件故障安全模式及故障安全处理

在自主运行模式和遥控运行模式电推进点火期间,电推进应用软件对点火参数进行判读。当发生屏栅三份全开、屏栅单份故障等故障现象时,电推进应用软件控制相关单机自动完成故障处理。处理完成后,电推进分系统回到原有状态继续进行点火工作。

3）FDIR 设计

电推进系统 FDIR 主要由软件来完成,检测相应的参数来完成故障检测,产生相应的 FDIR 报警,并由指令序列恢复相应的故障,从而达到对星上故障自主、实时处理的目的。

电推进系统在进行 FDIR 设计时,将在轨故障分为两大类:一类是与电推进的点火过程紧密结合的故障,这一部分故障占了电推进分系统故障的大多数。这些故障一般与别的分系统不存在相互影响问题;同时,在对这些故障进行识别时,需要实时对电推进的点火进展情况进行判断。为简化星上软件,这类故障均在电推进软件中进行识别和处理。第二类故障与电推进的点火进程没有特别的关系,这一部分故障均由 FDIR 软件完成。

FDIR 软件需在轨检测到缓冲气瓶压力超过正常范围后,FDIR 软件自主关闭高压气路,防止缓冲气瓶压力继续上升,对卫星造成危害。软件检测到控制电源发生故障后,自主停止电推进点火工作,关闭有问题的控制电源模块,等待地面处理。

3. 电推进电源健壮性设计

1）低气压放电风险和控制

根据帕邢(Paschen)放电理论,气体最低放电电压与气压和电极间距的乘积相关,随气压和电极间距的乘积增大体现出先减小后增大的趋势。对于特定的气体,最低放电电压通常存在一个极小值。不同气体的最低放电电压不完全相同,但除少量惰性气体外,其他气体的最低放电电压通常为 200~300 V 左右。根据不同电推力器的需求,PPU、TSU 中的供电电压通常为 300 V 左右到上千伏,产品内一旦存在低气压环境,就容易产生低气压放电。

为了控制 PPU、TSU 内的低气压放电,通常需要采取以下措施:根据 PPU、TSU 的体积合理设计放气孔,确保产品内部气体能在卫星发射后短时间内排空;产品研制完成后,在真空条件下进行高温排气,尽量减少内部有机材料在轨出气;必要时对高压电路和低压电路在空间结构上进行隔离设计,严格控制高压电路部分的有机材料使用量,进一步降低材料在轨出气对高压电路的影响。特别地,为了增强高压电路和元器件金属电极之间的高压绝缘能力,部分电推进电源产品对高压电路进行了有机材料灌封。此时,应对产品灌封设计和工艺进行专门的可靠性审查,特别是灌封材料的排气工艺、灌封组件的固化应力和热应力、灌封材料与元器件的粘接力裕度等。如果灌封材料与元器件间因粘接力不足等原因发生脱层现象,则可能在脱层处形成低气压环境诱发放电。

图 3-8 给出了一只因灌封材料脱层而发生低气压放电的高压二极管表面照片；从放大后的照片可以看出，二极管管脚与元器件壳体之间的绝缘陶瓷环上存在显著的放电烧蚀痕迹。最后，在进行产品灌封设计时，被灌封的元器件内通常不允许有空腔结构；在卫星在轨飞行过程中，随着空腔内气体缓慢渗漏，空腔压力逐渐降低，可能人为造成不期望的低气压环境，引起额外的高压放电问题。

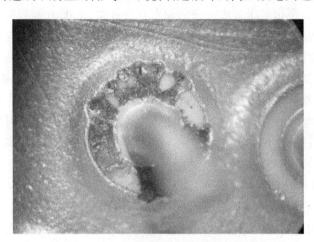

图 3-8　某产品高压二极管表面烧蚀照片

2）推力器放电负载敏感性风险和应对

对常用的离子和霍尔电推力器而言，PPU 的电源负载主要可以分为两类。第一类是阴极加热器，基本等效为纯阻性负载，其电阻值随温度升高而升高；加热器负载的效果主要体现为其积分效应，对电源的瞬态波动不敏感。其他负载可以归为第二类，这些负载都是气体放电负载；当供电条件发生波动时，负载等效阻抗呈现出负变化的特性。也就是说，如果供电电流减小，则负载等效电阻增大，要求电源的供电电压更高。由于气体放电的这一特性，其放电过程很容易受到电源波动的干扰，一般来说，毫秒级别的供电强烈波动或中断即可导致气体放电过程的中止。因此，PPU 在设计中应该特别注意提高气体放电电源输出的抗干扰能力。在正常操作过程中，电源或模块的开关机等操作不能对其他电源模块的正常输出造成影响。

3）推力器打火风险和控制

在前文电推进系统供配电设计中已经提到，电推力器在轨工作过程中容易出现电极间瞬态打火放电的情况。电推力器发生瞬态打火时，会对 PPU 输出端的滤波电容等器件造成冲击；在打火、恢复的过程中，输出滤波电容还会经受反复的充电和大电流放电的过程。这些使用条件和工况都是电推进电源产品所特有的。因此，电推进电源产品在进行元器件选型时，应该充分考虑电源的特殊使用工况，对选用的元器件进行一些特殊的摸底试验和质量检验。

4. 电推进多余物防护和洁净度保证设计

阀门等推进类产品的可靠性设计与传统化学推进产品类似,需要考虑内外密封的可靠性、焊接的工艺可行性和可靠性、对推进剂杂质的耐受性等。相关要求可以参考传统化学推进产品。

在电推力器的可靠性设计中,还应该着重考虑以下几点: 第一是多余物控制。电推力器中的多余物可能造成电极间瞬态打火放电,对推力器的稳定工作造成影响,需要在电推力器的整个研制和试验过程中加强产品多余物的控制。尤其是在总装环节,需要设计专门的工装对推力器喷口进行保护,避免总装测试过程中的多余物通过推力器喷口进入放电通道中。第二是阴极保护。为提高放电效率,电推力器中的阴极发射体多采用活化能较低、电子发射能力较强的材料,这些材料在大气环境中容易与水汽、氧气等成分反应造成发射能力下降,称为"阴极材料中毒"。在电推力器设计时,应尽可能选择抗中毒能力较强的阴极材料,提高电推力器在地面总装和测试环境中的适应性。

5. 矢量机构转动可靠性设计

对推力矢量调整机构来说,最关键的可靠性设计项目就是驱动力矩裕度设计。由于电推力器的供电供气需要,相关的供电电缆、管路等都需要固定在推力矢量调整机构上,机构转动时需要克服电缆、管路的变形;如何减小电缆和管路变形的阻力是提高机构驱动力矩驱动裕度的关键。对电缆来说,通常可以通过增大电缆自由段长度的方式,在机构转动时允许其自由变形,降低形变应力;对管路来说,可以将供气管路设计成螺旋形式,通过更长的管路分散机构转动带来的形变应力,从而减小宏观阻力。图 3-9 给出一种典型的螺旋管路设计形式。

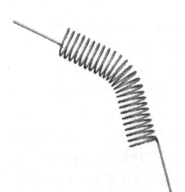

此外,电推力器中经常使用陶瓷材料作为电极间绝缘结构,离子推力器的栅极组件为大面积薄壁结构,这些结构都对冲击环境较为敏感。在进行推力矢量调节机构的解锁功能设计时,最好选用低冲击的解锁元件,如热刀、记忆合金等;如果选用火工品进行解锁,就需要在火工品解锁器与电推力器之间采取相应的减震措施,避免电推力器在冲击环境下发生损坏。

图 3-9　推力矢量调整机构螺旋管路示意图

6. 电推进异构可靠性设计

由于电推进系统设计的复杂性,在系统研制初期如果发生产品原理或工艺设计存在固有缺陷,可能导致整个系统的全部主备份产品出现共因故障,在短时间内全部失效。航天器总体设计人员应该对单机产品设计方案的正确性和成熟性进行评估,当型号总体对主推方案的设计正确性存在疑虑时,可以考虑增加一台其他设计方案的产品,形成设计上的异构备份,避免因产品设计固有缺陷导致整个航天器失效。

图 3 - 10 给出了一个设计实例,图中 PPU1 和 PPU2 在单机设计选型时将其作为主份设计方案;但是,考虑到该方案较多地使用了新技术、新工艺、新材料等,为避免设计中存在的固有缺陷,在航天器总体质量预算允许的情况下,增加了一台设计方案较为保守、性能指标稍差的 PPU3,并对 TSU 进行了适应性设计。在正常情况下,卫星仅使用 PPU1 和 PPU2 即可完成全部的电推进在轨任务。如果 PPU1 和 PPU2 出现设计错误全部失效,由于 PPU3 采用了不同的设计方案,不存在共因故障,卫星仍可以使用 PPU3 完成电推进在轨任务。

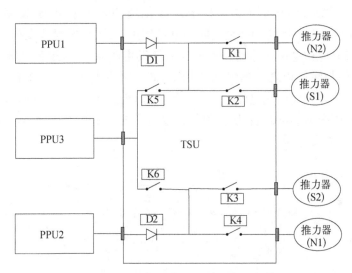

图 3 - 10　PPU 异构备份方案示意图

7. 电推进安全性保证设计

与传统化学推进不同,电推进使用的推进剂通常为氙气、氪气等惰性气体,不具有毒性。推进剂发生少量泄漏时,只要空气中氧含量充足,通常不会对人体产生危害,安全性风险较低。但是,由于电推进系统设计的特点,应针对故障条件下的高电压、高气压等风险开展安全性设计。

PPU 输出为大功率直流高压,容易导致人员触电事故。在系统设计时,高压电路应尽量使用带防护外壳的电连接器,避免使用接线柱等连接形式,避免测试和操作人员误触碰接线柱等裸露电极造成触电事故。如果必须使用接线柱,也应该在接线柱外侧设计保护盖板。

贮供子系统通常采用多级减压和流量控制设计,整个系统的高压端压力最高可以达到 10 MPa 以上,而低压端压力仅为 kPa 级别。如果在低压端使用耐压水平较低的阀门和管路产品,就必须在高低压隔离部分设置多重冗余的隔离措施,并对低压端压力进行实时监测。一旦发现低压端压力异常上升,应在第一时间通过关闭阀门、电磁阀断电等措施实现高低压的有效隔离。

3.2 电推进系统典型单机设计

3.2.1 离子推力器

1. 组成与工作原理

离子推力器的工作原理如图 3-11 所示。离子推力器工作时,首先给阴极、中和器和放电室输入工质氙气,随后对阴极和中和器的发射体加热,当阴极发射体温度达到热电子发射温度时(如:对于六硼化镧空心阴极电子发射温度超过 1 600℃),在阴极发射体与触持极之间的电场作用下,阴极发射体发射的原初电子向触持极运动,原初电子在运动过程中与氙气发生碰撞,氙气电离成离子,氙离子在阴极发射体与触持极之间的电场作用下,向阴极发射体运动,并轰击阴极发射体,在阴极发射体表面形成电能到热能的转换,以维持阴极发射体的热电子发射温度,此时关断阴极加热电源后,阴极将维持热电子发射放电状态,称为自持放电,从而完成阴极的点火过程。

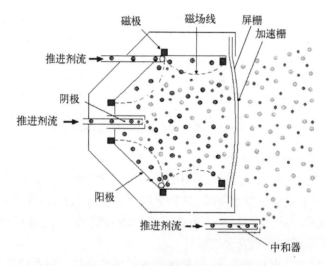

图 3-11 离子推力器工作原理图

主阴极成功点火后,开启阳极电源向阳极供电,在主阴极和阳极之间形成电场。主阴极发射的原初电子在电场作用下被加速向阳极运动,放电室中推进剂工质气体与加速后的原初电子发生非弹性碰撞电离,同时产生电离二次电子,二次电子被加速后继续与氙气碰撞电离,由此形成放电室内稳定放电过程。为了提高电子被阳极吸收前发生电离碰撞的概率,放电室内设计了特定分布构型的磁场,使得原初电子和二次电子在磁场和阳极电场作用下旋转运动,尽可能增加电子在较小放电室空间的运动路径,提高了放电室氙气原子的电离概率。

放电室成功点火后,离子光学系统的屏栅电源和加速电源分别供电。在加速栅和屏栅之间建立高压加速电场,放电室内的离子通过等离子体鞘层进入离子光学系统的加速区后,在加速电场的作用下被聚焦、加速,沿着离子光学系统的孔径轴线高速喷射形成离子束流,并由此产生反作用推力。加速电源向加速极提供负电压,以防止中和器发出的电子逆流流向放电室。

离子推力器引出离子束流前,需要中和器提前点火。中和器工作启动过程同主阴极点火相同。中和器发射的电子对推力器引出的离子进行中和,形成中性等离子体,防止束流带走大量正离子后造成航天器带负电。

2. 重点关注要素

离子推力器性能主要取决于空心阴极、放电室、栅极组件三大部件的工作性能,围绕这三大部件在设计过程中应重点关注的要素包括以下几方面。

(1) 空心阴极。阴极寿命设计是影响整个离子推力器的关键要素之一。为了提升阴极寿命,一般阴极加热丝选用铼钨或者钽等合金制成,触持极则选用钽或者高密度石墨等材料,可以有效削弱高温等离子轰击造成的侵蚀问题。

阴极的发射性能是影响离子推力器功耗和热耗的重要参数之一。阴极点火性能稳定性影响着离子推力器的正常工作,需要在设计工艺过程中加强产品测试筛选,确保阴极的点火能力。发射体性能是保证阴极稳定放电的关键要素,为了提升发射体环境适应性,国内外普遍采用六硼化镧和钪酸盐钡钨阴极提高抗中毒能力,降低对推进剂的纯度要求。

(2) 放电室。离子推力器放电室是主阴极原初电子与氙气发生碰撞电流的主要部位,如何保证束流均匀性以及提高电离率是放电室设计的关键要素,良好的放电室电磁场设计可以有效提高离子推力器的工质利用率和效率,降低离子推力器热耗。

(3) 栅极组件。离子推力器栅极组件是等离子体引出的主要部件。栅极组件的引出聚焦性能决定了离子推力器的束流发散角,从而对离子推力器的推力性能产生影响。栅极组件聚焦性能下降时,等离子体会更多地轰击到栅极材料上,增大离子推力器的污染影响,降低推力器工作寿命。因此,栅极组件的寿命设计是提高推力器整机寿命的关键要素。此外,栅极组件材料应具备较好的热稳定性和抗冷热形变。

随着大功率多模式电推进的发展,放电室多工况磁路及进气技术、发射电流大调节比空心阴极技术、大范围微流量控制技术等将是未来重点发展的技术领域。

3.2.2　霍尔推力器

1. 组成与工作原理

霍尔推力器是利用电场和磁场的共同作用将电能转换为工质动能的一种功能

转换装置,其工作原理如图 3-12。它一般具有中空共轴的结构,在通道内存在由内外励磁线圈产生的大致沿径向的磁场,以及由阴极和阳极之间电位降产生的沿轴向分布的电场。空心阴极发射的电子群在向阳极运动的过程中被磁场束缚并在通道内作拉莫尔回旋运动,同时在正交电磁场作用下形成沿圆周方向的定向闭环漂移运动,即霍尔电流。被磁场束缚的电子群与注入通道的中性推进剂原子(一般为具有较大原子质量的惰性气体,常为氙气)之间发生碰撞,使氙原子电离产生离子和更多的电子。这些电子一方面用来提供电流,维持放电;另一方面继续电离中性原子。由于氙离子质量远大于电子质量,具有较大的拉莫尔半径(通常是米的数量级),而推力器通道长度一般只有几厘米,因此离子的运动几乎不受通道内磁场的影响(此工作范围称为霍尔效应区,即电子被磁化,而离子非磁化)。正离子在轴向电场作用下被加速向陶瓷腔下游运动并喷出,形成反作用推力。

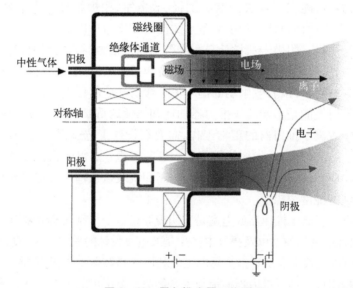

图 3-12 霍尔推力器工作原理

霍尔推力器主要由阴极组件、放电室组件、磁路组件、气路组件和安装组件等组成。

(1) 阴极组件:包括主份阴极和备份阴极,每个阴极主要包括加热器、触持极、阴极顶、触持极顶、陶瓷骨架等。

(2) 放电室组件:包括阳极部件、陶瓷腔、陶瓷腔套筒等。

(3) 磁路组件:包括内线圈、外线圈、内极靴、外极靴和导磁底座等。

(4) 气路组件:包括主份阴极气路、备份阴极气路和阳极气路等。各气路中包括管路和相应的气路绝缘器。

(5) 安装组件:包括内引线、接线柱、电连接器、安装底座、阴极安装支架、过渡板等。

2. 重点关注要素

霍尔推力器在设计过程中应重点关注的要素如下。

(1) 放电室。放电室磁场设计对霍尔推力器性能(推力、效率、电离率、耐腐蚀等)的影响很显著。磁场位形、强度分布、壁面等因素对霍尔推力器通道内空间电势分布及离子加速场的影响很大,如何优化控制等离子体束射流发散。降低离子对壁面和阴极的轰击,实现等离子体束的聚焦射流与控制是霍尔推力器设计的难点。材料抗蚀性方面,陶瓷放电室的抗侵蚀设计是霍尔推力器设计中的关键技术问题,它是霍尔推力器寿命的主要限制因素,也是对航天器表面的主要污染源。放电室陶瓷材料主要成分为硼氮化物、二氧化硅和氧化锆等。

(2) 阴极。与离子推力器一样,阴极寿命设计是影响整个霍尔推力器的关键要素之一。保证大发射电流大调节比的空心阴极长寿命设计是霍尔推力器设计的核心。多模式下对阴极的宽范围自持工作、引出电流大范围调整提出需求,随着阴极加热功率需求增加,会导致发射体温度增加,进而引起蒸发率迅速增大(钡钨发射体温度每升高 20℃,材料蒸发速率增加一倍),导致阴极寿命迅速下降。变电流的需求还会引起自持困难、发射体损耗增大,甚至输出比冲下降。

(3) 多模式系统中高电离率及电压利用率的设计问题。需要考虑如何通过提高放电电压来提高电离系数,此外最大电子温度随放电电压的增加而增加,当超过该临界电压之后,最大电子温度不再显著增长,如何保证不同工作模式下的中性气体工质充分电离是系统设计的瓶颈问题。

(4) 热设计问题。霍尔推力器作为一种典型的将电能转化为工质的动能的能量转换装置,效率通常在 50%~60%,比离子推力器效率低,这意味着会有更多的热耗散。对多模式霍尔推力器而言,主要矛盾在于不同模式工作条件下热负荷及高效放电匹配性问题。阳极主要用于复合等离子体中的电子形成放电回路,电子的剩余能量会在较小的阳极面积上形成大量的热沉积,导致阳极产生局部的高温,阳极产热主要与电子电流的大小及电子温度成正比。多模式霍尔推力器大流量或是高电压的工作模式均会造成阳极接收的电子电流增大以及电子温度的升高,使得阳极的产热大幅上升。如果阳极热量不能及时疏导,将导致阳极局部温度过高,使得阳极部件局部过热,最终导致推力器无法工作。

(5) 高比冲设计问题。高比冲推力器羽流发散角过大,会降低电压利用率,从而会使电离分布与磁场位型的匹配难度加大;高比冲还会带来高电压下通道壁面的溅射问题,即高能离子轰击陶瓷壁面,使壁面腐蚀率大幅增加。

随着大功率多模式电推进的发展需求,宽工况新型磁路构型技术、发射电流大调节比空心阴极技术、快启动空心阴极技术等将是未来重点发展的技术领域。

3.2.3　电源处理单元

1. 组成与工作原理

PPU本质上是一种特殊的二次电源,用于将整星母线变换为电推力器工作所需的各路电源。在电源模块的设计方法上,离子电推进PPU和霍尔电推进PPU具有一定的相似性。但是由于离子推力器和霍尔推力器对供电电源输入的要求差异,两种PPU在电源配置、电源连接关系等方面都存在较大差别。

离子推力器大致可分为放电室、栅极组件和中和器三部分。放电室的电源输入包括阳极电源、主阴极加热电源、触持电源和点火电源,栅极组件的电源输入包括屏栅电源和加速电源,中和器的电源输入包括中和器加热电源、触持电源和点火电源。在以上这些电源需求中,屏栅电源和加速电源为直流稳压电源,点火电源通常为脉冲电源或直流限压稳流电源(开路电源通常为几百伏),其他电源为直流稳流电源。图3-13和图3-14给出了离子电推进PPU的典型电源配置及其与电推力器的连接匹配关系。可以看出,离子电推进PPU内共计8种电源模块。阳极电源、主阴极加热电源、触持电源和点火电源与屏栅电源的正端连接,为PPU的高压

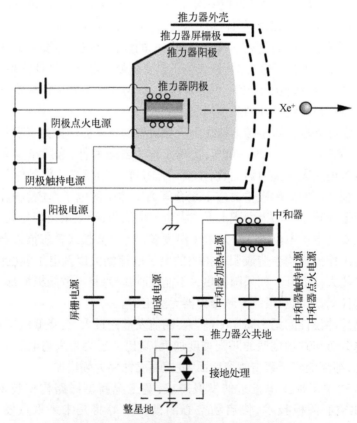

图3-13　离子PPU与推力器供电连接图

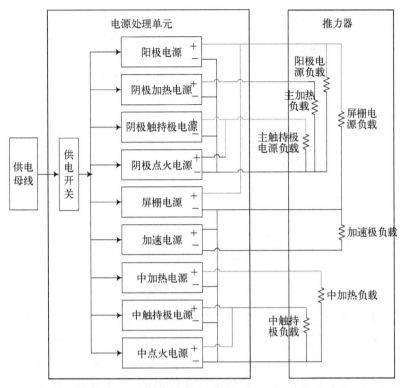

图 3－14　离子 PPU 输入及输出供电连接原理图

部分;中和器加热电源、触持电源和点火电源与屏栅电源的负端连接,为 PPU 的低压部分;虽然加速电源与屏栅电源的负端相连,但加速电源本身具有百伏以上的电压,仍看作高压电源模块。

　　霍尔推力器对电源的需求相对较为简单,常规的霍尔推力器只有励磁电源、阳极电源、阴极加热电源和点火电源 4 个供电电源输入。励磁电源、阴极加热电源为直流稳流电源,阳极电源为直流稳压电源,点火电源通常为脉冲电源或直流限压稳流电源(开路电源通常为几百伏)。在单一工作模式的霍尔推力器与 PPU 的设计中,为了简化设计、降低电源需求,有时会将霍尔推力器的电磁线圈串联在阳极电源的回线上,利用阳极电流来提供推力器电磁线圈的励磁功能。但是,由于霍尔推力器在工作时放电振荡较为剧烈,阳极电流振荡的峰峰值可以达到平均放电电流的 100% 左右。为了有效抑制阳极电流振荡,防止对 PPU 及航天器供电母线造成冲击,霍尔电推进系统通常在 PPU 与霍尔推力器之间增加一个滤波单元(FU),以免对整星 EMC 造成影响。

　　在设计方案上,PPU 的电源变换电路通常采用开关电源的拓扑设计,典型内部结构组成如图 3－15 所示,包括输入滤波/开关及浪涌抑制电路、开关调制电路、变压器、整流滤波电路、接口及控制电路。输入滤波/开关及浪涌抑制电路负责 PPU

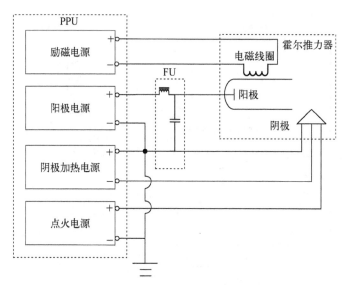

图 3 - 15　霍尔 PPU 与推力器供电连接图

主要功率模块的供电通断控制;开关调制电路负责将航天器直流母线输入调制为交流信号,便于后续变压器实现升降压;各路电源经过变压器的升压或降压后,进入整流滤波电路重新变换为推力器所需的直流电源输出。接口及控制电路是 PPU 的信号和控制部分,主要完成 PPU 内部的遥控遥测、自主程控、故障保护和处理等,也可以与输入开关及浪涌抑制电路共同作用,实现电子过流保护功能。根据电推进系统的具体设计情况,接口及控制电路也可能集成到电推进控制单元中。

为实现 PPU 设计的小型化、轻量化等需求,根据各电源的输出要求,可以将几个小功率的电源进行组合设计。如图 3 - 16 所示,电源输出 A(如离子 PPU 的屏栅电源、霍尔 PPU 的阳极电源)为大功率电源,在 PPU 设计中需要使用专门的开关调制电路,有时甚至需要多个电源模块采用并联或串联的方式输出。电源输出 B 和 C(如阴极加热电源、励磁电源等)为小功率电源,在 PPU 设计中可以根据实际情况共用开关调制电路,采用变压器原边并联继电器等方式实现电源的开关控制。

2. 重点关注要素

(1) 电推进多模式工作要求下的宽动态输出设计:为了适应航天器轨道转移和轨道控制的多任务需求、深空航天器的大范围功率调节需求,多模式电推进成为电推进技术的一个重要发展方向。要适应多模式电推进发展,PPU 就要求各电源模块的功率变换设计具有较宽的功率适应能力。目前被广泛应用且相当成熟的功率变换电路包括单端正激拓扑、推挽拓扑、推挽正激拓扑、半桥拓扑、全桥拓扑等不同形式,各功率变换电路的选择取决于电源的功率大小、输入电压的高低等,如单端反激式和单端正激式功率变换电路就适合低输入电压和功率较小(几百瓦以下)的电源,而半桥式和全桥式功率变换电路适合于高输入电压和功率较大(几百

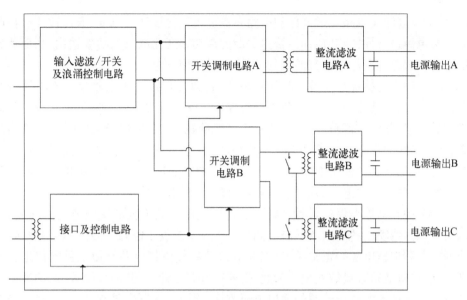

图 3-16　PPU 供电电路结构组成示意图

瓦到数千瓦)的电源。同时上述几种功率变换电路由于电路结构上的不同,还存在电路结构简单和复杂的区别,这也是选择电路时考虑的主要因素之一。PPU 选择功率变换电路时,应以能满足输入电压范围和电源功率要求为选择依据。通过对拓扑结构进行变形和改进,优选出高效率、高可靠性功率转换电路拓扑是当前设计难点。高效电源拓扑设计意味着更高的转换效率和更低的热影响,解决了产品的热控设计问题,对发展高功率的电源意义重大。

(2) 推力器电参数闭环控制设计:为了维持电推力器多种模式输出性能的稳定,需通过 PPU 对电推力器的特征供电参数(如离子推力器的屏栅电流、霍尔推力器的阳极电流)进行闭环控制,这也是抵消推力器长期不同模式工作条件下性能衰减的一项有效措施。

(3) 高压防护设计:PPU 的高压部分是涉及系统及整星安全性的关键点。应对涉及高压的连线、器件、壳体采取全面的电气隔离防护措施,相关部位的耐压必须在材料选择和布局上仔细分析和设计,确保不发生短路、击穿、真空微放电等现象。

(4) 电流冲击抑制电路设计:电推进系统在轨运行时,高压电极之间因多余物等各种原因发生气体击穿放电的现象是普遍存在的。对于 PPU 来说,高压电极瞬态击穿放电即意味着高压电源正线和负线之间发生瞬间短路。打火瞬间会对母线产生较大的浪涌电流冲击,可能对母线电压产生不同程度的跌落影响,严重的话会拉低整星母线电压,导致载荷设备欠压保护关机,影响航天器正常工作。因此 PPU 在短路保护电路设计上要针对推力器的使用特点开展电流冲击抑制保护电路设计,对母线滤波电路和过流保护电路参数进行优化设计。例如,通过过流保护电路调整电源过流保护响应时间,快速关断前级功率变化电路的功率输出,从而达到推力器打火时抑制母线电流的目的,保证整星使用安全。

(5)输入短路保护设计:PPU 功率较高,通常直接连接在整星一次电源母线上,需要开展短路保护设计,避免单点失效造成电源母线失效。对于存在单点失效模式的电路,其输入部分均须采用短路保护措施,以便在故障发生时进行故障隔离,保证母线的安全。考虑到 PPU 的输入电流较大,短路保护方式推荐使用自动保护电路;如果必须使用熔断器,则需要对熔断器的过电流能力、并联熔断器的阻抗一致性、整星一次电源熔断能力等进行详细设计和复核。

(6)中和器熄弧保护设计:离子推力器使用一只单独的阴极进行电子发射,以中和推力器喷出的高速离子流。如果电推进系统发生故障,导致中和器熄弧,而屏栅电源和加速电源均正常工作时,将导致卫星整体带电并且使卫星电位迅速抬高,可能严重威胁整星的安全。为此,需要在电源设计中,开展互锁设计,即通过采样电路对中和器触持极电源的输出电流监视,当中和器发生异常、中和器触持极电源电流小于设计阈值时,硬件互锁电路可以将屏栅电源、加速极电源锁定无输出;当故障消除,中和器触持极电源恢复额定工作时,屏栅电源、加速极电源解锁,恢复正常工作。

(7)电磁兼容性设计:PPU 各输出电源模式复杂,涉及高压高电流及脉冲等信号,还存在着瞬态的打火冲击电流等影响;PPU 输出过程中会产生的相对复杂的电磁环境,对航天器有着潜在的冲击,对诸如通讯、导航、制导和控制、有效载荷和试验有一定的影响,其电磁环境可能会伴随射频和传导发射一同产生持久的或变化的磁场。所以 PPU 必须进行针对性的 EMC 设计和试验,并将电磁干扰降低到一定量级以下来满足兼容性的要求。对霍尔电推进的 PPU 而言,尽管霍尔推力器的工作电源是直流放电的,但存在约 $1 \sim 100$ kHz 的放电电流的低频振荡,且这一类振荡振幅很大,峰峰值往往可以达到放电电流平均值的 100%。低频振荡会对霍尔推力器的电源系统工作造成冲击,还可能串到卫星上的其他设备中,影响它们的正常工作,并且可能会影响推力器的性能和寿命,因此霍尔电推进 PPU 对振荡的抑制电路设计尤为关键。

3.2.4 贮供子系统

1. 组成与工作原理

贮供子系统是电推进系统的推进剂贮存和供给设备。根据功能实现的不同,贮供子系统通常可以分为推进剂贮存模块、压力控制模块和流量调节模块三部分。

推进剂贮存模块通常为高压气瓶,用于贮存超临界状态的氙气等推进剂。为了降低电推进系统的重量,高压气瓶通常都选用复合材料缠绕气瓶。

　　推进剂贮存模块下游为压力调节模块,对上游高压气瓶存储的氙气进行减压,并为下游流量控制模块提供相对稳定的压力输入条件。压力控制模块从减压原理出发,分为传统机械减压、基于"电磁阀+缓冲气瓶"的 Bang – Bang 电子减压、基于比例调节式电磁阀的电子减压等三种。

　　氙气经压力控制模块减压和稳压后进入流量控制模块,流量控制模块利用大流阻节流元件实现推进剂的微小流量供给。根据节流原理的不同,流量控制模块可大致分为两类。一类是固定节流通道的节流式(含多孔介质烧结型、多孔金属型、多切向孔节流片、金属刻蚀节流片等),节流器外还可以设置加热器,通过改变节流器和推进剂温度起到精确调整推进剂流阻的目的。另一类是变节流通道的比例控制式,通过比例式电磁阀的开度控制来调节推进剂流率。

　　机械减压型对控制系统要求低,但其下游压力无法精确调节且响应慢,在电推进系统应用中通常无法独立满足压力控制精度的要求,需要与下游基于电磁阀等的电子减压器联合完成多级减压任务。

　　Bang – Bang 控制型电子减压器通常由上下两只电磁阀串联而成,两只电磁阀之间留有一定的小气容,Bang – Bang 电子减压系统的闭环控制原理见图 3 – 17;在氙气瓶压力较高时,利用电磁阀间的小气容每次转移少量的高压气体至缓冲气瓶,使缓冲气瓶压力只能以极为有限的增幅增长,控制精度较高;在氙气瓶压力较低时,压力控制电磁阀上阀和下阀同时打开,直至缓冲气瓶压力增至设定的压力上限值后关闭压力控制电磁阀,避免每次通过小气容补充的氙气太少而导致电磁阀动作次数偏高。Bang – Bang 电子减压器的鲁棒性好、可靠性高,但由于其压力调节误差与小气容的容积呈正比、电磁阀动作寿命需求与小气容的容积呈反比,提高压力调节精度必然导致对电磁阀动作寿命的要求提高。因此,Bang – Bang 电子减压

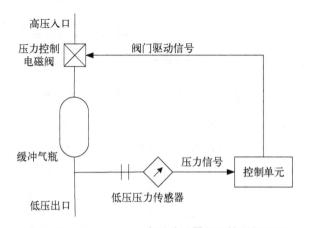

图 3 – 17　Bang – Bang 电子减压器闭环控制原理图

系统在设计中需要合理权衡压力调节精度与工作寿命的要求。此外,由于在压力控制电磁阀的下游使用了缓冲气瓶,气瓶压力(即压力调节模块的输出压力)只能随着推进剂氙气的消耗而逐渐降低,输出压力难以实现从较高压力向较低压力的快速调节,Bang‐Bang电子减压系统不适用于需要频繁进行输出压力调节的电推进系统。

　　比例控制型电子减压器也就是基于比例控制阀的电子减压器,利用电磁比例阀、压电比例阀开度可调节的特性来控制氙气供给管路的流阻,从而达到控制氙气输出压力的目的。比例控制型电子减压器已经在欧洲GOCE卫星、美国AEHF卫星等多颗卫星上得到了应用。由于电推进氙气瓶在轨通常工作在落压模式下,压力调节模块的输入压力从几十兆帕逐渐降低至一兆帕以下,且贮供子系统的输出流量降低,直接在全压力范围内使用比例控制阀进行一级减压调节仍具有一定的困难。在国际电推进系统应用中,通常使用二级减压系统,即高压氙气瓶中的氙气经过一级减压减至较低压力后,通过比例控制阀的二级减压对流量输出部件前的压力进行精确调节,保证整个系统较高的流量输出精度。比例控制性电子减压器的原理见图3‐18。比例控制型电子减压器压力调节精度较高,同时取消了缓冲气瓶,可以实现对输出压力的快速双向调节,特别适用于多模式的电推进系统。但比例阀的死区、蠕变特性及持续发热问题给设计带来了困难。

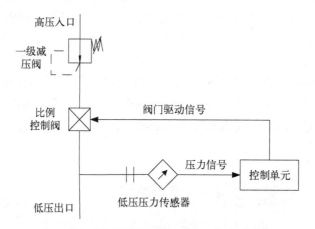

图3‐18　比例控制电子减压器闭环控制原理图

　　高压氙气经压力调节模块减压和稳压后进入流量控制模块,流量控制模块利用大流阻节流元件实现推进剂的微小流量供给。一般来说,常用千瓦级电推进系统的推进剂流率需求为$0.1 \sim 10 \ mg/s$量级,比传统化学推进约小三个数量级,且要求流率控制精度在$2\% \sim 5\%$。在国内外电推进系统的应用中,流量控制模块通常采用热节流原理实现氙气的微小流量控制和高精度调节,主要包括两种方法,一是采用"烧结型"的流量控制器,二是采用"迷宫型"的流量控制器。

"烧结型"流量控制器的技术状态相对成熟,其核心零件是由金属多孔烧结材料形成的,这种材料是金属粉末颗粒在一定的温度和压力下通过烧结工艺成型,在烧结过程中金属颗粒不熔化,成型后颗粒与颗粒之间仍然存在很多微小的可供介质通过的缝隙。图 3 - 19 是这种材料的原料、胚料及成型后的微观结构。因氙气的流量非常微小,因此要求缝隙的尺寸必须非常小,对于 mg/s 级的流量控制,要求烧结型流量控制器的缝隙尺寸一般不得大于 10^{-2} μm 量级。这样缝隙的产品容易被污染,因此"烧结型"流量控制器存在对多余物高度敏感的缺点。

5 μm(×100)

图 3 - 19　金属烧结多孔材料

"迷宫型"微流量控制器使被控介质在"迷宫"中流过极为复杂但不很狭窄的通路,在这个过程中介质的速度连续发生变化,能量不断降低,最终达到节流目的。"迷宫型"流量控制器介质通路的尺寸是几十微米量级的,整个结构采用金属材料通过机械加工的方法成型,克服了"烧结型"流量控制器的缺点,降低了产品对多余物的敏感程度。图 3 - 20 给出了"迷宫型"微流量控制器的典型流道结构示意图。

图 3 - 20　"迷宫型"流道结构示意图

流量控制器的流量控制精度要求较高,流量控制器需要通过加热方式改变流体黏性和流道尺寸,从而达到精确控制流量的目的。一般流量控制器由节流元件、加热器和测温元件等组成,每个流量控制器上有主份加热器和备份加热器,同时有主份测温元件和备份测温元件。流量控制器的温度闭环控制由星上计算机和电推进应用软件共同完成。设定控制流量控制器的工作温度点,星上计算机检测流量控制器的温度,如果温度低于设定值,星上计算机给加热器通电,当检测的温度高于设定值时,加热器断电,停止给小流量控制器加热,将流量控制器的工作温度控

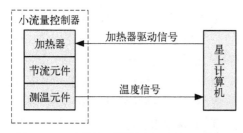

图 3-21 流量控制器温度闭环控制原理图

制在给定的温度点。图 3-21 给出了流量控制器温度闭环控制原理图。

近年来,基于压电驱动的比例控制阀技术得到了长足发展,压电比例控制阀低功耗、高精度、高分辨率、低电磁干扰的特点逐渐引起了航天器研制和应用单位的注意。泰雷兹阿莱尼亚宇航公司提出了一系列用于航天器冷气和电推进流量控制系统的压电比例调节阀方案,见图 3-22,适用于航天器无拖曳控制等对推力控制精度要求非常高的场合。由于压电式比例控制阀也有控制死区,控制策略相对复杂,且压电式比例控制阀对电源输入电压的要求较高,目前尚未得到广泛应用。

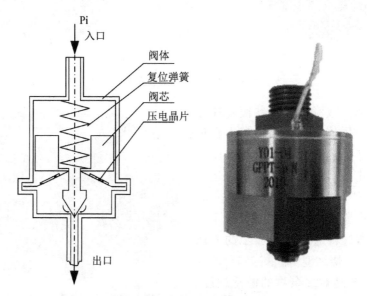

图 3-22 压电式比例控制阀

2. 重点关注要素

贮供子系统在设计过程中需要重点关注的要素包括。

1) 输出流量精度和稳定度

输出精度和稳定度是贮供子系统最重要的性能指标。为达到微小流量精确控制的目的,要求贮供子系统的节流部件具有极高的设计和加工精度,同时还要求整个贮供子系统的闭环反馈算法满足高精度、低超调、低延迟的要求。

在贮供子系统设计中,通常涉及多个闭环控制流程,具体包括:以 PRM 输出压力为控制目标的电子减压器闭环控制、以 FCM 输出流量为控制目标的热节流器温度闭环控制或比例式电磁阀闭环控制。此外,根据系统设计的不同,如果系统选用了不设置加热器的普通节流器,就需要通过调节 PRM 的输出压力来达到控制贮供子系统输出流量的目的;在部分霍尔电推进系统中,也常常以推力器阳极电流为控制目标,通过控制贮供子系统的输出流量来达到推力稳定输出的目的。在闭环控制系统设计中,需要对系统特性进行深入分析和仿真,从而合理确定闭环控制系统的传递函数。

"迷宫型"微流量控制器利用逐级膨胀的方法增加流阻实现节流,其设计和研制的关键环节在于流道尺寸的设计和控制;为实现微小流量控制,流道尺寸通常只有十微米到几十微米量级,对产品加工也提出了较高的要求。

压力闭环控制通常采用压力传感器作为敏感器;根据系统设计不同,流量闭环控制采用的敏感器包括热敏电阻或铂电阻、流量计等。在航天器长期在轨工作期间,需保证这些敏感器在全温度范围内具有极高的测量精度,全量程测量误差一般不大于 1%。这就对传感器的元器件选择、电路设计、标定试验等都提出了很高的要求。

2)子系统漏率和洁净度控制

子系统部组件数量多且接口多,需要尽可能采用焊接连接以减小外漏率。内部洁净度控制对系统工作性能影响和内漏率控制都非常重要,内部污染物(包括颗粒物)会造成推力器性能衰退或短路,会造成阀门密封不严内泄漏增大,会堵塞流阻器、节流器小孔,影响流率控制和供应。需要通过阀门磨损材料的使用、内部洁净度全过程控制、分级过滤等措施解决。

3)部件组件的可靠性和寿命试验

部件组件不仅需要进一步提高工作寿命裕度,而且要通过具有较多子样的试验,提高可靠性置信水平,降低失效风险。对热节流器、低压传感器等参与流率控制的部组件,还需要获得长寿命应用的性能退化规律或漂移特性,以便采取必要的补偿或修正措施。

3.2.5　推力矢量调整机构

1. 组成与工作原理

TPAM 是离子推力器的机械支持和调节装置。在主动段飞行期间,TPAM 为推力器提供足够的刚性支撑和力学保护,实现主动段的锁紧功能,确保推力器在主动段力学环境下不被损坏。入轨后,通过航天用火工品解锁器等产品实现机构的解锁功能。在轨工作期间,TPAM 可根据需求实现一维或二维方向推力矢量的调节,以确保推力器工作时的推力过卫星质心,并向控制单元提供推力器安装位置和运动方向的测量信号。

根据航天器的具体需求和空间布局等约束,TPAM 具有多种不同的驱动形式。

图 3-23 给出了两种典型的并联驱动式 TPAM 的结构。图 3-23 左侧为"滑块-推杆"式 TPAM,两个驱动单元驱动滑块沿固定杆运动,滑块通过推杆推动推力器安装板绕万向节转动。当两个滑块同向运动(例如,都向图片左侧运动)时,推力器安装板将绕万向节 α 角转动;当两个滑块反向运动(即一个滑块向左运动,另一个滑块向右运动)时,推力器安装板将绕万向节 β 角转动。图 3-23 右侧为多杆式 TPAM,采用 6 个相同的运动杆来完成方向的调整。在此机构设计中,每个杆上均配置一个直线电机,通过改变 6 个运动杆的长度,该机构可以同时对推力器的三维位置和二维指向进行调整。可以看出,控制量为 6 自由度,超出控制目标的 5 自由度,因此,在这种机构的控制算法中需要合理考虑控制量的多值问题。

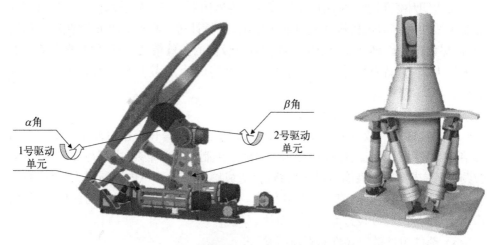

图 3-23 并联驱动式 TPAM 结构示意图

图 3-24 给出了两种典型的串联驱动式 TPAM 的结构。左侧为机构与推力器一对一的设计,右侧为机构与推力器一对二的设计。可以看出,两种机构均通过两个相互正交的转轴来实现推力器的二维指向,两个方向的转动完全解耦,因此,串联式机构的控制算法通常较为简单。

图 3-25 给出了欧洲 E3000 EOR 平台使用的展开臂式 TPAM 的结构及在轨示意图。该机构主要包括三个关节和两个伸长臂,伸长臂采用碳纤维复合材料管,用于降低产品重量,两个伸长臂直径和厚度相同,只有长度不同[73]。各处使用的转动关节几乎完全相同,可以作为一个单独的模块进行鉴定。所有电缆和管道都嵌在机械臂和关节内,金属外壳对电缆和电子器提供了很好的空间环境保护,即热循环、辐射、紫外线和微流体等恶劣条件。该机构可以大幅度调整推力器的位置,提高电推进南北位保推进任务的效率。该机构安装在通信卫星 Eutelsat 172B 上,于 2017 年 6 月 1 日发射,历经 4 个月的电推进轨道提升,于 10 月 17 日定点成功。由于使用了更大推力的霍尔电推进系统及效率更高的展开臂式

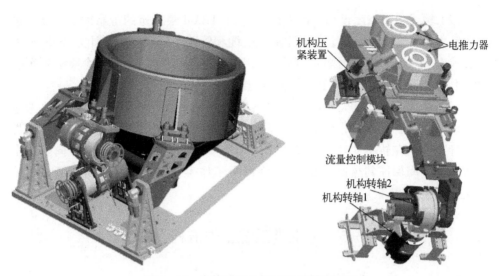

图 3 - 24　串联驱动式 TPAM 结构示意图

图 3 - 25　展开臂式 TPAM 结构及在轨示意图

TPAM,该星作为欧洲第一颗全电推进卫星,创造了电推进卫星入轨仅用 4 个月时间的最短纪录。

2. 重点关注要素

TPAM 在设计过程中需要重点关注的要素如下。

(1) 机构形式选型。在设计初期,需要首先根据推进任务、航天器布局限制等,合理选取 TPAM 的结构形式。并联驱动式 TPAM 能够提供的电推力器指向调节范围和位置调节范围均较小,通常适用于任务比较单一的电推进系统。串联驱动式 TPAM 能够提供相对较大的电推力器指向调节范围,但由于其结构形式限制,这类机构的关节需要同时提供机构驱动、角度测量、断电保持等能力,对关节设计和研制的要求较高。展开臂式 TPAM 能够同时提供大范围的电推力器位置调节和指向调节能力,提供电推进系统的应用效率,性能最为突出,但是,展开臂式 TPAM 的重量通常较重,且需要较大的航天器安装空间。

（2）驱动力矩裕度设计。前文已经提到，TPAM 最关键的可靠性设计项目就是驱动力矩裕度设计。除重点关注降低电缆和管路变形阻力的设计方法外，通常还要求对 TPAM 的驱动力矩裕度作为关键性能指标进行检验，该检验必须覆盖TPAM 的全部角度转动范围和工作温度范围。

（3）稳定性设计。矢量调节机构热稳定性是关键设计要素，这就需要考虑矢量调节机构在工作过程中如何保证有足够的刚度和抗温度敏感性，热稳定性差会导致结构在轨不同环境下发生结构偏移量，从而影响推力矢量方向。在全工作寿命期间保证其热稳定度高，是确保全工作寿命期间不引入指向偏差影响的关键。

3.3　电推进系统工作流程设计

3.3.1　电推进全寿命周期任务流程设计

1. 任务剖面和任务流程设计

任务剖面是指产品在完成规定任务的期间内，按照时间顺序所经历的时间和环境。对电推进系统开展任务剖面分析，有助于明确电推进系统的飞行事件，并以此为基础设计电推进系统的工作流程和工作方式。

图 3-26 给出了电推进系统在轨全寿命周期任务流程。从电推进系统的任务

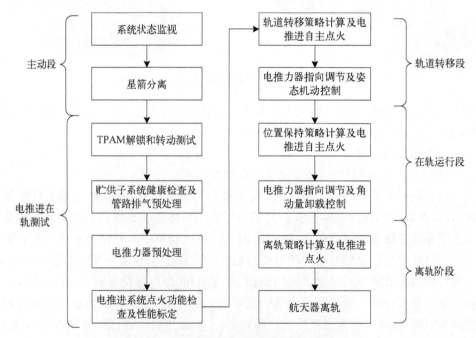

图 3-26　电推进在轨全寿命周期任务流程图

剖面可以看出,电推进系统在轨执行次数最多的任务主要为两项:电推力器点火和电推力器指向调节。在轨测试期间,电推进系统还需要完成 TPAM 解锁和转动测试、贮供子系统健康检查及管路排气预处理、电推力器预处理等工作,这一部分工作在整个电推进系统在轨寿命期间通常仅进行一次。

2. 任务约束分析

通过任务剖面分析,已经得到了明确的电推进系统工作任务。实际工程中,电推进系统需要与供配电、控制等各分系统相互配合完成在轨推进任务。这就需要对电推进在轨工作的约束条件进行分析,明确电推进系统各项工作任务的约束条件。这些约束条件通常包括能源约束、测控约束及姿态控制约束。

以电推进系统点火为例。首先,电推进系统点火消耗的电功率通常在千瓦量级,在轨道转移期间甚至可能达到数千瓦到十千瓦量级,用星上蓄电池对电推进点火提供能源支持需要付出更多额外代价。因此,通常要求航天器进入地影或月影期间,电推进系统不进行点火。这就要求航天器对地影、月影进行预报和监视,当航天器功率输出能力不足时,提前关闭电推进系统,并禁止电推进系统自主启动点火,直到航天器离开地影、月影。

其次,传统化学推进航天器在进行轨道转移或轨道维持点火时,均需要在地面测控支持下进行,尤其是变轨发动机点火,完全通过遥控模式完成。更换为电推进系统后,航天器轨道转移的时间更长,电推力器在整个转移轨道期间基本全程进行点火,地面测控系统难以实现对电推进点火过程的全程监视。因此,使用电推进进行轨道转移时,通常要求航天器具有更智能的星上软件系统,能够在电推进系统发生故障时及时进行故障检测和隔离,保障航天器整体安全。

最后,由于各种因素电推进点火会产生干扰力矩,会对整星姿态控制造成影响。对于使用传统化学推力器完成角动量管理的航天器来说,控制力矩很大,对电推进系统产生的干扰力矩不敏感,仅要求电推进系统干扰力矩不超过一定的阈值即可。对于全电推进航天器来说,需要主动控制电推进点火期间的干扰力矩方向和大小,用于和航天器积累的角动量变化相互抵消,这就要求航天器对自身的角动量累积情况进行实时地计算和评估,并根据角动量变化率实时调整 TPAM 的指向位置。这对航天器的自主工作能力和软件设计提出了很高的要求。在这种情况下,TPAM 指向调节和电推进系统点火需要同时进行,维持 TPAM 上电机、关节等重要部组件的工作温度条件,也成为电推进系统热控设计的一大约束。

3.3.2 电推进自主运行流程设计

1. 电推进自主运行软件流程设计

电推进系统工作方式设计的一个重要任务就是确定任务运行的方式。通常可以将全生命期仅进行一次的任务、对响应时间要求较为宽松的任务交由地面执行；其他要求快速响应和完成的任务、需要长期多次执行的任务等交由星上执行。这样一方面可以更好地确保航天器安全；另一方面可以降低地面测控的工作强度，降低运管费用。

图 3-27 给出了某使用电推进系统进行南北位置保持的卫星自主控制与地面遥控指令控制软件运行流程图。其中，实践方框为电推进应用软件需自主实现的功能，虚线方框为地面遥控实现的功能。

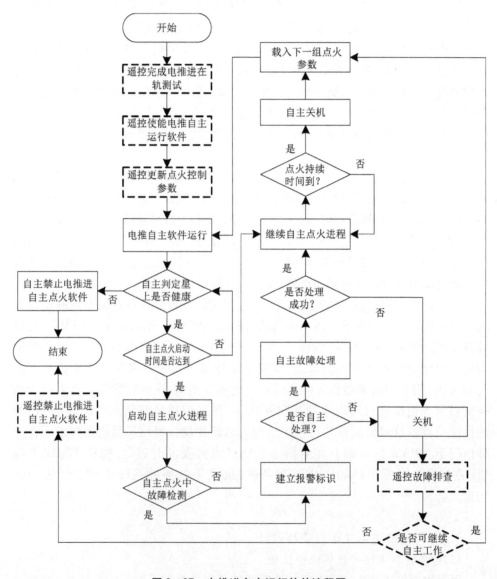

图 3-27　电推进自主运行软件流程图

寿命初期的矢量调节机构展开、电推进分系统预处理、电推进在轨测试工作在整个卫星全生命周期内仅开展一次,为降低软件复杂度,这一类工作任务由地面遥控负责完成。同时,在位置保持的策略计算方面,考虑到地面计算机系统与星上计算机的能力差距,该卫星的位置保持策略全部由地面计算机系统设计完成后,以点火控制参数的形式上注至卫星。点火控制参数可以同时包括若干组点火参数,按照时间顺序排列,每一组参数规定电推进系统的哪一台电推力器在什么时刻点火,每次点火多长时间。位置保持策略会考虑星上能源条件和热控条件,对地影、月影进行预报,地影或月影期间,电推进系统不进行点火。

考虑到电推进系统执行位置保持点火的频率为每天两次,地面操作较为繁复,卫星在设计时明确将正常情况下的自主点火控制交由星上计算机电推进应用软件自主执行。电推进应用软件会定时检查是否达到当前点火参数规定的点火时刻,若满足点火时刻要求,则调用推力器点火流程、压力和流量控制流程等,自主执行星上电推力器点火任务。

卫星在设计时也会将部分简单故障的处理交由星上计算机电推进应用软件自主执行。电推进自主工作过程中,如果发生栅极短路、屏栅电源故障时,电推进软件将首先尝试进行在轨处理;如处理不成功或发生其他更加严重的故障,则停止电推进自主工作流程,等待地面完成故障诊断和处理工作。此外,当电推进分系统发生比较严重的故障,不适合继续进行星上自主控制时,通过地面遥控完成电推进点火工作。

图 3-27 所示的流程是典型的地面遥控和星上自主相结合的处理流程。随着电推进技术的成熟和卫星用户对航天器好用和易用性要求的提升,星上自主运行的比例会越来越高,直到最终所有的操作都由星上自主完成。在这种情况下,一方面星上软件必须具备位置保持策略、角动量管理卸载策略等的星上计算能力;另一方面必须具备所有故障的星上自主诊断、隔离和恢复能力。

2. 电推力器自主点火流程设计

电推进系统要具备星上自主运行能力,首先要具备电推力器自主点火能力。星上计算机要根据每一次电推进分系统点火的时间、时长、点火推力器、TPAM 偏转角度等信息,调用相关的子程序和功能,完成电源和供气的自动加载和配合工作。

图 3-28 是一个典型的离子推力器星上自主点火流程图。离子推力器点火分为三个阶段:中和器首先点火,其次是主阴极和放电室点火,最后是加载束流。电推力器自主点火流程设计要完成以下功能:

(1) 根据点火顺序设置压力控制、流量控制使能标识、调用流量控制、压力控制子模块;

(2) 根据点火参数开启电源处理单元 PPU,控制输出切换继电器通断状态;

（3）根据点火顺序开启贮供子系统各阀门，为离子推力器提供供气；

（4）根据点火顺序控制 PPU 各路电源的开关，实现推力器点火工作；

（5）实时判断电推进点火参数，根据点火参数设置报警字和故障字；

（6）根据故障类型自动完成故障处理或关机。

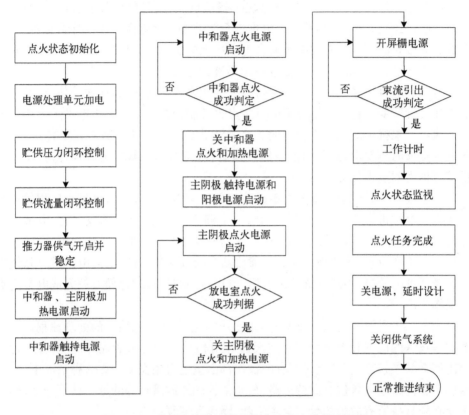

图 3-28　典型离子推力器星上自主点火事件流程图

3. 压力闭环控制流程设计

电推进系统的贮供子系统主要包含压力控制模块和流量控制模块。压力控制模块对高压氙气瓶进行减压，并保持输出气体压力的稳定，比较常用的是 Bang-Bang 控制型电子减压器。图 3-29 给出了采用 Bang-Bang 控制型电子减压器的星上自主压力闭环控制流程图。

Bang-Bang 控制型电子减压器由上下两只电磁阀串联而成，两只电磁阀之间留有一定的小气容。在氙气瓶压力较高时，2 只电磁阀异步开启关闭，将小气容中贮存的少量高压气体转移至缓冲气瓶，使缓冲气瓶压力以有限的增幅增长，直到到达压力控制上限，关闭所有电磁阀。在氙气瓶压力较低时，2 只电磁阀上阀和下阀同时打开，将高压气瓶和缓冲气瓶直接连通，直至缓冲气瓶压力增至设定的压力上

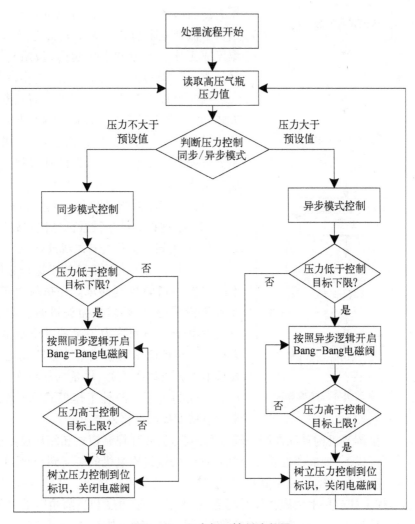

图 3-29　压力闭环控制流程图

限值,然后关闭所有电磁阀。

星上自主压力闭环控制流程需要实现的功能包括:

(1) 根据高压氙气瓶压力自主选择压力控制电磁阀同步或异步工作模式;

(2) 根据缓冲气瓶压力自主控制 Bang-Bang 阀,实现缓冲气瓶压力的稳定控制;

(3) 根据压传测量结果判断压传健康状态,设置压传不健康和压传故障字;

(4) 根据控制结果设置标志位和故障字。

4. 流量闭环控制流程设计

氙气经压力控制模块减压和稳压后进入流量控制模块,流量控制模块一般利

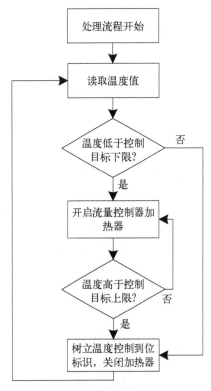

图 3 - 30 流量闭环控制流程图

用大流阻节流元件实现推进剂的微小流量供给。节流器流阻与孔隙大小成反比,与节流器温度成正比。节流器温度越高,流阻越大,流量越小。节流器温度越低,流阻越小,流量越大。因此可以通过在节流器外设置加热器的方式,通过改变节流器温度起到精确控制推进剂流量的目的。图 3 - 30 给出了典型的星上自主流量闭环控制流程。流量闭环控制流程实现的功能包括:

(1) 对节流器的温度进行闭环控制;

(2) 根据控制结果设置标志位和故障字。

5. 矢量调节机构转动流程设计

电推进系统在执行不同的推进任务时,有不同的推力指向控制要求。在执行轨道转移或者位置保持时,要求推力矢量通过质心,尽量减少由于质心和推力矢量偏差造成的干扰力矩。在执行速率阻尼或角动量卸载任务时,要求推力矢量偏离质心,尽量增加单次点火时长下的控制力矩。两种工作模式都对推力矢量调节精度提出严格的要求。

推力矢量调节机构转动控制一般有两种模式,开环控制模式和闭环控制模式。在开环控制模式下,地面遥控直接上注每一组矢量机构电机的转动圈数,星上计算机转换为驱动机构的输出控制脉冲,发送给矢量调节机构执行。在闭环控制模式下,地面遥控上注或星上生成控制目标角度,根据目标角度和当前角度的差值,星上软件自主计算每一组矢量机构电机的转动圈数并输出执行,在执行完一次转动操作后,矢量机构还要通过旋变或光电码盘测量每个转动轴承实际转动的角度,与目标角度相比对,如果转动角度不满足精度控制要求,要再次进行控制,直到角度转动到满足精度要求。图 3 - 31 给出了典型的矢量调节机构转动控制工作流程图。

矢量调节机构转动控制流程需要实现的功能包括:

(1) 根据目标控制脉冲数控制电机转动;

(2) 根据目标控制角度计算控制脉冲数,并在控制结束后实现实际控制结果与控制目标的比对,根据比对结果进行修正控制,修正控制次数上限由程序参数确定;

(3) 提供限位保护功能,当矢量调节机构限位开关触发后停止控制,保护矢量

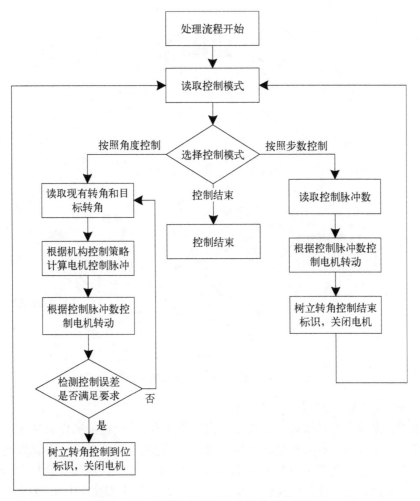

图 3-31 矢量调节机构转动控制工作流程图

调节机构;

(4) 限位保护功能可通过遥控指令使能、禁止。

3.3.3 电推进在轨工作模式及切换设计

电推进系统在轨主要工作模式如图 3-32 所示,包括等待模式、遥控运行模式、自主运行模式、故障模式以及矢量调节模式、压力闭环模式、流量闭环模式。

1. 工作模式设计

1) 等待模式

星上计算机初次上电或复位后,进入等待模式。其他模式正常结束也会自动转入等待模式。等待模式下,星上计算机不进行任何工作,电推进分系统处于安全

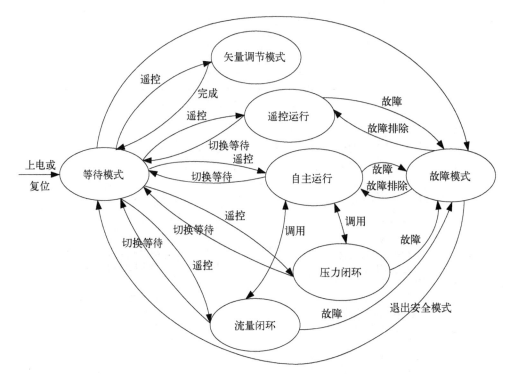

图 3-32 电推进工作模式切换流程图

停驻状态,等待地面指令开展后续工作。

电推进系统在等待模式下仅接受模式转换指令,其他直接操作软件参数或硬件产品的指令都需要在其他模式下发送和执行,这就意味着电推进系统软硬件状态的更改受到至少两重指令的保护,降低了地面或星上星务、控制计算机误操作的风险。电推进系统从任何模式转入等待模式时,均关闭全部功率电源、关闭全部贮供子系统阀门。

2) 遥控运行模式

遥控运行模式以地面遥控指令为主,星上电推进应用软件配合完成电推进点火工作。星上电推进应用软件根据地面遥控指令启动压力自主闭环控制和流量自主闭环控制,控制贮供子系统向指定电推力器输出额定流量的推进剂。PPU 在地面遥控指令的控制下依次加电,完成推力器点火工作,星上应用软件辅助完成点火参数判读。点火时间结束时,由地面遥控指令控制电推进分系统关机。

在遥控运行模式下,还可以执行贮供系统管路和推力器的预处理工作。

管路预处理是通过开启流量控制自锁阀,使缓冲气瓶向下游排气,对流量控制自锁阀下游管路进行冲洗。当缓冲气瓶压力降至真空后,再次将缓冲气瓶充压到额定工作点。多次重复排气过程,保证管路无多余物,氙气纯度满足电推进系统工作要求。

　　推力器预处理由阴极预处理、放电室预处理和栅极预处理组成。阴极预处理用于去除阴极发射体上附着的气体,通过启动电源处理单元加热电源,对推力器阴极进行加热,同时保证贮供子系统在软件控制下向电推力器输出额定流量的氙气进行保护。离子推力器放电室预处理用于去除放电室内部附着的气体,通过启动电源处理单元相应电源,完成中和器点火和放电室点火,同时保证贮供子系统在软件控制下向电推力器输出额定流量的氙气。离子推力器栅极预处理用于去除栅极上附着的气体和可能的微小多余物,一般在放电室预处理完成后,地面遥控指令调节阳极电源输出为小电流,启动屏栅加速电源输出,推力器用小于额定束流工况工作。

　　3) 自主运行模式

　　自主运行模式为电推进在轨状态的主要模式。自主运行模式由电推进应用软件进行控制。电推进应用软件为地面控制提供数据接口,包括地面指定电推进系统点火的选用推力器、点火启动时刻、总点火时长。星上电推进应用软件根据注入的点火参数,自动进行指定推力器的点火和关机工作,并在点火完成后自动载入下一组点火参数,准备进行下一次点火。

　　4) 故障模式

　　在自主运行模式和遥控运行模式电推进点火期间,电推进应用软件对点火参数进行判读。当发生故障时,电推进应用软件进入故障模式,控制相关单机自动完成故障处理。故障处理完成后,电推进分系统回到原有状态继续进行点火工作。

　　当电推进系统或整星系统发生严重故障,无法自行恢复时,电推进系统进入等待模式,等待地面处理。

　　5) 矢量调节模式

　　矢量调节模式是电推进系统进行推力指向调节的模式,通过地面遥控指令和星上软件共同执行。在矢量调节模式下,电推进各单机全部处于加电非工作状态,通过遥测数据进行电推进系统健康判读。

　　地面根据指向控制要求发送矢量调节机构的目标控制角度或电机目标行程,星上软件根据地面上注指令控制矢量调节机构进行转动,并在转动过程中监测机构转动是否超过预设的软、硬限位位置。当矢量调节机构运动至指定位置后,星上软件控制矢量调节机构停止转动。

　　6) 压力闭环模式和流量闭环模式

　　在自主运行模式、遥控运行模式、故障模式、等待模式下,都可以调用压力闭环模式和流量闭环模式。压力闭环模式和流量闭环模式作为单独的进程,与其他模式并行工作,提供满足压力和流量控制精度要求的推进剂气体供给。

　　2. 工作模式切换设计

　　电推进系统需具备在各种工作模式之间跳转的功能。各种工作模式之间的跳转关系如下：

（1）航天器起飞状态设置时进入等待模式；

（2）根据飞行程序设定，星箭分离后由遥控指令转入矢量调节模式；

（3）矢量调节机构正常展开后进入等待模式；

（4）在轨使用前，由等待模式跳转到遥控运行模式执行预处理工作；

（5）预处理完成后，跳转回等待模式；

（6）从等待模式通过遥控指令选择进入遥控运行模式，用于初期运行调试或特殊情况；

（7）在遥控运行模式下完成指定任务后，通过地面遥控指令进入等待模式；

（8）通过遥控指令从等待模式进入自主运行模式；

（9）自主运行模式下，可以由地面遥控指令强行终止电推进系统运行，或自主运行完成后，进入等待模式；

（10）在自主运行模式下自主进入故障处理模式，处理成功后自主跳转回自主运行模式；

（11）在等待模式下通过地面遥控指令转入矢量调节模式，调节完成后通过地面遥控指令转入等待模式；

（12）在任何模式下出现不可自排除故障则直接进入故障模式，故障排除或导致异常因素消失后转入等待模式等待重新开启。

第 4 章
电推进位置保持与姿态控制

传统化学推进静止轨道卫星的整个寿命期内用于位置保持的推进剂消耗可达数百千克,其中用于南北位置保持的比例高达 90% 以上,是卫星在轨推进剂消耗的主要部分。若采用电推进系统执行在轨位置保持任务,可使整个寿命期内的推进剂消耗降低至一百千克以内,效益十分显著。电推进位置保持与化学推进相比,由于其推力小,位置保持控制过程较长,必须针对小推力的特性重新设计位置保持策略。此外,电推进系统往往还用于执行角动量卸载任务,通常电推进位置保持与角动量卸载任务存在耦合,使得电推进系统在轨应用设计更加复杂。

本章首先介绍了电推进位置保持基本原理,对电推进进行静止轨道位置保持控制的策略进行了初步描述。针对电推力器配置与构型布局特点,介绍了电推进南北与东西位置保持联合控制的策略设计。最后,对电推力器执行位置保持与角动量卸载的联合控制问题介绍了相应的控制方法。

4.1　电推进位置保持原理

4.1.1　卫星轨道要素

1. 地球静止轨道的轨道要素

理想的静止轨道为位于赤道面内的周期与地球自转周期同步的圆轨道,卫星星下点轨迹在赤道上固定不动。由于轨道摄动的影响,实际的静止轨道是小偏心率、小倾角、周期与地球自转周期不完全同步的近圆轨道,采用经典轨道六根数$(a, e, i, \Omega, \omega, M)$描述时,小偏心率使得高斯型摄动方程产生奇异,小倾角使得升交点赤经 Ω 和近地点角 ω 难以确定。故实际的静止轨道通常采用以下一组无奇点轨道要素来描述:

1) 倾角矢量 i

倾角矢量 i 指向升交点,大小为倾角值,由于其在轨道面法向的投影始终为零,故只取其在地心赤道惯性坐标系下沿 X 轴、Y 轴的两个分量:

$$i = \begin{bmatrix} i_x \\ i_y \end{bmatrix} = \begin{bmatrix} i\cos\Omega \\ i\sin\Omega \end{bmatrix} \tag{4-1}$$

其中,i 为轨道倾角;Ω 为轨道升交点赤经。

2) 偏心率矢量 e

偏心率矢量 e 方向指向近地点,大小为偏心率值,由于其在轨道面法向的投影始终为零,只取其在地心赤道惯性坐标系下沿 X 轴、Y 轴的两个分量:

$$e = \begin{bmatrix} e_x \\ e_y \end{bmatrix} = \begin{bmatrix} e\cos(\Omega+\omega) \\ e\sin(\Omega+\omega) \end{bmatrix} \tag{4-2}$$

其中,e 为轨道偏心率;ω 为轨道近地点角距。

3) 漂移率 D

静止轨道标称半长轴为 a_s,实际轨道半长轴为 a,实际轨道与理想静止轨道存在半长轴偏差 $\Delta a = a - a_s$,会引起轨道平均角速率变化,使卫星运动与地球自转不同步。地球静止轨道卫星的轨道转速为

$$n = n_e + \Delta n = n_e\left(1 - \frac{3}{2}\cdot\frac{\Delta a}{a_s}\right) \tag{4-3}$$

其中,$n_e = 7.291\,158\,479 \times 10^{-5}$ rad/s 为地球自转角速度,定义轨道漂移率:

$$D = -\frac{3}{2}\cdot\frac{\Delta a}{a_s}\bar{\lambda} \tag{4-4}$$

于是有 $D = \dfrac{n - n_e}{n_e} = \dfrac{1}{n_e}\Delta\dot{\lambda}$,其中 $\Delta\lambda$ 为卫星地理经度与标称定点经度的偏差,漂移率 D 表示了卫星定点经度漂移的速率。

4) 平赤经 l/平经度 $\bar{\lambda}$

设卫星实际轨道倾角为小量,轨道近地点的赤经近似为($\Omega+\omega$),假设卫星在轨道上的运动是均匀的,则可得到 t 时刻卫星运动的平赤经:

$$l = \Omega + \omega + M \tag{4-5}$$

其中,M 为 t 时刻卫星平近点角。实际上由于静止轨道卫星定点运行的特性,有时采用平经度描述更为直观。平经度 $\bar{\lambda}$ 和卫星平赤经 l 之间相差格林尼治子午线的恒星时角 G:

$$\bar{\lambda} = l - G = \Omega + \omega + M - G \tag{4-6}$$

以上一组轨道要素,倾角矢量(i_x, i_y)包含倾角和升交点赤经,确定轨道所在平面;偏心率矢量(e_x, e_y)包含偏心率、升交点赤经和近地点角,确定轨道形状以及

其在轨道平面内的方位;漂移率 D 包含轨道半长轴,确定轨道大小;平赤经 l/平经度 λ 包含卫星运动的位置信息。这样一组参数能够描述小偏心率小倾角的静止轨道而不产生奇异。

无奇点轨道根数到经典轨道六根数的转换为

$$a = a_s + \Delta a = \left(1 + \frac{2}{3}D\right) a_s$$

$$e = \sqrt{e_x^2 + e_y^2}$$

$$i = \sqrt{i_x^2 + i_y^2}$$

$$\Omega = \arctan\left(\frac{i_y}{i_x}\right) \qquad\qquad (4-7)$$

$$\omega = \arctan\left(\frac{e_y}{e_x}\right) - \Omega$$

$$M = n_e(t - t_p)(1 + D)$$

2. 地球静止轨道星下点位置

理想静止轨道的星下点轨迹为赤道上的一个点,实际的静止轨道要求其星下点轨迹在标称位置附近的一个小范围内运动,即卫星星下点的地理经度 λ、地理纬度 φ 控制在指定的区间内。其中地理纬度 φ 与轨道倾角 i 及纬度辐角 $u(u = \omega + \theta,\theta$ 为真近点角)有关,其几何关系如图 4-1 所示。

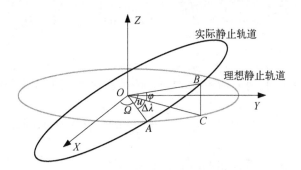

图 4-1　卫星星下点经纬度与轨道要素的关系

结合图 4-1,利用球面三角公式可得到地理纬度 φ 与轨道倾角 i 及纬度辐角 u 的关系为

$$\varphi = \arcsin(\sin i \sin u) \qquad\qquad (4-8)$$

其中,轨道倾角 i 可视为常数,轨道纬度辐角 u 以地球自转周期在 $0° \sim 360°$ 范围内变化,将上式对 $\sin u$ 在零点处展开成泰勒级数,并考虑倾角为小量,忽略二阶及以

上小量,得

$$\varphi \approx i\sin u \approx \sqrt{i_x^2 + i_y^2}\sin[n_e(1+D)(t-t_\Omega)] \qquad (4-9)$$

其中,t_Ω 为卫星过升交点时刻,由上式可知,静止轨道卫星星下点纬度 φ 呈现出幅值为倾角值的日周期变化,而其他轨道要素不会对地理纬度产生影响,静止轨道南北方向的位置保持仅需要对卫星倾角进行控制。

卫星地理经度 λ 可通过图 4-1 所示的几何关系结合球面三角公式得

$$\lambda = \Omega + \Delta\lambda - G = \Omega + \arctan(\tan u\cos i) - G \qquad (4-10)$$

其中,G 为格林尼治子午线的恒星时角;$\Delta\lambda = \arctan(\tan u\cos i)$ 为升交点子午面到卫星所在子午面的角距,将 $\Delta\lambda$ 的表达式在 $\tan u$ 处展开成泰勒级数为

$$\Delta\lambda = u + \frac{\tan u(\cos i - 1)}{1 + \tan^2 u\cos^2 i} + o(\cos i - 1) \qquad (4-11)$$

其中,$o(\cos i-1)$ 为倾角($\cos i-1$)的高阶小量,同时倾角 $i \ll 1$,($\cos i - 1$)为 i 的二阶小量可以忽略,故有 $\Delta\lambda \approx u$,即

$$\lambda \approx \Omega + u - G = \Omega + \omega + \theta - G \qquad (4-12)$$

结合平经度表达式可知,地理经度 λ 与平经度的差别在于真近点角 θ 与平近点角 M。真近点角 θ 的变化率为

$$\dot\theta = \frac{h}{r^2} = \frac{\sqrt{\mu a(1-e^2)}}{r^2} = \sqrt{\frac{u}{a^3}}(1 + e\cos\theta)^2 \approx n_e(1 + D + 2e\cos\theta)$$

$$(4-13)$$

当偏心率 $e \ll 1$ 时,有 $\cos f \approx \cos M$,$\cos M$ 代替 $\cos\theta$ 将上式积分得

$$\theta = \omega_e(1+D)(t-t_p) + \frac{2e}{1+D}\sin[n_e(1+D)(t-t_p)]$$

$$= M + \frac{2e}{1+D}\sin[n_e(1+D)(t-t_p)] \qquad (4-14)$$

其中,t_p 为卫星过近地点时刻,结合平经度表达式有

$$\lambda = \bar\lambda + \frac{2e}{1+D}\sin[\omega_e(1+D)(t-t_p)] \qquad (4-15)$$

可见卫星定点经度的变化包含两部分:一部分为平经度的变化;一部分为幅值约为偏心率 $2e$ 的两倍,周期约为 1 天的日周期变化。因此静止轨道东西方向的

位置保持需要对卫星偏心率与平经度进行控制。

4.1.2　地球静止轨道摄动

地球静止轨道上的摄动来源主要有地球形状摄动、日月引力摄动、太阳光压力摄动。对于经典六根数表示的轨道，有如下的高斯型摄动方程描述轨道要素的变化率：

$$\frac{\mathrm{d}a}{\mathrm{d}t} = \frac{2a^2}{\sqrt{\mu p}}\left[(e\sin\theta)\cdot F_r + (1+e\cos\theta)\cdot F_t\right]$$

$$\frac{\mathrm{d}e}{\mathrm{d}t} = \sqrt{\frac{p}{\mu}}\left\{(\sin\theta)\cdot F_r + \left[\left(1+\frac{r}{p}\right)\cos\theta + \frac{er}{p}\right]\cdot F_t\right\}$$

$$\frac{\mathrm{d}i}{\mathrm{d}t} = \frac{r\cos(\omega+\theta)}{\sqrt{\mu p}}\cdot F_n$$

$$\frac{\mathrm{d}\Omega}{\mathrm{d}t} = \frac{r\sin(\omega+\theta)}{\sqrt{\mu p}\sin i}\cdot F_n$$

$$\frac{\mathrm{d}\omega}{\mathrm{d}t} = \sqrt{\frac{p}{\mu}}\left[-\frac{\cos\theta}{e}\cdot F_r + \left(1+\frac{r}{p}\right)\frac{\sin\theta}{e}\cdot F_t - \frac{r}{p}\sin(\omega+\theta)\cot i\cdot F_n\right]$$

$$\frac{\mathrm{d}M}{\mathrm{d}t} = \sqrt{\frac{\mu}{a^3}} + \frac{\sqrt{1-e^2}}{e}\sqrt{\frac{p}{\mu}}\left[\left(\cos\theta - \frac{2er}{p}\right)\cdot F_r - \left(1+\frac{r}{p}\right)\sin\theta\cdot F_t\right]$$

$$(4-16)$$

其中，$\mu = 398\,600.5\times10^9\ \mathrm{m}^3/\mathrm{s}^2$ 为地球引力常数；r 为卫星地心距；p 为轨道半通径；F_r、F_t、F_n 分别为沿轨道径向、切向、法向的摄动力或控制力，将静止轨道无奇点轨道要素的定义式代入上式，且已知倾角矢量(i_x, i_y)、偏心率矢量(e_x, e_y)和漂移率 D 均为小量，忽略二阶以上小量，可得到高斯形式的无奇点轨道要素摄动变化率表达式为

$$\frac{\mathrm{d}i_x}{\mathrm{d}t} = \frac{1}{V_s}F_n\cos l$$

$$\frac{\mathrm{d}i_y}{\mathrm{d}t} = \frac{1}{V_s}F_n\sin l$$

$$\frac{\mathrm{d}e_x}{\mathrm{d}t} = \frac{1}{V_s}(F_r\sin l + 2F_t\cos l)$$

$$\frac{\mathrm{d}e_y}{\mathrm{d}t} = \frac{1}{V_s}(-F_r\cos l + 2F_t\sin l)$$

$$\frac{\mathrm{d}D}{\mathrm{d}t} = -\frac{3}{R_s}F_t$$

$$\frac{\mathrm{d}l}{\mathrm{d}t} = n_e(1+D) - \frac{2}{V_s}F_r \Rightarrow \frac{\mathrm{d}\bar{\lambda}}{\mathrm{d}t} = n_e D - \frac{2}{V_s}F_r \qquad (4-17)$$

1. 地球形状摄动

地球形状摄动主要引起漂移率、平经度、轨道倾角的摄动。地球形状摄动来源有带谐项摄动和田谐项摄动,其中带谐项摄动主要考虑 J_2 项,田谐项摄动主要考虑 J_{22} 项。

将 J_2 项产生的径向摄动力和切向摄动力带入摄动方程,对 (e_x, e_y) 的影响沿轨道积分一圈之后为零,对平经度漂移率 D 产生长期影响,可以通过对半长轴设置偏置值来抵消长期摄动影响。法向摄动力对 (i_x, i_y) 的影响积分一圈不为零,(i_x, i_y) 的日平均摄动率为

$$\frac{\mathrm{d}i_x}{\mathrm{d}t} = -\frac{3}{2}n_e J_2\left(\frac{R_e}{a_s}\right)^2 i_y = n_e(-3.72i_y) \times 10^{-5}$$

$$\frac{\mathrm{d}i_y}{\mathrm{d}t} = \frac{3}{2}n_e J_2\left(\frac{R_e}{a_s}\right)^2 i_x = n_e(3.72i_x) \times 10^{-5} \qquad (4-18)$$

(i_x, i_y) 的摄动为周期性解,其角频率为 $3.72n_e \times 10^{-5}$,周期约为 73.6 年,幅值为 $i(0)$。

J_{22} 项主要产生径向和切向摄动力,其径向摄动力与 J_2 项相比为小量,可以忽略。其切向摄动力将引起平经度漂移率 D 的长期摄动,进而引起卫星定点经度的变化。J_{22} 项引起的卫星平经度的变化满足:

$$\ddot{\lambda} = 0.001\,68\sin 2(\lambda - \lambda_{22}) \, (°/\mathrm{d}^2) \qquad (4-19)$$

其中,$\lambda_{22} = -14.545°$。在 J_{22} 项摄动影响下,地球赤道上存在 75.5°E、104.5°W 两个稳定平衡点和 14.5°W、165.5°E 两个不稳定平衡点。无控状态下卫星将以稳定平衡点为中心作往复运动,位于平衡点附近时,往复运动的周期约为 818 天。

仿真时间 UTCG 2016/01/01 12:00,只考虑地球重力场影响作用下的卫星轨道受摄变化,卫星轨道初始参数: $a = 42\,164.171\,2$ km,$e = 0$,$i = 0$,$\Omega = 0$,$\omega = 0$,$M = 0$,定点经度 120°E,十年内卫星轨道要素受摄变化见图 4-2。

地球形状摄动下平经度和漂移率受较大影响,卫星定点经度 120°E 的情况下,在 75°E 为中心作往复运动,周期约为 930 天。偏心率受到摄动力作用产生年周期变化,幅值小于 8×10^{-5};倾角初值为零,没有周期变化,只发生长期变化,平均每年变化小于 0.01°。

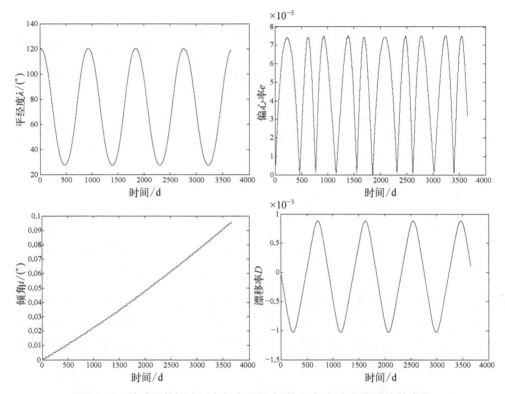

图 4-2　地球形状摄动下十年内平经度、偏心率、倾角和漂移率的变化

2. 日月引力摄动

日月引力摄动主要引起倾角的变化,漂移率、偏心率的变化受径向摄动力和切向摄动力的影响,径向摄动力和切向摄动力对漂移率、偏心率的影响在一个轨道周期内的平均值近似为零,因此可以忽略两者的变化。倾角的变化包括周期变化和长期变化,由太阳引力引起的一年平均摄动变化形式如下:

$$\frac{\mathrm{d}i_x}{\mathrm{d}t} = n_e(-4.05i_y) \times 10^{-6}$$

$$\frac{\mathrm{d}i_y}{\mathrm{d}t} = n_e(4.05i_x + 2.05) \times 10^{-6}$$

$$(4-20)$$

周期项摄动的角频率为 $4.05 \times 10^{-6}n_e$,幅值为 $i(0)$;长期项摄动使得轨道法向倒向春分点方向,即受摄轨道的升交点赤经始终在 90°附近,平均每年倾倒速率为

$$\frac{\Delta i_y}{\Delta t} = 2.05n_e \times 10^{-6} \text{ rad/s} = 0.27(°/\text{年})$$

$$(4-21)$$

由月球引起的长期摄动变化形式如下:

$$\frac{\mathrm{d}i_x}{\mathrm{d}t} = n_\mathrm{e}(-0.97\cos\Omega_\mathrm{ms}) \times 10^{-6}$$

$$\frac{\mathrm{d}i_y}{\mathrm{d}t} = n_\mathrm{e}(0.72\cos\Omega_\mathrm{ms} + 4.28) \times 10^{-6} \tag{4-22}$$

其中,Ω_ms 为白道升交点的黄经,Ω_ms 在 0°~360°范围内变化,周期约为 18.6 年。月球引起的倾角长期变化仍然导致轨道法向倒向春分点方向,平均每年倾倒速率受 Ω_ms 影响为 0.48°/年~0.68°/年。

综合太阳引力、月球引力摄动的影响,倾角受摄变化规律为

$$\frac{\mathrm{d}i_x}{\mathrm{d}t} = -3.5\sin\Omega_\mathrm{ms} \times 10^{-4}(°/\mathrm{d})$$

$$\frac{\mathrm{d}i_y}{\mathrm{d}t} = (22.79 + 2.59\cos\Omega_\mathrm{ms}) \times 10^{-4}(°/\mathrm{d}) \tag{4-23}$$

长期项摄动使轨道法向倒向春分点方向,平均每年倾倒速率为 0.75°/年~0.95°/年。长期项摄动规律是在日月视运动的一个周期内取平均得到的,实际上倾角变化还包括日月视运动引起的半年周期项和半月周期项。半年周期项在倾角控制中的影响不可忽略,其变化规律可写为

$$\begin{cases}\left(\dfrac{\mathrm{d}i_x}{\mathrm{d}t}\right) = \dfrac{3n_\mathrm{s}^2}{8n_\mathrm{e}}[2\sin i_\mathrm{s}\sin 2\lambda_\mathrm{s}] \\[3mm] \left(\dfrac{\mathrm{d}i_y}{\mathrm{d}t}\right) = \dfrac{3n_\mathrm{s}^2}{8n_\mathrm{e}}[-\sin 2i_\mathrm{s}\cos 2\lambda_\mathrm{s}]\end{cases} \Rightarrow \begin{cases}i_x = A_x\sin 2\lambda_\mathrm{s} \\ i_y = -A_y\cos 2\lambda_\mathrm{s}\end{cases} \tag{4-24}$$

其中,n_s 为太阳视运动角速率;$\lambda_\mathrm{s} = n_\mathrm{s}t$ 为太阳平黄经,代入 n_s、n_e 的值可得到半年周期项的幅值分别为: $A_x = 0.023\ 5°$、$A_y = 0.021\ 5°$。

考虑日月引力影响,假设地球为均质球体,卫星轨道参数同上,仿真十年内卫星轨道受摄变化如图 4-3 所示。

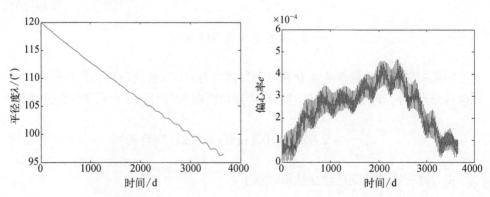

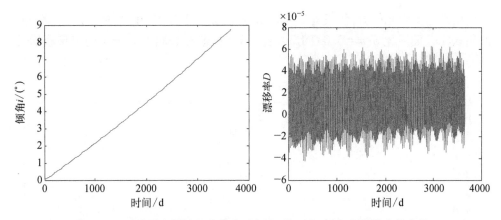

图 4-3　日月引力摄动下十年内平经度、偏心率、倾角和漂移率的变化

　　倾角初值为零,因此变化主要是长期项,半月周期项和半年周期项幅值较小。需要注意的是,偏心率摄动的半月周期项和半年周期项影响较小,与地球形状摄动处于同一量级,周期 18.6 年的受迫运动占主要作用,幅值约为 $4×10^{-4}$。

　　3. 太阳光压力摄动

　　太阳光压摄动主要影响偏心率,其他轨道要素变化都非常小,太阳光压力为

$$F_s = -Kp\left(\frac{S}{m}\right) \tag{4-25}$$

其中,$K \in [1, 2]$ 为光压系数;$p = 4.65 × 10^{-6} \ \text{N/m}^2$ 为太阳光压强;S/m 为卫星面质比。太阳光压力与地球形状摄动和日月摄动相比较小,但它对偏心率的影响不可忽略,在三种摄动中占主要部分。

　　太阳光压对偏心率的影响在一个轨道周期内取平均值为

$$\frac{de_x}{dt} = -\frac{3F_s}{2V_s}\sin\lambda_s \cos i_s$$
$$\frac{de_y}{dt} = \frac{3F_s}{2V_s}\cos\lambda_s \tag{4-26}$$

其中,V_s 为静止轨道卫星飞行速度;$i_s = 23.5°$ 为黄赤交角。偏心率矢量的变化率垂直太阳光方向,其受摄变化为椭圆运动,椭圆长半轴长:

$$R_e = \frac{3F_s}{2V_s n_s} = 0.011\left(\frac{S}{m}\right) \tag{4-27}$$

其中,R_e 也称为偏心率摄动圆半径。

仅考虑太阳光压力,假设地球为均质球体,光压系数 $K=1$,卫星质量 1 700 kg,面积 63 m²,面质比 $S/m=0.037\ 1$ m²/kg,卫星轨道参数同上。十年内卫星轨道受摄变化如图 4-4 所示。

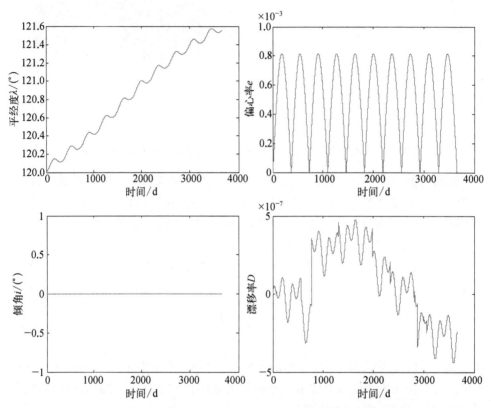

图 4-4   太阳光压摄动下十年内平经度、偏心率、倾角和漂移率的变化

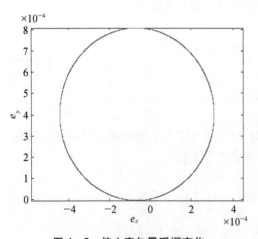

图 4-5   偏心率矢量受摄变化

在太阳光压力作用下,偏心率变化以一年为周期,幅值约为 8×10^{-4},与其他两种类型的摄动相比占主要部分,其他要素的摄动相对很小。从图 4-5 可以看出,偏心率矢量的变化呈椭圆状,且主轴垂直于春分点方向。

4.1.3   电推进轨道控制模型

地球静止轨道控制一般包括位置保持、轨位调整(orbit - adjustment,或称为重定点 reposition)和离轨等任务。

电推进系统由于其推力较小,轨道控制过程一般较长(1 小时左右甚至更长),基于脉冲速度增量的轨道控制策略设计方法不再适用,需考虑电推进小推力、长时间连续作用的特殊影响。目前针对静止轨道控制建模主要有 3 种方法:基于电推进点火时长补偿的脉冲速度增量等效方法,静止轨道离散建模方法以及基于 C - W 方程的相对轨道动力学建模方法。

1. 脉冲速度增量等效法

脉冲速度增量等效法的基本思路是: 在轨道控制任务设计中,仍采用脉冲速度增量假设,同时考虑小推力长时间连续作用产生的速度增量损失,在点火时长上予以补偿,使得总的控制效果满足控制要求。

考虑星上某台推力为 F_p 的电推力器某次开机点火持续时间 ΔT,在静止轨道上的点火弧段长度为 Δl,弧段中点赤经 l,产生速度增量 ΔV,电推力器推力在 RTN 坐标系三轴上的投影系数分别为 K_T、K_N、K_R。对高斯型摄动方程沿点火弧段进行积分可以得到速度增量表示的轨道控制方程:

$$\Delta i_x = \frac{1}{V_s} \Delta V_n \cos l_0 \frac{\sin \Delta l/2}{\Delta l/2}$$

$$\Delta i_y = \frac{1}{V_s} \Delta V_n \sin l_0 \frac{\sin \Delta l/2}{\Delta l/2}$$

$$\Delta e_x = \frac{1}{V_s} (\Delta V_r \sin l_0 + 2\Delta V_t \cos l_0) \frac{\sin \Delta l/2}{\Delta l/2}$$

$$\Delta e_y = \frac{1}{V_s} (-\Delta V_r \cos l_0 + 2\Delta V_t \sin l_0) \frac{\sin \Delta l/2}{\Delta l/2} \qquad (4-28)$$

$$\Delta D = -\frac{3}{V_s} \Delta V_t$$

$$\Delta \bar{\lambda} = n_e D - \frac{2}{V_s} \Delta V_r$$

其中,$\Delta V_r = K_R F_p \Delta t$ 为径向速度增量;$\Delta V_t = K_T F_p \Delta t$ 为切向速度增量;$\Delta V_n = K_N F_p \Delta t$ 为法向速度增量,V_s 为静止轨道卫星飞行速度。

式(4-28)所示的控制方程中包含一个公共因子 $\frac{\sin(\Delta l_i/2)}{\Delta l_i/2}$,该因子始终小于 1,表示小推力作用下存在弧段损失。由于该因子的存在使得根据轨道要素控制量反解电推力器点火时长等参数变得十分复杂。若令弧段损失因子 $\frac{\sin(\Delta l_i/2)}{\Delta l_i/2}$ 近似

等于 1,将极大简化控制方程的形式:

$$\Delta i = \begin{bmatrix} \Delta i_x \\ \Delta i_y \end{bmatrix} = \frac{1}{V_s} \Delta V_n \begin{bmatrix} \cos l_0 \\ \sin l_0 \end{bmatrix}$$

$$\Delta e = \begin{bmatrix} \Delta e_x \\ \Delta e_y \end{bmatrix} = \frac{1}{V_s} \left(\Delta V_r \begin{bmatrix} \sin l_0 \\ -\cos l_0 \end{bmatrix} + 2\Delta V_t \begin{bmatrix} \cos l_0 \\ \sin l_0 \end{bmatrix} \right) \qquad (4-29)$$

$$\Delta D = -\frac{3}{V_s} \Delta V_t$$

$$\Delta \bar{\lambda} = n_e D - \frac{2}{V_s} \Delta V_r$$

按照式(4-29)简化的控制方程求解得到电推力器点火速度增量 ΔV 后,需乘以弧段损失因子的倒数进行补偿,若忽略点火过程的质量变化,电推力器点火时长需满足:

$$\Delta T = \frac{m_c \Delta V}{F_p} \frac{\Delta l/2}{\sin(\Delta l/2)} \qquad (4-30)$$

其中,m_c 为航天器质量。点火时长 ΔT 和点火弧段长度 Δl 之间满足 $\Delta l = n_e \Delta T$,代入式(4-30)可解得补偿弧段损失的点火时长 ΔT_c:

$$\Delta T_c = \frac{2}{n_e} \arcsin \left(\frac{m_c n_e \Delta V}{2F_p} \right) \qquad (4-31)$$

2. 离散建模方法

地球静止轨道离散建模方法的基本思路是:把静止轨道等分成 N 个小弧段,第 k 个弧段内卫星受到的径向、切向、法向的控制力分别为 $F_r(k)$、$F_t(k)$、$F_n(k)$,卫星轨道要素 $\boldsymbol{X}(k) = [i_x(k), i_y(k), e_x(k), e_y(k), D(k), \lambda(k)]^T$,建立轨道要素与控制力的离散状态方程。离散状态方程的获得有两种方式:一种是根据式(4-29)所示的脉冲速度增量控制方程得到相邻离散弧段轨道要素的递推关系;一种是由式(4-17)所示的高斯型摄动方程直接离散化得到,分别介绍如下。

将整个静止轨道周期平均分成 N 等份,弧段对应的时间长度为 Δt,弧段中点处对应的卫星赤经为 l,设第 k 个弧段内卫星受到控制力 $F_r(k)$、$F_t(k)$、$F_n(k)$ 的作用,卫星轨道要素变化量为 $\Delta \boldsymbol{X}(k)$ 可由式(4-29)得到:

$$\Delta X(k) = X(k+1) - X(k) = \begin{bmatrix} \Delta i_x(k) \\ \Delta i_y(k) \\ \Delta e_x(k) \\ \Delta e_y(k) \\ \Delta D(k) \\ \Delta \bar{\lambda}(k) \end{bmatrix} = \frac{\Delta t}{V_s} \begin{bmatrix} \cos lF_n \dfrac{\sin \Delta l/2}{\Delta l/2} \\ \sin lF_n \dfrac{\sin \Delta l/2}{\Delta l/2} \\ (\sin lF_n + 2\cos lF_t) \dfrac{\sin \Delta l/2}{\Delta l/2} \\ (-\cos lF_n + 2\sin lF_t) \dfrac{\sin \Delta l/2}{\Delta l/2} \\ -3n_e F_t \\ n_e D(k) - 2F_r \end{bmatrix}$$

$$(4-32)$$

其中, $\Delta l = n_e \Delta t$ 为离散弧段的长度,离散弧段长度 Δl 较小时,弧段损失因子近似等于 1,故可得到如下的离散状态方程:

$$X(k+1) = \begin{bmatrix} 1 & 0 & 0 & 0 & 0 & 0 \\ 0 & 1 & 0 & 0 & 0 & 0 \\ 0 & 0 & 1 & 0 & 0 & 0 \\ 0 & 0 & 0 & 1 & 0 & 0 \\ 0 & 0 & 0 & 0 & 1 & 0 \\ 0 & 0 & 0 & 0 & n_e \Delta t & 1 \end{bmatrix} X(k) + \frac{\Delta t}{V_s} \begin{bmatrix} 0 & 0 & \cos l \\ 0 & 0 & \sin l \\ \sin l & 2\cos l & 0 \\ -\cos l & 2\sin l & 0 \\ 0 & -3n_e & 0 \\ -2 & 0 & 0 \end{bmatrix} \begin{bmatrix} F_r(k) \\ F_t(k) \\ F_n(k) \end{bmatrix}$$

$$(4-33)$$

此外,轨道要素离散状态方程还可由高斯型摄动方程直接离散化得到,首先将高斯型摄动方程写成状态方程的形式:

$$\dot{X} = AX + BU = \begin{bmatrix} 0 & 0 & 0 & 0 & 0 & 0 \\ 0 & 0 & 0 & 0 & 0 & 0 \\ 0 & 0 & 0 & 0 & 0 & 0 \\ 0 & 0 & 0 & 0 & 0 & 0 \\ 0 & 0 & 0 & 0 & 0 & 0 \\ 0 & 0 & 0 & 0 & n_e & 0 \end{bmatrix} \begin{bmatrix} i_x \\ i_y \\ e_x \\ e_y \\ D \\ \bar{\lambda} \end{bmatrix} + \frac{1}{V_s} \begin{bmatrix} 0 & 0 & \cos l \\ 0 & 0 & \sin l \\ \sin l & 2\cos l & 0 \\ -\cos l & 2\sin l & 0 \\ 0 & -3n_e & 0 \\ -2 & 0 & 0 \end{bmatrix} \begin{bmatrix} F_r \\ F_t \\ F_n \end{bmatrix}$$

$$(4-34)$$

其对应的离散状态方程为

$$\dot{X}(k+1) = \boldsymbol{\Phi}(k+1, k)X(k) + \boldsymbol{G}(k)U(k) \qquad (4-35)$$

其中, $\boldsymbol{\Phi}(k+1, k)$ 、 $\boldsymbol{G}(k)$ 可由状态转移矩阵 $\boldsymbol{A}$ 和控制输入矩阵 $\boldsymbol{B}$ 得到:

$$\boldsymbol{\Phi}(k+1,k) = e^{A\Delta t} = \sum_{k=0}^{\infty} \frac{\boldsymbol{A}^k \Delta t^k}{k!} = \begin{bmatrix} 1 & 0 & 0 & 0 & 0 & 0 \\ 0 & 1 & 0 & 0 & 0 & 0 \\ 0 & 0 & 1 & 0 & 0 & 0 \\ 0 & 0 & 0 & 1 & 0 & 0 \\ 0 & 0 & 0 & 0 & 1 & 0 \\ 0 & 0 & 0 & 0 & n_e\Delta t & 1 \end{bmatrix} \tag{4-36}$$

$$\boldsymbol{G}(k) = \int_0^{\Delta t} e^{At}dt\boldsymbol{B} = \sum_{k=1}^{\infty} \frac{\boldsymbol{A}^{k-1}\Delta t^k}{k!}\boldsymbol{B} = \frac{\Delta t}{V_s} \begin{bmatrix} 0 & 0 & \cos l \\ 0 & 0 & \sin l \\ \sin l & 2\cos l & 0 \\ -\cos l & 2\sin l & 0 \\ 0 & -3n_e & 0 \\ -2 & 0 & 0 \end{bmatrix}$$

可见 $\boldsymbol{\Phi}(k+1,k)$、$\boldsymbol{G}(k)$ 的表达式与式(4-33)所示的离散状态方程完全一致。

3. 相对轨道动力学建模方法

相对轨道动力学建模方法的基本思路是：假设存在一颗与实际卫星具有相同定点经度的理想静止轨道参考卫星，卫星在定点位置附近的轨道控制都可视为针对参考卫星的相对轨道控制任务，通过 C-W 方程建立卫星在定点位置附近的轨道控制方程。

假设在参考卫星的轨道坐标系内，真实卫星相对参考卫星的位置矢量坐标为 $(x,y,z)^{\mathrm{T}}$，卫星轨道为小偏心率近圆轨道，由如下 C-W 方程描述真实卫星相对参考卫星的运动：

$$\begin{aligned} \ddot{x} &= 2n_e\dot{z} + f_x \\ \ddot{y} &= -2n_e^2 y + f_y \\ \ddot{z} &= 3n_e^2 z - 2n_e\dot{x} + f_z \end{aligned} \tag{4-37}$$

其中，$(f_x, f_y, f_z)^{\mathrm{T}}$ 为包含摄动加速度的广义控制加速度。由式(4-37)可知，卫星的法向位置偏差 y 的运动与轨道面内的运动完全解耦，可分别设计位置保持控制策略。式(4-37)可写成状态方程的形式：

$$\dot{\boldsymbol{X}} = \boldsymbol{A}\boldsymbol{X} + \boldsymbol{B}\boldsymbol{U} \Rightarrow$$

$$\frac{\mathrm{d}}{\mathrm{d}t}\begin{bmatrix} x \\ y \\ z \\ \dot{x} \\ \dot{y} \\ \dot{z} \end{bmatrix} = \begin{bmatrix} 0 & 0 & 0 & 1 & 0 & 0 \\ 0 & 0 & 0 & 0 & 1 & 0 \\ 0 & 0 & 0 & 0 & 0 & 1 \\ 0 & 0 & 0 & 0 & 0 & 2n_e \\ 0 & -2n_e^2 & 0 & 0 & 0 & 0 \\ 0 & 0 & 3n_e^2 & -2n_e & 0 & 0 \end{bmatrix}\begin{bmatrix} x \\ y \\ z \\ \dot{x} \\ \dot{y} \\ \dot{z} \end{bmatrix} + \begin{bmatrix} 0 & 0 & 0 \\ 0 & 0 & 0 \\ 0 & 0 & 0 \\ 1 & 0 & 0 \\ 0 & 1 & 0 \\ 0 & 0 & 1 \end{bmatrix}\begin{bmatrix} f_x \\ f_y \\ f_z \end{bmatrix} \tag{4-38}$$

对应的离散状态方程为

$$X(k+1) = \boldsymbol{\Phi}(k+1,k)X(k) + G(k)U(k) \Rightarrow$$

$$X(k+1) = \begin{bmatrix} 1 & 0 & 0 & T & 0 & n_e T^2 \\ 0 & 1-\frac{1}{2}n_e^2 T^2 & 0 & 0 & T & 0 \\ 0 & 0 & 1+\frac{3}{2}n_e^2 T^2 & 0 & 0 & T \\ 0 & 0 & 3n_e^3 T^2 & 1+2n_e^2 T^2 & 0 & 2n_e \\ 0 & -n_e^2 T & 0 & 0 & 1-\frac{1}{2}n_e^2 T^2 & 0 \\ 0 & 0 & 3n_e^2 T & -2n_e T & 0 & 1-\frac{1}{2}n_e^2 T^2 \end{bmatrix} X(k) + \begin{bmatrix} \frac{T^2}{2} & 0 & 0 \\ 0 & \frac{T^2}{2} & 0 \\ 0 & 0 & \frac{T^2}{2} \\ T & 0 & n_e T^2 \\ 0 & T & 0 \\ -n_e T^2 & 0 & T \end{bmatrix} U(k)$$

$$(4-39)$$

4.2　电推进位置保持策略设计

电推进在轨应用包括电推进位置保持与电推进角动量卸载等任务。电推进位置保持按照对卫星地理纬度、地理经度的控制可以分解为南北位置保持与东西位置保持两项任务。静止轨道南北位置保持是将卫星星下点纬度控制在一定范围内,由静止轨道摄动理论可知,卫星倾角值决定了星下点纬度的最大值,因此南北位置保持控制要求即为对倾角的控制要求。静止轨道东西位置保持是将卫星星下点经度控制在定点经度附近的一定范围内,由静止轨道摄动理论可知,卫星星下点经度由卫星平经度和偏心率共同决定,因此东西位置保持控制要求即为对平经度与偏心率的控制要求之和。

4.1.3 节介绍了 3 种常用的静止轨道控制模型,都可以用来设计相应的位置保持策略。脉冲速度增量等效模型可以参考传统化学推进卫星设计位置保持策略,即由轨道要素摄动规律确定控制间隔与控制量,进而确定电推进系统点火参数并最终完成控制,但需要考虑小推力的特殊影响;离散控制模型可以采用最优控制的理论与方法设计位置保持策略,但需要考虑电推进系统的诸多工程约束条件,例如轨道测量信息是否实时可得、推力是否连续可调、电推力器开关机时间、电推力器点火次数限制等;相对轨道控制模型给出了卫星相对位置速度关于控制力的线性控制方程,可以采用线性系统的理论与方法设计位置保持策略,但该模型下卫星相对位置速度的受摄变化不易描述,给位置保持策略设计带来一定难度。综上所述,基于脉冲速度增量等效模型设计位置保持策略最为简单,且容易处理各类工程约束,基于离散控制模型和相对轨道控制模型设计位置保持策略,能够实现较高精度的位置保持,但同时也对轨道测定能力与电推进系统性能提出了更高要求。

4.2.1 电推进南北位置保持策略设计

传统化学推进卫星南北位置保持策略如图 4-6 所示。

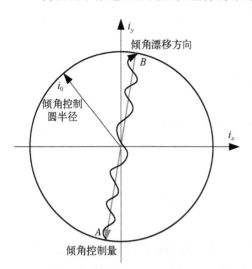

图 4-6 传统化学推进南北位置保持控制策略

由于倾角存在长期漂移,且漂移率基本为常数(0.75°/年~0.95°/年),因此倾角矢量在控制圆内自由漂移的时间基本为常数,即倾角矢量初始时刻位于 A 点,经过时间 T(T 即为倾角控制周期)自由漂移到 B 点,此时施加一次脉冲控制,使倾角矢量由 B 点回到 A 点,开始下一个周期的自由漂移[74]。其中控制周期 T 和每次施加的控制速度增量 ΔV_c 为

$$T = \frac{2i_0}{\delta i / \delta t} \qquad (4-40)$$

$$\Delta V_c = 2i_0 V_s$$

其中,($\delta i / \delta t$)为倾角矢量平均漂移率(0.75°/年~0.95°/年),例如倾角控制圆半径 $i_0 = 0.05°$,当年倾角矢量平均漂移率($\delta i / \delta t$)= 0.85°/年,则倾角控制周期 $T=$ 43 天,每次所需控制速度增量 $\Delta V_c = 5.37$ m/s,若卫星在轨质量为 2.5 t,化学推力器推力为 10 N,两台推力器同时工作,则每次倾角控制的推力器喷气时间 $\Delta t=$ 671 s。若采用 80 mN 的电推力器执行相同的控制任务,则需要电推力器点火工作的时长为 $\Delta t_e = 261\,864$ s = 3.03 d。如此长的点火时间首先会使倾角超出控制圆边界,还给星上推进剂供应、供电、热控及姿控带来很多问题,而且连续长时间的点火使得很大一部分推进剂由于弧段损失的原因被额外消耗。因此电推进卫星直接继承传统化学推进卫星的南北位置保持策略不可取。

针对上述小推力电推进系统进行南北位置保持存在的问题,可以把化学推进卫星南北位置保持策略做适当修改:将集中控制改为分散控制,即把原来一个倾角控制周期所需的控制量平均分成 N 份 $\Delta V_c = N\Delta V_N$,把一个控制周期也等分成 N 段,每段都由电推进系统施加控制量 ΔV_N,控制策略示意图如图 4-7 所示。

如图 4-7 可知,在该控制策略下,倾角控制圆的意义已不大,倾角控制精度主要取决于实施两次控制的时间间隔,此外,电推进系统开机频率更加频繁,为避免过多

的地面干预,且结合卫星测轨情况,综合设计电推进系统南北位置保持策略如下:

（1）以相邻两次测轨时间间隔为一个位置保持周期,每个位置保持周期等分成 N 段单元控制周期,每个单元控制周期电推进系统实施一次倾角控制;

（2）每次卫星测轨结束为位保周期的起始时刻,由地面根据当前测轨结果预测一个位保周期之后的倾角控制漂移量,并计算倾角控制量将其分配到每个单元控制周期(一般为等量分配),制定一个位置保持周期的电推进系统点火计划上注到星上;

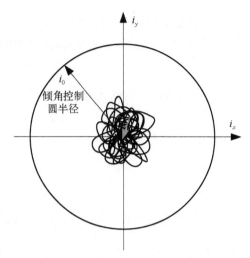

图 4 - 7　电推进南北位置保持策略

（3）卫星在轨运行过程中,电推进系统依据地面制定的点火计划执行南北位置保持任务。

对于位置保持周期与单元控制周期的设置,一般应遵循以下原则:

（1）位置保持周期主要考虑对倾角控制精度的影响,在保证倾角控制精度满足要求的前提下位置保持周期应尽量长;

（2）单元控制周期一般为整数天,且每个单元控制周期电推进系统单次点火时间不超过 4 小时(相应的弧段损失因子约为 0.955),此外还要兼顾电推进系统寿命期内总点火次数限制。

由轨道控制方程可知,倾角矢量控制量与法向推力作用位置有关,与推力作用位置矢量同向。因此,在确定倾角控制量之后,需要在特定位置实施电推力器开机点火才能实现对倾角的完整控制。

1. 倾角控制量确定

确定倾角控制量的基本思路:根据当前测轨数据,按照倾角摄动规律预测一个位保周期后的倾角值,施加的控制量应使位保周期结束时的倾角控制到零点。因此,一个位保周期内的倾角控制量应为倾角摄动变化量与倾角初值之和取反。一般情况下只需预测倾角长期摄动项的影响,一个位保周期的倾角控制量可写为

$$\begin{cases} \Delta i_{xc} = -\left(i_{x0} - 3.5\sin\Omega_{\mathrm{ms}} \times 10^{-4}(°/\mathrm{d}) \cdot T \right) \\ \Delta i_{yc} = -\left(i_{y0} + (22.9 + 2.59\sin\Omega_{\mathrm{ms}}) \times 10^{-4}(°/\mathrm{d}) \cdot T \right) \end{cases} \quad (4-41)$$

其中,T 为位置保持周期;Ω_{ms} 为月球白道升交点黄经,其变化为 $\Omega_{\mathrm{ms}} = 259.16° - 0.052954T_r$,其中 T_r 为相对儒略日,相对于 2000 年 1 月 1 日 00:00。

若需要对倾角进行高精度控制,则必须考虑倾角半年周期摄动项的影响:

$$\begin{cases} \Delta i_{xc} = -\left[i_{x0} - 3.5\sin\Omega_{\mathrm{ms}} \times 10^{-4} \cdot T + A_x\sin 2(\lambda_s + n_s \cdot T) - A_x\sin 2\lambda_s \right] \\ \Delta i_{yc} = -\left[i_{y0} + (22.9 + 2.59\sin\Omega_{\mathrm{ms}}) \times 10^{-4} \cdot T + A_y\cos 2\lambda_s - A_y\cos 2(\lambda_s + n_s \cdot T) \right] \end{cases}$$

$$(4-42)$$

其中，n_s 为太阳视运动角速率；$\lambda_s = n_s t$ 为太阳平黄经，半年周期项的幅值分别为：$A_x \approx 0.0235°$，$A_y \approx 0.0215°$。由上式获得一个位保周期的倾角控制量然后将其平均分配到每个单元控制周期：

$$\begin{bmatrix} \Delta i_{xN} \\ \Delta i_{yN} \end{bmatrix} = \frac{1}{N} \begin{bmatrix} \Delta i_{xc} \\ \Delta i_{yc} \end{bmatrix} \qquad (4-43)$$

电推力器点火弧段中点赤经 l 应满足：

$$l = \arctan\left(\frac{\Delta i_{xN}}{\Delta i_{yN}}\right) \qquad (4-44)$$

按照上述控制方法，一年中所需的倾角控制总量约等于倾角摄动量，即 0.75°/年~0.95°/年(与 Ω_{ms} 有关)。考虑点火过程弧段损失和半年周期项的影响，倾角控制量会提高约 5%~10%。

2. 倾角控制精度估计

按照上述倾角控制策略，倾角控制精度可按下式估计：

$$i_{\mathrm{d}} = \Delta i_{\mathrm{measure}} + \Delta i_{\mathrm{control}} + \Delta i_{\mathrm{perterbate}} + \Delta i_{\mathrm{random}} \qquad (4-45)$$

其中，$\Delta i_{\mathrm{measure}}$、$\Delta i_{\mathrm{control}}$、$\Delta i_{\mathrm{perterbate}}$、$\Delta i_{\mathrm{random}}$ 分别为倾角测量误差、倾角控制误差、倾角漂移量、不确定误差。倾角漂移量 $\Delta i_{\mathrm{perterbate}}$ 表示无控弧段倾角长期项摄动量的最大值，最大的无控弧段为测轨时间加上约半天的电推力器点火间隔。

4.2.2 电推进东西位置保持策略设计

东西位置保持需要对平经度和偏心率进行控制，由轨道控制方程可知，偏心率控制可由径向推力或切向推力实现，其中切向推力控制偏心率的效率是径向推力的 2 倍；平经度(后文无特殊说明 λ 代替 $\bar{\lambda}$ 表示平经度)可由径向推力直接控制，也可由切向推力(切向推力直接改变平经度漂移率 D)间接控制，由于径向推力控制平经度的效率远低于切向推力，因此一般情况下仅通过切向推力控制平经度[75]。

1. 偏心率控制量确定

由轨道控制方程可知，偏心率矢量的控制与电推力器在轨道上的点火位置有关，切向推力产生的偏心率矢量改变量与电推力器点火位置矢量同向，径向推力产生的偏心率矢量改变量超前电推力器点火位置矢量 90°，因此偏心率矢量的控制需

要限定电推力器点火位置,如图 4 - 8
所示。

　　偏心率控制可参照倾角控制策略,
即把位置保持周期分为一次测轨过程和
N 个单元控制周期,每个单元控制周期
进行一次偏心率控制,每个位置保持周
期制定一次偏心率控制的点火计划,上
注到星上自主执行。

　　偏心率受太阳光压的影响占主要作
用,其摄动方程为

$$\frac{\mathrm{d}e_x}{\mathrm{d}t} = - R_e \cos i_s \sin \lambda_s$$

$$\frac{\mathrm{d}e_y}{\mathrm{d}t} = R_e \cos \lambda_s$$

(4 - 46)

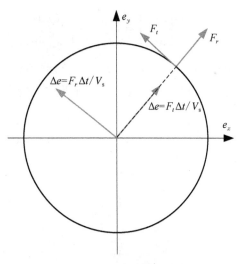

图 4 - 8　偏心率矢量与电推力
器点火位置关系

其中,$i_s = 23.44°$为黄赤交角;$R_e = 0.011 C_R S/m$,为偏心率自由漂移环半径;S/m 为
卫星面质比,λ_s 为太阳视线平黄经。上述方程的解为

$$e_x = e_{x0} + R_e \cos i_s (\cos \lambda_s - \cos \lambda_{s0})$$

$$e_y = e_{y0} + R_e (\sin \lambda_s - \sin \lambda_{s0})$$

(4 - 47)

　　偏心率的摄动运动为椭圆运动,一年内偏心率矢量端点在偏心率摄动椭圆上
变化一周,且偏心率矢量的变化方向基本与太阳视线方向垂直。

　　偏心率控制的目标为:到本位保周期结束时,偏心率矢量控制到零点。按照
上述控制规律,偏心率矢量控制量可确定为

$$\Delta e_{xc} = - [e_{x0} + R_e \cos i_s \cos(\lambda_{s0} + n_s \cdot T) - \cos \lambda_{s0}]$$

$$\Delta e_{yc} = - [e_{y0} + R_e \sin(\lambda_{s0} + n_s \cdot T) - \sin \lambda_{s0}]$$

(4 - 48)

其中,e_{x0}、e_{y0}、λ_{s0} 分别为位保周期开始时刻对应的偏心率矢量初值和太阳平黄
经。当位保周期较短时(不超过一个月),偏心率矢量控制量可以平均分配到每个
单元控制周期,即

$$\begin{bmatrix} \Delta e_{xN} \\ \Delta e_{yN} \end{bmatrix} = \frac{1}{N} \begin{bmatrix} \Delta e_{xc} \\ \Delta e_{yc} \end{bmatrix}$$

(4 - 49)

　　当位保周期较长时,偏心率矢量控制量应按弧段平均分配到每个单元控制周
期,以保证偏心率控制精度,即

$$\begin{bmatrix} \Delta e_{xN} \\ \Delta e_{yN} \end{bmatrix} = \begin{bmatrix} e_{x(i-1)} + R_e \cos i_s \cos(\lambda_{s(i-1)} + n_s \cdot T) - \cos \lambda_{s(i-1)} \\ e_{y(i-1)} + R_e \sin(\lambda_{s(i-1)} + n_s \cdot T) - \sin \lambda_{s(i-1)} \end{bmatrix} \qquad (4-50)$$

其中，$e_{x(i-1)}$、$e_{y(i-1)}$、$\lambda_{s(i-1)}$ 分别为第 i 个单元控制周期开始时刻对应的偏心率矢量初值和太阳平黄经。上述两种分配方式如图 4-9 所示。

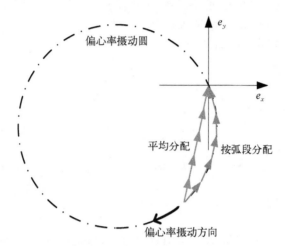

图 4-9　偏心率矢量控制分配示意图

确定偏心率矢量控制量之后，采用切向推力控制和径向推力控制对应的电推力器点火弧段中点赤经应满足：

$$l_t = \arctan\left(\frac{\Delta e_{xN}}{\Delta e_{yN}}\right) \qquad (4-51)$$

$$l_r = \arctan\left(\frac{\Delta e_{xN}}{\Delta e_{yN}}\right) - \frac{\pi}{2}$$

按照上述控制方法，一年中所需的偏心率控制总量约等于偏心率摄动椭圆周长[76]，即

$$\Delta e_{year} = R_e[4 + (2\pi - 4)\cos i_s] \qquad (4-52)$$

2. 偏心率控制精度估计

按照上述偏心率控制策略，偏心率控制精度可按下式估计：

$$e_d = \Delta e_{measure} + \Delta e_{control} + \Delta e_{random} + \Delta e_{perterbate} \qquad (4-53)$$

其中，$\Delta e_{measure}$、$\Delta e_{control}$、$\Delta e_{perterbate}$、Δe_{random} 分别为偏心率测量误差、偏心率控制误差、偏心率漂移量、不确定误差。偏心率漂移量 $\Delta e_{perterbate}$ 表示无控弧段偏心率自由摄动所能达到的最大值，设无控弧段长度为 Δd 天，$\Delta e_{perterbate} = 2\pi R_e \Delta d / 365.25$。不确

定误差 Δe_{random} 包含控制律中未予考虑的其他摄动项的影响,主要是短周期摄动项的影响,该项误差约为 0.9×10^{-4}。

3. 平经度控制量确定

平经度长期漂移可以通过设置半长轴偏置予以消除。平经度主要的摄动项为地球引力势函数 J_{22} 项的影响,平经度与漂移率摄动变化率如下:

$$\lambda = \lambda_0 + D_0 t + \frac{1}{2}\ddot{\lambda}_s t^2 \qquad (4-54)$$

$$D = D_0 + \ddot{\lambda}_s t$$

其中,$\ddot{\lambda}_s \approx 0.001\,68 \times \sin[2(\lambda - \lambda_{22})]\,(°/\text{d}^2)$ 为平经度漂移加速度,在定点经度附近可近似为常值。因此,电推进平经度控制策略可简单设计为:每个单元控制周期内电推进施加一次切向推力控制,控制量 ΔV_{t1} 刚好抵消平经度漂移加速度的时间积累:

$$\Delta V_{t1} = \frac{R_s}{3}\ddot{\lambda}_s T_c \qquad (4-55)$$

其中,T_c 为单元控制周期长度。一个位置保持周期结束后,经过测轨,平经度还存在部分残差 λ_{c0},应在控制量上引入反馈项予以消除:

$$\Delta V_{t2} = -k\lambda_{c0} \qquad (4-56)$$

其中,反馈系数 k 可通过人工调整确定,也可根据式(4-54)按照指定控制目标采用迭代方法求解。实际的控制量应包含平经度漂移加速度累积项和反馈项:

$$\Delta V_t = \Delta V_{t1} + \Delta V_{t2} \qquad (4-57)$$

4.3 电推进南北和东西联合位置保持策略设计

电推力器构型设计上的限制以及卫星供电功率限制使得电推进位置保持过程通常不能多台电推力器同时点火,且每台电推力器点火时一般不能单独产生径向、切向或法向的控制推力,因此,全电推进卫星的南北位置保持与东西位置保持需要联合控制。联合控制使系统复杂度增加,给在轨实施增加了更多限制,需要对位置保持总推进剂消耗进行位保策略优化设计。

4.3.1 南北东西位置保持联合控制

在联合位置保持控制策略中,倾角矢量、偏心率矢量控制量仍可按照 4.2.1 和 4.2.2 节的方法确定,然而由前述平经度控制律可知控制平经度的切向推力只沿同一方向(向东或向西),由于电推力器切向推力分量的东西交替特性给平经度控制带来很大干扰,前述控制律不再适用,需重新设计联合控制策略下的平经度控制律。

1. 平经度控制量确定

根据平经度与漂移率摄动变化方程(4-54),可得到平经度与漂移率控制方程为

$$\Delta D = -\frac{3}{R_s}\Delta V_t = -\frac{3K_T}{R_s}\Delta V$$

$$\Delta \lambda = -\frac{2}{V_s}\Delta V_r = -\frac{2K_R}{V_s}\Delta V$$

$$(4-58)$$

平经度摄动是由电推力器的切向推力分量来控制。切向推力分量可改变平经度漂移率,从而间接控制平经度。平经度控制以一个位保周期作为其控制周期,其控制变量为每个单元控制周期的净切向分量 ΔD,一个位保周期包含 N 组单元控制周期,而平经度控制只需两个控制变量即可实现,故把一个位保周期 N 组单元控制周期分成两段,前 $N/2$ 组单元控制周期产生相同的净切向分量 ΔD_1,后 $N/2$ 组单元控制周期产生相同的净切向分量 ΔD_2,控制目标为到本次位保周期结束时平经度和平经度漂移率控制到指定值(λ^*, D^*)。平经度与平经度漂移率经过测轨时间的自由漂移变为(λ^*, $-D^*$),从而能够实现闭合的漂移环,如图4-10所示。

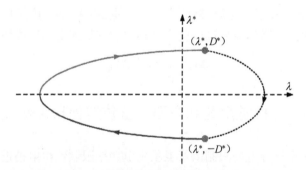

图4-10 全电推进卫星平经度控制策略示意图

设测轨时间为 Δd_m 天,(λ^*, $-D^*$)可由下式确定:

$$\lambda^* = -\frac{5}{4}\ddot{\lambda}_s(\Delta d_m)^2$$

$$(4-59)$$

$$D^* = -\ddot{\lambda}_s\Delta d_m$$

采用坐标轮换搜索算法,根据平经度与漂移率摄动变化方程求得满足目标的 ΔD_1、ΔD_2,即给定 ΔD_1、ΔD_2 的一组初值,固定 ΔD_1,由式(4-58)搜索得到实际控

制结果(λ_f, D_f)与控制目标(λ^*, D^*)最近的ΔD_2,再固定ΔD_2,求得实际控制结果(λ_f, D_f)与控制目标(λ^*, D^*)最近的ΔD_1,最终使实际控制结果(λ_f, D_f)与控制目标(λ^*, D^*)的误差满足要求。

2. 平经度控制精度估计

按照前述平经度控制律,平经度控制可达到的精度可按下式计算:

$$\lambda_d = \frac{\ddot{\lambda}_s T_m T_s}{16} + \frac{3\pi K_T}{4 K_N} m \Delta i_c + \lambda_{\text{measure}} + \lambda_{\text{control}} \qquad (4-60)$$

其中,λ_{measure}、λ_{control}分别为平经度测量误差、平经度控制误差;Δi_c为一个单元控制周期内的倾角控制量,若单元控制周期为 2 天,Δi_c约为 0.005 2°;$\ddot{\lambda}_s$为定点位置处平经度漂移加速度;T_s、T_m分别为位保周期和测轨时间。上式等号右侧第一项为平经度漂移环半宽,第二项为倾角控制耦合项误差。

4.3.2　正常模式下的位置保持策略

电推进系统正常工作模式下,每台电推力器都参与位置保持控制,每个单元控制周期内,所有电推力器依次点火,实现对全部轨道要素的一次完整控制。电推力器构型布局采用与波音 BSS-702 平台类似的锥形布局设计,电推力器配置及编号见图 4-11 所示[77]。

设一个单元控制周期内,推力器 1、2、3 和 4 点火产生的速度增量分别为ΔV_1、ΔV_2、ΔV_3和ΔV_4。正常模式下,由于倾角控制所需的速度增量最大,约为偏心率控制量的 3~5 倍,平经度控制量的 10 倍或以上,且电推进系统共 4 台电推力器能提供 8 个独立控制变量(4 个点火位置参数、4 个点火时长参数),相对于轨道要素被控量是冗余的,因此,电推力器点火位置可选为倾角控制的点火位置,即受摄轨道的升降交点l_Ω:

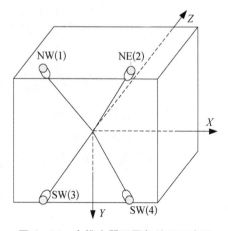

图 4-11　电推力器配置与编号示意图

$$l_\Omega = \arctan\left(\frac{\Delta i_{xN}}{\Delta i_{yN}}\right) \qquad (4-61)$$

其中,安装于卫星背地板北侧的电推力器[NW(1)和 NE(2),法向推力分量符号为正]的点火弧段中点赤经l_1、l_2等于l_Ω、安装于卫星背地板南侧的电推力器[SW(3)和 SE(4),法向推力分量符号为负]的点火弧段中点赤经l_3和l_4等于$l_\Omega + 180°$。相

应的电推力器点火速度增量与轨道要素改变量之间的关系为

$$
\begin{cases}
K_N(\Delta V_1 + \Delta V_2 + \Delta V_3 + \Delta V_4) = V_s\sqrt{\Delta i_x^2 + \Delta i_y^2} \\
- K_R(\Delta V_1 - \Delta V_4 + \Delta V_2 - \Delta V_3)\sin l_\Omega + 2K_T(\Delta V_1 + \Delta V_4 - \Delta V_2 - \Delta V_3)\cos l_\Omega = V_s\Delta e_x \\
K_R(\Delta V_1 - \Delta V_4 + \Delta V_2 - \Delta V_3)\cos l_\Omega + 2K_T(\Delta V_1 + \Delta V_4 - \Delta V_2 - \Delta V_3)\sin l_\Omega = V_s\Delta e_y \\
K_T[(\Delta V_1 - \Delta V_4) + (-\Delta V_2 + \Delta V_3)] = -\dfrac{R_s}{3}\Delta D
\end{cases}
$$

$$(4-62)$$

其中，K_R、K_T、K_N 分别为电推力器推力沿轨道径向、切向、法向的投影系数。上述方程组中包含 4 个方程，4 个控制变量（速度增量），而且方程为线性，可以直接求解：

$$
\begin{aligned}
\Delta V_1 &= \frac{1}{4}\left(\frac{V_s\Delta i}{K_N} + \frac{V_s\Delta e_{/\!/}}{2K_T} + \frac{V_s\Delta e_\perp}{K_R} - \frac{R_s\Delta D}{3K_T}\right) \\
\Delta V_2 &= \frac{1}{4}\left(\frac{V_s\Delta i}{K_N} - \frac{V_s\Delta e_{/\!/}}{2K_T} + \frac{V_s\Delta e_\perp}{K_R} + \frac{R_s\Delta D}{3K_T}\right) \\
\Delta V_3 &= \frac{1}{4}\left(\frac{V_s\Delta i}{K_N} - \frac{V_s\Delta e_{/\!/}}{2K_T} - \frac{V_s\Delta e_\perp}{K_R} - \frac{R_s\Delta D}{3K_T}\right) \\
\Delta V_4 &= \frac{1}{4}\left(\frac{V_s\Delta i}{K_N} + \frac{V_s\Delta e_{/\!/}}{2K_T} - \frac{V_s\Delta e_\perp}{K_R} + \frac{R_s\Delta D}{3K_T}\right)
\end{aligned}
$$

$$(4-63)$$

需要注意的是上式求得的点火速度增量是在脉冲速度增量假设下得到的，还需要按照式（4-31）才能求得补偿弧段损失的电推力器点火时长。按照上式求得的电推力器总点火速度增量 ΔV 为

$$\Delta V = \frac{V_s\Delta i}{K_N} \tag{4-64}$$

可见在上述策略下，位置保持总控制量等于倾角所需控制量，实现了推进剂消耗指标的最优化。

4.3.3　故障模式下的位置保持策略

在分析电推力器存在故障情况下位置保持是否可控之前，介绍位置保持控制自由度的概念。

1. 位置保持控制自由度

由式（4-62）所示的位置保持控制方程可知，在矩形电推力器构型下，倾角偏心

率矢量的控制存在耦合,即单台电推力器点火产生的偏心率矢量改变量和倾角矢量改变量的相位关系固定[图 4-12,其中 $\delta_e = \arctan(K_R/2K_T)$],而平经度的控制与倾角偏心率控制可完全解耦。

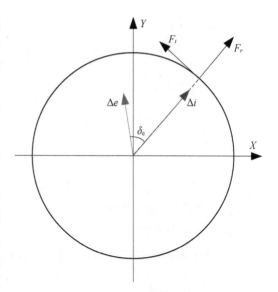

图 4-12　偏心率矢量与倾角矢量
相位关系示意图

倾角矢量、偏心率矢量共包含 4 个独立的被控量,至少需要 4 个独立的控制变量才能实现完整控制,而平经度控制只包含 1 个被控量。电推力器或电推力器组合以任意方式点火工作对倾角、偏心率(或平经度控制)能够实现完整控制的最少的独立控制变量个数称为控制自由度。

首先分析电推力器对倾角、偏心率的控制自由度。

单台电推力器进行 I 次点火产生的倾角矢量、偏心率矢量变化量分别为

$$\begin{cases} \Delta \boldsymbol{i} = \begin{bmatrix} \Delta i_x \\ \Delta i_y \end{bmatrix} = \dfrac{1}{V_s} \sum_{k=1}^{I} K_N \Delta V_k \begin{bmatrix} \cos(l_k) \\ \sin(l_k) \end{bmatrix} = \dfrac{K_N}{V_s} \sum_{k=1}^{I} \Delta V_k \bar{\boldsymbol{i}}_k \\ \Delta \boldsymbol{e} = \begin{bmatrix} \Delta e_x \\ \Delta e_y \end{bmatrix} = \dfrac{1}{V_s} \sum_{k=1}^{I} \Delta V_k \left(2K_T \begin{bmatrix} \cos(l_k) \\ \sin(l_k) \end{bmatrix} + K_R \begin{bmatrix} \sin(l_k) \\ -\cos(l_k) \end{bmatrix} \right) = \dfrac{\sqrt{4K_T^2 + K_R^2}}{V_s} \sum_{k=1}^{I} \Delta V_k \bar{\boldsymbol{e}}_k \end{cases}$$

$$(4-65)$$

其中, $\bar{\boldsymbol{i}}_k$ 、$\bar{\boldsymbol{e}}_k$ 为单位向量,仅与电推力器点火弧段中点赤经 l_k 有关,且 $\bar{\boldsymbol{e}}_k$ 超前 $\bar{\boldsymbol{i}}_k$ 的角度 δ_e 为固定值,即 $\sum \Delta V_k \bar{\boldsymbol{i}}_k$ 和 $\sum \Delta V_k \bar{\boldsymbol{i}}_k$ 相位关系仍然保持固定,单台电推力器进行任意多次点火产生的倾角矢量变化量 $\Delta \boldsymbol{i}$ 、偏心率矢量变化量 $\Delta \boldsymbol{e}$ 具有相同的相位关系,且其模长呈固定比例,单台电推力器控制倾角、偏心率只具有 2 个控制自由度,与点火次数无关。

考虑 2 台电推力器分别进行 1 次点火产生的倾角矢量、偏心率矢量变化量分别为

$$\begin{cases} \Delta \boldsymbol{i} = \begin{bmatrix} \Delta i_{1x} \\ \Delta i_{1y} \end{bmatrix} + \begin{bmatrix} \Delta i_{2x} \\ \Delta i_{2y} \end{bmatrix} \\ \Delta \boldsymbol{e} = \begin{bmatrix} \Delta e_{1x} \\ \Delta e_{1y} \end{bmatrix} + \begin{bmatrix} \Delta e_{2x} \\ \Delta e_{2y} \end{bmatrix} = \dfrac{\sqrt{4K_T^2 + K_R^2}}{|K_N|} \left(\begin{bmatrix} \Delta i_{1x}\cos\delta_{1e} + \Delta i_{1y}\sin\delta_{1e} \\ -\Delta i_{1x}\sin\delta_{1e} + \Delta i_{1y}\cos\delta_{1e} \end{bmatrix} + \begin{bmatrix} \Delta i_{2x}\cos\delta_{2e} + \Delta i_{2y}\sin\delta_{2e} \\ -\Delta i_{2x}\sin\delta_{2e} + \Delta i_{2y}\cos\delta_{2e} \end{bmatrix} \right) \end{cases}$$

$$\Rightarrow \begin{bmatrix} \Delta i_x \\ \Delta i_y \\ \dfrac{|K_N|}{\sqrt{4K_T^2 + K_R^2}}\Delta e_x \\ \dfrac{|K_N|}{\sqrt{4K_T^2 + K_R^2}}\Delta e_y \end{bmatrix} = \begin{bmatrix} 1 & 0 & 1 & 0 \\ 0 & 1 & 0 & 1 \\ \cos\delta_{1e} & \sin\delta_{1e} & \cos\delta_{2e} & \sin\delta_{2e} \\ -\sin\delta_{1e} & \cos\delta_{1e} & -\sin\delta_{2e} & \cos\delta_{2e} \end{bmatrix} \begin{bmatrix} \Delta i_{1x} \\ \Delta i_{1y} \\ \Delta i_{2x} \\ \Delta i_{2y} \end{bmatrix} = A \begin{bmatrix} \Delta i_{1x} \\ \Delta i_{1y} \\ \Delta i_{2x} \\ \Delta i_{2y} \end{bmatrix} \qquad (4-66)$$

其中，Δi_{1x}、Δi_{1y}、Δi_{2x}、Δi_{2y} 为 4 个独立的控制变量，若矩阵 A 为满秩矩阵，则 2 台电推力器控制倾角、偏心率具有 4 个控制自由度，控制自由度的个数等于矩阵 A 的秩。若矩阵 A 不满秩，则其行列式等于零：

$$\det A = 0 \Leftrightarrow (\cos\delta_{1e} - \cos\delta_{2e})^2 + (\sin\delta_{1e} - \sin\delta_{2e})^2 = 0 \Leftrightarrow \delta_{1e} = \delta_{2e} \qquad (4-67)$$

上式表明，当 $\delta_{1e} \neq \delta_{2e}$ 时，矩阵 A 满秩，2 台电推力器对倾角、偏心率具有 4 个控制自由度，在矩形构型下，任意 2 台电推力器的 δ_e 都不相同（图 4-13），对倾角、偏心率的控制自由度数均为 4，且与点火次数无关。

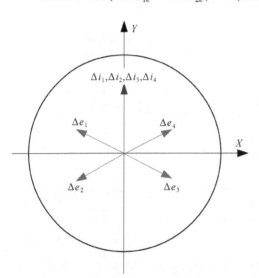

图 4-13 不同电推力器的偏心率矢量控制量

对于平经度控制，单台电推力器只能提供向东或向西的切向推力，不能实现完整控制，因此单台电推力器不具备控制平经度的能力，即平经度控制自由度数为 0；东侧（西侧）2 台电推力器同样也不具备控制平经度的能力，控制自由度数为 0；南侧（北侧）2 台电推力器可以提供向东、向西的切向推力，能够控制平经度，控制自由度数为 1；对角线 2 台电推力器可以提供向东、向西的切向推力，也能够控制平经度，控制自由度数为 1。

2. 故障模式定义及分类

电推进系统故障模式下电推力器可用情况可分类如下（图 4-14）：

（1）工况一：单台电推力器故障，剩余 3 台电推力器可正常工作；

（2）工况二：对角线 2 台电推力器故障，仅另一对角线 2 台电推力器可正常工作；

（3）工况三：南侧（北侧）两台电推力器故障，仅北侧（南侧）两台电推力器可正常工作；

（4）工况四：东侧（西侧）两台电推力器故障，仅西侧（东侧）两台电推力器可

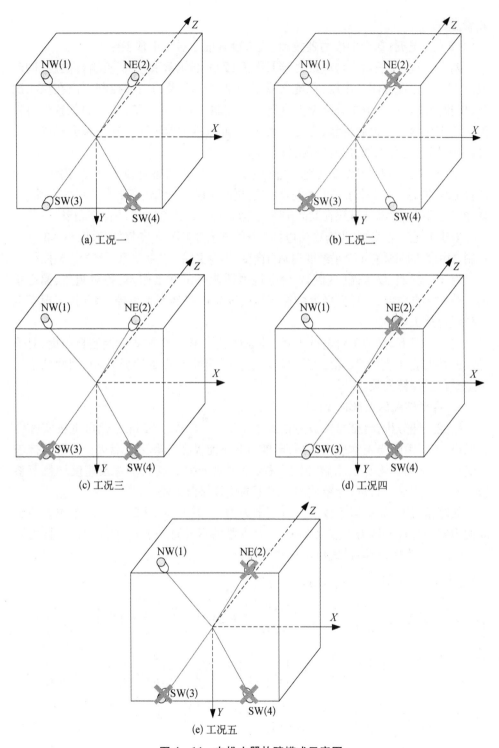

图 4-14　电推力器故障模式示意图

正常工作；

(5) 工况五：3 台电推力器故障,仅 1 台电推力器可正常工作。

对于工况一,任意 3 台电推力器具备对倾角、偏心率的 6 个控制自由度,同时具有 1 个平经度控制自由度,仍能实现对全部轨道要素的完整控制。但在该工况下,电推力器若仅在卫星升降交点进行点火控制,则式(4 − 62)所示的位置保持控制方程仅包含 3 个控制变量,方程组无解,因此电推力器不能仅在卫星升降交点实施控制,即不能实现推进剂消耗指标最优。

对于工况二,仅对角线 2 台电推力器能够正常工作,具备对倾角、偏心率的 4 个控制自由度,同时具有 1 个平经度控制自由度,仍能实现对全部轨道要素的完整控制。同样,该工况下电推力器不能仅在卫星升降交点实施控制,无法实现推进剂消耗指标最优。

对于工况三,仅南侧(北侧)2 台电推力器能够正常工作,具备对倾角、偏心率的 4 个控制自由度,同时具有 1 个平经度控制自由度,仍能实现对全部轨道要素的完整控制。

对于工况四,仅东侧(西侧)2 台电推力器能够正常工作,具备对倾角、偏心率的 4 个控制自由度,但对平经度的控制自由度为 0,平经度不可控,因此该工况下卫星位置保持失效。

对于工况五,仅剩 1 台电推力器,具备对倾角、偏心率的 2 个控制自由度,对平经度的控制自由度为 0,无法实现倾角、偏心率和平经度的完整控制,因此该工况下卫星位置保持失效。

3. 故障模式位置保持方法

按照上述分析,电推力器故障模式下工况一、工况二、工况三仍可继续实施位置保持,位保策略与正常模式不同,电推力器不能仅在升降交点点火。为降低推进剂消耗,可采用优化算法求解控制方程,得到电推力器点火位置及速度增量等参数。本节以工况二为例,介绍故障模式下的位置保持策略。

故障模式下,只有对角线上一对电推力器工作(1—4 或 2—3),一个单元控制周期内安排每台电推力器点火 2 次,点火位置也不再局限于 l_Ω 方向。以电推力器对 1—4 工作为例,故障模式位保控制方程为

$$\begin{cases} R_s \Delta D = - 3K_T(\Delta V_1 - \Delta V_4 + \Delta V_{1'} - \Delta V_{4'}) \\[2mm] V_s \Delta e = K_R\left(\Delta V_1 \begin{bmatrix} -\sin l_1 \\ \cos l_1 \end{bmatrix} + \Delta V_4 \begin{bmatrix} -\sin l_4 \\ \cos l_4 \end{bmatrix} + \Delta V_{1'} \begin{bmatrix} -\sin l_{1'} \\ \cos l_{1'} \end{bmatrix} + \Delta V_{4'} \begin{bmatrix} -\sin l_{4'} \\ \cos l_{4'} \end{bmatrix}\right) \\[2mm] \qquad + 2K_T\left(\Delta V_1 \begin{bmatrix} \cos l_1 \\ \sin l_1 \end{bmatrix} + \Delta V_4 \begin{bmatrix} \cos l_4 \\ \sin l_4 \end{bmatrix}\right) + 2K_T\left(\Delta V_{1'} \begin{bmatrix} \cos l_{1'} \\ \sin l_{1'} \end{bmatrix} + \Delta V_{4'} \begin{bmatrix} \cos l_{4'} \\ \sin l_{4'} \end{bmatrix}\right) \\[2mm] V_s \Delta i = K_N\left(\Delta V_1 \begin{bmatrix} \cos l_1 \\ \sin l_1 \end{bmatrix} + \Delta V_4 \begin{bmatrix} \cos l_4 \\ \sin l_4 \end{bmatrix} + \Delta V_{1'} \begin{bmatrix} \cos l_{1'} \\ \sin l_{1'} \end{bmatrix} + \Delta V_{4'} \begin{bmatrix} \cos l_{4'} \\ \sin l_{4'} \end{bmatrix}\right) \end{cases}$$

$$(4-68)$$

针对上述方程组,需求解点火位置赤经 l_1、$l_{1'}$、l_4、$l_{4'}$ 和点火速度增量 ΔV_1、$\Delta V_{1'}$、ΔV_4、$\Delta V_{4'}$ 共 8 个变量。把点火位置卫经和点火速度增量作为优化变量,将位保控制方程作为等式约束条件,以总速度增量最小为优化目标。优化模型可描述如下:

$$\min J = \sum \Delta V_i$$

$$\text{s. t.}\begin{cases} R_s \Delta D = -3K_T(\Delta V_1 - \Delta V_4 + \Delta V_{1'} - \Delta V_{4'}) \\[2mm] V_s \Delta e = K_R \sum \Delta V_i \begin{bmatrix} -\sin l_i \\ \cos l_i \end{bmatrix} + 2K_T \sum \Delta V_i \begin{bmatrix} \cos l_i \\ \sin l_i \end{bmatrix}, \ i = 1,\ 1',\ 4,\ 4' \\[2mm] \Delta i = K_N \sum \Delta V_i \begin{bmatrix} \cos l_i \\ \sin l_i \end{bmatrix} \end{cases}$$

$$l_\Omega \leqslant l_1 \leqslant l_\Omega + \frac{\pi}{2},\ l_\Omega - \frac{\pi}{2} \leqslant l_{1'} \leqslant l_\Omega,$$

$$l_\Omega + \pi \leqslant l_4 \leqslant l_\Omega + \frac{3\pi}{2},\ l_\Omega + \frac{\pi}{2} \leqslant l_1 \leqslant l_\Omega + \pi$$

$$0 \leqslant \Delta V_i \leqslant \frac{Ft}{m},\ i = 1,\ 1',\ 4,\ 4'$$

(4 - 69)

其中,点火赤经的区间约束是为了提高求解效率,速度增量约束根据推力器最长允许点火时间 t 结合推力 F 和卫星质量 m 给出。故障模式下点火位置不再局限于升降交点,如图 4 - 15 所示。

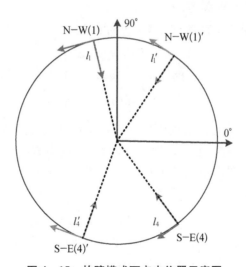

图 4 - 15　故障模式下点火位置示意图

4.4　电推进角动量卸载控制

对于取消化学推进的全电推进卫星,电推进还需要兼做姿态控制。由于电推力器在配置和使用上不如化学推力器灵活,一般不用于直接姿态控制,通常与角动量交换装置(如飞轮等)相配合共同进行姿态控制,电推进需要执行的姿态控制任务主要是角动量卸载。有关飞轮姿态控制的内容可参考相关文献,本书仅介绍电推进角动量卸载的控制方法。

电推力器产生卸载力矩的方式一般是通过矢量调节机构使电推力器指向偏离质心。由于卸载过程要引起轨道参数的改变,因此电推进角动量卸载一般与位置保持进行联合控制。电推进位置保持与角动量卸载联合控制有两种方法:一是直接联合控制方法,将电推力器点火位置、点火时长以及矢量调节机构转动角度作为设计变量,以轨道要素控制量和角动量卸载量作为等式约束,以推进剂消耗最低为优化目标,建立优化模型进行求解;二是顺序联合控制方法,即在位置保持控制参数(电推力器点火位置、点火时长)确定之后,以尽量小的推力方向调整实现角动量卸载,从而保证角动量卸载对位置保持的影响最小。直接联合控制方法的求解涉及变量多、约束条件复杂,求解难度大,但位置保持控制效果不受影响,推进剂利用效率更高,适用于星体累积角动量较大且需频繁卸载的情况;顺序联合控制方法求解简单,但会给位置保持控制引入控制误差,适用于星体累积角动量小不需频繁卸载的情况,且尤其适合由地面定期制定位置保持策略而由星上实时自主制定角动量卸载策略的情况。

4.4.1　直接联合控制方法

推力器在星体质心坐标系中安装点坐标向量为

$$\boldsymbol{Th}_i = d \begin{bmatrix} \sin\theta_i \sin\alpha_i \\ \cos\theta_i \\ \sin\theta_i \cos\alpha_i \end{bmatrix} \qquad (4-70)$$

其中,d 为推力器安装点与质心的距离。不需卸载时,推力方向与推力器安装点坐标方向反向,即推力通过质心。需要进行卸载时,推力方向需偏离质心,偏转角度为 $\Delta\alpha$、$\Delta\theta$,假设推力器作用点坐标不变,只有推力方向发生改变,相应的推力方向向量为

$$\boldsymbol{F}_{di} = -\begin{bmatrix} \sin(\theta_i + \Delta\theta_i)\sin(\alpha_i + \Delta\alpha_i) \\ \cos(\theta_i + \Delta\theta_i) \\ \sin(\theta_i + \Delta\theta_i)\cos(\alpha_i + \Delta\alpha_i) \end{bmatrix} \qquad (4-71)$$

所产生的力矩为：

$$M = F(Th_i \times F_{di}) \qquad (4-72)$$

其中，F 为推力，对于电推力器需要产生速度增量 ΔV，将产生角动量改变量：

$$\Delta H_i = M\Delta t = m\Delta V(Th_i \times F_{di}) \qquad (4-73)$$

上式中的角动量是在星体坐标系下的值，需要将其转换到惯性坐标系下，并将一个单元控制周期内的四次点火产生的角动量变化量相加得到总的角动量变化：

$$\Delta H_C = \sum C_{Ib}(l_i)\Delta H_i = m\sum \Delta V_i C_x\left(\frac{\pi}{2}\right) C_y\left(l_i + \frac{\pi}{2}\right)(Th_i \times F_{di}) \qquad (4-74)$$

式（4-74）即为角动量卸载方程。再结合位保控制方程：

$$\begin{cases} R_s\Delta D = -3\sum K_{iT}\Delta V_i \\[2mm] V_s\Delta e = \sum K_{iR}\Delta V_i\begin{bmatrix} -\sin l_i \\ \cos l_i \end{bmatrix} + 2\sum K_{iT}\Delta V_i\begin{bmatrix} \cos l_i \\ \sin l_i \end{bmatrix} \\[3mm] \Delta i = \sum K_{iN}\Delta V_i\begin{bmatrix} \cos l_i \\ \sin l_i \end{bmatrix} \end{cases} \qquad (4-75)$$

其中，由于推力方向调整，每台电推力器在 RTN 坐标系下的推力投影系数各不相同，分别为

$$\begin{bmatrix} K_{iT} \\ K_{iN} \\ K_{iR} \end{bmatrix} = \begin{bmatrix} -\sin\theta_i\sin\alpha_i \\ \cos\theta_i \\ \sin\theta_i\cos\alpha_i \end{bmatrix} \qquad (4-76)$$

求解位置保持与角动量卸载联合控制问题，需要求解每台电推力器 2 个转角变量、4 个点火位置赤经、4 个点火速度增量共计 16 个变量（故障模式下 12 个）。优化求解模型如下：

$$\min J = \sum \Delta V_i$$

$$\text{s. t.}\begin{cases} R_s\Delta D = -3K_T(\Delta V_1 - \Delta V_4 + \Delta V_{1'} - \Delta V_{4'}) \\[2mm] V_s\Delta e = K_R\sum \Delta V_i\begin{bmatrix} -\sin l_i \\ \cos l_i \end{bmatrix} + 2K_T\sum \Delta V_i\begin{bmatrix} \cos l_i \\ \sin l_i \end{bmatrix} \\[3mm] \Delta i = K_N\sum \Delta V_i\begin{bmatrix} \cos l_i \\ \sin l_i \end{bmatrix} \\[3mm] \Delta H_C = \sum C_{Ib}(l_i)\Delta H_i = \sum C_x\left(\frac{\pi}{2}\right) C_y\left(l_i + \frac{\pi}{2}\right)\Delta H_i \end{cases},$$

$$i = 1, 2, 3, 4（故障模式 i = 1, 1', 4, 4'）$$

$$l_\Omega \leqslant l_1 \leqslant l_\Omega + \frac{\pi}{2}, \; l_\Omega - \frac{\pi}{2} \leqslant l_{1'} \leqslant l_\Omega, \; l_\Omega + \pi \leqslant l_4 \leqslant l_\Omega + \frac{3\pi}{2},$$

$$l_\Omega + \frac{\pi}{2} \leqslant l_1 \leqslant l_\Omega + \pi \text{(故障模式)}$$

$$0 \leqslant \Delta V_i \leqslant \frac{Ft}{m}, \; -5° \leqslant \Delta\alpha_i \leqslant 5°, \; -5° \leqslant \Delta\theta_i \leqslant 5°,$$

$$i = 1,2,3,4\text{(故障模式 } i = 1,1',4,4') \tag{4-77}$$

正常模式下点火位置赤经按照 4.3 节的方法确定,只需求解 8 个转角和 4 个速度增量即可。而故障模式下,只有 2 台电推力器正常工作,故只存在 4 个转角、4 个点火位置赤经和 4 个速度增量需要求解。此外,推力器转角约束需根据矢量调节机构实际的调节能力确定。

4.4.2　顺序联合控制方法

求解电推力器转角之前,需要先计算得到位置保持控制的点火位置赤经和点火速度增量,作为角动量卸载求解的输入条件。首先按照 4.3 节的方法求解得到点火位置赤经和点火速度增量,然后根据如下的优化模型采用优化算法求解电推力器转角:

$$\min J = \sum (\Delta\alpha_i^2 + \Delta\theta_i^2)\frac{1}{2}$$

$$\text{s.t.} \quad \Delta\boldsymbol{H}_C = m \sum \Delta V_i C_x\left(\frac{\pi}{2}\right) C_y\left(l_i + \frac{\pi}{2}\right)(\boldsymbol{Th}_i \times \boldsymbol{F}_{di}),$$
$$i = 1,2,3,4\text{(故障模式 } i = 1,1',4,4')$$
$$-5° \leqslant \Delta\alpha_i \leqslant 5°, \; -5° \leqslant \Delta\theta_i \leqslant 5°,$$
$$i = 1,2,3,4\text{(故障模式 } i = 1,1',4,4')$$

与 4.4.1 节相比,上述优化模型减少了位保控制方程,降低了求解复杂度,同时优化目标变为总的转角最小,以尽量减少推力方向调整对位保控制的影响。

除了优化求解算法,本节提供一种更简便的线性近似计算方法。假设推力器转角($\Delta\alpha$, $\Delta\theta$)均为小量,在原位置附近将角动量卸载方程展开成转角($\Delta\alpha$, $\Delta\theta$)的线性函数,将非线性规划问题转化为二次规划问题,进一步简化计算复杂度。

假设推力器转角($\Delta\alpha$, $\Delta\theta$)均为小角度的前提下,电推力器推力相对质心的卸载力臂为可近似表示为($\Delta\alpha$, $\Delta\theta$)的线性函数:

$$\boldsymbol{r} \approx - d \begin{bmatrix} \cos\theta_i \sin\alpha_i \Delta\theta + \sin\theta_i \cos\alpha_i \Delta\alpha \\ - \sin\theta_i \Delta\theta \\ \cos\theta_i \cos\alpha_i \Delta\theta - \sin\theta_i \sin\alpha_i \Delta\alpha \end{bmatrix}$$

$$\boldsymbol{M} = \boldsymbol{r} \times \boldsymbol{F} = \frac{F_p}{d} \boldsymbol{r} \times \boldsymbol{Th} = F_p d \left(\begin{bmatrix} -\cos\alpha_i \\ 0 \\ \sin\alpha_i \end{bmatrix} \Delta\theta_i + \begin{bmatrix} \cos\theta_i \sin\theta_i \sin\alpha_i \\ -\sin^2\theta_i \\ \cos\theta_i \sin\theta_i \cos\alpha_i \end{bmatrix} \Delta\alpha_i \right)$$

$$\Delta\boldsymbol{H} = \boldsymbol{M}\Delta t = m\Delta V_i d \left(\begin{bmatrix} -\cos\alpha_i \\ 0 \\ \sin\alpha_i \end{bmatrix} \Delta\theta_i + \begin{bmatrix} \cos\theta_i \sin\theta_i \sin\alpha_i \\ \sin^2\theta_i \\ \cos\theta_i \sin\theta_i \cos\alpha_i \end{bmatrix} \Delta\alpha_i \right)$$

$$(4-78)$$

在惯性坐标系下，总的角动量变化为

$$\Delta\boldsymbol{H}_C = \sum C_{Ib}(l_i) \Delta\boldsymbol{H}_i$$

$$= md \sum \Delta V_i C_x\left(\frac{\pi}{2}\right) C_y\left(l_i + \frac{\pi}{2}\right) \left(\begin{bmatrix} -\cos\alpha_i \\ 0 \\ \sin\alpha_i \end{bmatrix} \Delta\theta_i + \begin{bmatrix} \cos\theta_i \sin\theta_i \sin\alpha_i \\ \sin^2\theta_i \\ \cos\theta_i \sin\theta_i \cos\alpha_i \end{bmatrix} \Delta\alpha_i \right)$$

$$(4-79)$$

上述角动量卸载方程为电推力器转角($\Delta\alpha$, $\Delta\theta$)的线性函数，求解模型变为

$$\min J = \sum (\Delta\alpha_i^2 + \Delta\theta_i^2)$$

$$\text{s.t.} \begin{cases} \Delta\boldsymbol{H}_C = md \sum \Delta V_i C_x\left(\frac{\pi}{2}\right) C_y\left(l_i + \frac{\pi}{2}\right) \left(\begin{bmatrix} -\cos\alpha_i \\ 0 \\ \sin\alpha_i \end{bmatrix} \Delta\theta_i + \begin{bmatrix} \cos\theta_i \sin\theta_i \sin\alpha_i \\ \sin^2\theta_i \\ \cos\theta_i \sin\theta_i \cos\alpha_i \end{bmatrix} \Delta\alpha_i \right) \\ i = 1, 2, 3, 4(\text{故障模式} i = 1, 1', 4, 4') \end{cases}$$

$$-5° \leqslant \Delta\alpha_i \leqslant 5°, \ -5° \leqslant \Delta\theta_i \leqslant 5°, \ i = 1, 2, 3, 4(\text{故障模式} i = 1, 1', 4, 4')$$

$$(4-80)$$

该方法的优点是计算简便，易保证求得较优的可行解，缺点是存在线性化误差，尤其当电推力器点火时间较长时，电推力器转角较大时，线性化误差也较大。本书提供一种误差补偿方法，即将线性化角动量控制方程的二阶线性截断误差补偿到控制方程中以提高角动量卸载精度。

首先根据上式计算得到电推力器转角，对于单台电推力器产生 ΔH 的角动量变化时，相应的二阶截断误差为

$$\Delta\boldsymbol{H}_{2d} = M\Delta t = m\Delta V_i d\left(-\frac{1}{2}\begin{bmatrix} -\cos\theta_i\sin\theta_i\cos\alpha_i \\ 0 \\ \cos\theta_i\sin\theta_i\sin\alpha_i \end{bmatrix}\Delta\alpha_i^2 + \begin{bmatrix} \cos^2\theta_i\sin\alpha_i \\ -\cos\theta_i\sin\theta_i \\ \cos^2\theta_i\cos\alpha_i \end{bmatrix}\Delta\theta_i\Delta\alpha_i\right)$$

$$(4-81)$$

惯性坐标系下总的角动量控制二阶线性截断误差为

$$\Delta\boldsymbol{H}_{C2d} = md\sum\Delta V_i C_x\left(\frac{\pi}{2}\right)C_y\left(l_i + \frac{\pi}{2}\right)$$

$$\left(-\frac{1}{2}\begin{bmatrix} -\cos\theta_i\sin\theta_i\cos\alpha_i \\ 0 \\ \cos\theta_i\sin\theta_i\sin\alpha_i \end{bmatrix}\Delta\alpha_i^2 + \begin{bmatrix} \cos^2\theta_i\sin\alpha_i \\ -\cos\theta_i\sin\theta_i \\ \cos^2\theta_i\cos\alpha_i \end{bmatrix}\Delta\theta_i\Delta\alpha_i\right)$$

$$(4-82)$$

将该误差项 $\Delta\boldsymbol{H}_{C2d}$ 补偿到角动量控制量 $\Delta\boldsymbol{H}_C$ 中得到新的角动量控制量:

$$\Delta\boldsymbol{H}_{C\_NEW} = \Delta\boldsymbol{H}_C + \Delta\boldsymbol{H}_{C2d} \qquad (4-83)$$

代入式(4-80)再重新求解得到新的推力器转角。

4.5　电推进位置保持工程实现

电推进位置保持运行支持系统包括地面支持系统和星上软件系统,地面支持系统提供测定轨、参数标定、位置保持点火参数计算、位置保持点火参数上注等功能,星上软件系统完成位置保持任务自主规划执行、动量轮卸载等任务,两者相互配合,共同保障卫星在电推进位置保持任务满足控制精度要求。

4.5.1　地面支持系统

地面支持系统主要包括跟踪测量设备、数据处理与计算设备、电推进位置保持计算软件等,为卫星电推进位置保持任务提供测定轨、参数标定、位置保持策略制定与修正、电推进位置保持参数上注等功能。

测定轨:地面跟踪测量设备对卫星连续跟踪测量,经过滤波等数据处理后得到卫星轨道。

参数标定:测定轨完毕后,需结合上一变轨周期位置保持策略对轨道位置保持效果进行评估,并对点火参数进行标定和修正,主要包括:推力效率、卫星光压系数、等效照射面积等。

位置保持策略制定与修正:根据卫星测定轨结果,按照位置保持设计策略,制定卫星下个位保周期的推力器点火次序、点火时刻、点火时长,供卫星执行位置保持策略使用。

电推进位置保持参数上注:将计算得到的位置保持点火参数、测轨结果等数据通过星地测控链路上注到卫星内存,由卫星自主执行下一变轨周期的电推进位置保持任务。

4.5.2　星上软件系统

星上软件系统最基本的需求是接收地面发送的位置保持点火参数,自主完成位置保持点火任务的执行。位置保持点火参数可作为延时遥控指令,由星上定时执行。此外,卫星角动量卸载任务可以通过星上软件自主进行,在位置保持点火执行之前,星上自主根据需要卸载的角动量计算矢量调节机构的转角等参数,并在位置保持点火之前提前完成矢量调节机构的调整,将角动量卸载与位置保持联合进行控制。

卫星星上数据处理能力不断提高,自主任务规划能力逐渐增强,采用星上自主导航和自主轨道控制任务规划与执行,实现全自主在轨管理成为一种趋势,这可以降低地面操作的难度和复杂度,同时也有利于提高电推进系统综合利用效率,避免人为操作失误造成的卫星故障。

全自主在轨管理系统对软件的需求主要包括:自主导航、自主轨道策略制定与计算、自主轨道控制任务规划与执行。其中自主导航功能还需要卫星配置相应的硬件设备,主要包括 GNSS 导航接收机、地平仪+恒星敏感器等设备。由于星上处理能力有限,自主轨道策略制定与计算往往不能直接照搬地面采用的位置保持策略计算方法,需要针对星上计算能力进行适当简化,并能够对计算结果的合理性进行校验。

4.5.3　位置保持工作流程

电推进轨道维持任务工作流程如图4-16所示。

主要任务过程介绍如下。

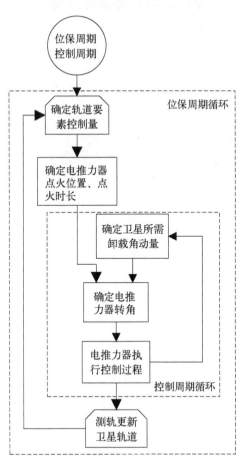

图 4-16　电推进轨道维持任务工作流程

（1）首先确定位置保持周期、控制周期，控制周期一般为 1~2 天，位置保持周期一般为 1~2 周，每个位置保持周期预留 2 天的地面测轨时间，在此期间星上不进行轨道控制。

（2）根据卫星初始轨道参数，计算下一个位置保持周期的点火参数，包括每个控制周期内的电推力器选用、电推力器点火次序及每次位置保持点火的起始时间和结束时间。该过程一般由地面系统完成，并将结果上注到卫星内存。

（3）星上根据位置保持点火参数自动规划执行。有角动量卸载需求时，星上根据待卸载角动量自主计算电推力器矢量调节机构转角等卸载参数，并在位置保持点火之前提前进行调整。该过程由星上软件系统自主完成，并将位置保持过程重要的参数通过遥测下传到地面。

（4）位置保持点火任务执行完毕，地面对卫星进行测定轨，评估轨道控制效果，并对位置保持控制参数进行标定和修正。

根据卫星测定轨结果，继续下个位置保持周期的参数计算，重复进行步骤（2）至步骤（4）。

第 5 章
电推进轨道转移与姿态控制

常规化学推力器推力大、轨道转移时间短,但所需推进剂较多,因此化学推进卫星所能提供的有效载荷承载比十分有限。电推进系统具有高比冲、低推力、长寿命的特点,变轨推进剂消耗较少,能够大幅提高卫星有效载荷容量,然而由于其变轨推力很小,轨道转移时间很长,针对小推力电推进系统的变轨策略优化设计成为电推进应用的关键技术。

本章基于最优控制基本理论,首先介绍了求解小推力最优轨道转移问题的间接法、直接法,针对工程适用性,介绍了简化的小推力变轨策略设计。此外,针对电推进在变轨过程同时兼做角动量卸载导致的姿轨耦合控制问题,介绍了电推进轨道转移过程的姿态控制方法。

5.1 电推进小推力轨道转移动力学模型

5.1.1 轨道控制运动学模型

1. 轨道参数描述

描述卫星轨道需要至少 6 个参数,典型的卫星轨道参数描述包括位置速度坐标、经典轨道根数、春分点轨道根数等。

1) 位置速度坐标

卫星位置速度坐标直接描述了卫星在空间的位置及运动速度,卫星测定轨等任务过程通常采用位置速度坐标来描述。位置速度坐标还可进一步细分为直角坐标、球坐标等不同类型。直角坐标下描述卫星轨道具有直观、动力学方程形式简单的优点。球坐标采用距离、经纬度及其变化率描述卫星位置速度,涉及角度计算时较为方便。卫星位置速度的直角坐标表示与球坐标表示方法见图 5-1 所示。

卫星位置速度的直角坐标表示与球坐标表示的转换如下:

$$\rho = \sqrt{x^2 + y^2 + z^2}$$

$$\lambda = \arctan\left(\frac{y}{x}\right)$$

$$\varphi = \arcsin\left(\frac{z}{\sqrt{x^2 + y^2 + z^2}}\right)$$

$$\dot{\rho} = \frac{xv_x + yv_y + zv_z}{\sqrt{x^2 + y^2 + z^2}} \qquad (5-1)$$

$$\dot{\lambda} = \frac{xv_y - yv_x}{x^2 + y^2}$$

$$\dot{\varphi} = \frac{-z(xv_x + yv_y)}{\sqrt{(x^2 + y^2 + z^2)^3}} + \frac{v_z}{\sqrt{x^2 + y^2}}$$

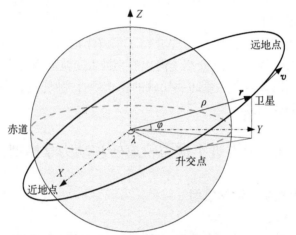

图 5-1 卫星位置和速度表示

2) 经典轨道根数

经典轨道根数包括半长轴 a、偏心率 e、倾角 i、升交点赤经 Ω、近地点辐角 ω、真近点角 θ（或平近点角 M）这 6 个卫星轨道几何特征的参数，其物理意义明确，能够直观反映卫星在空间的轨道运动特征。相比于位置速度坐标，经典轨道根数前 5 个参数均为慢变量，只有真近点角为周期变化量。因此，采用经典轨道根数进行轨道计算时，往往比采用位置速度坐标能够提高计算效率，节省更多计算资源。

经典轨道根数中，半长轴 a 表示卫星轨道的尺寸，根据开普勒定律，半长轴的三次方与轨道周期的平方成正比；偏心率 e 表示卫星轨道的形状，即轨道的"椭状"；倾角 i 为卫星轨道法向与惯性系+Z 轴的夹角，升交点赤经 Ω 为轨道上行经过赤道的位置与惯性系+X 轴的夹角,两者表示卫星轨道平面在空间中的方位;近地点辐角 ω 为卫星轨道近地点与升交点方向的夹角,表示卫星轨道在轨道平面内的方位;真近点角 θ 为卫星位置与轨道近地点方向的夹角,表示卫星当前位置在轨道上的相位。

经典轨道根数的几何描述如图 5-2 所示。

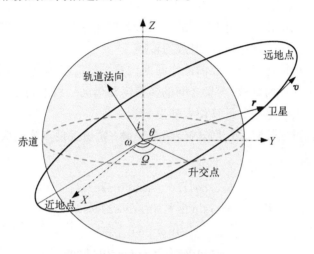

图 5-2　经典轨道根数几何描述

3) 春分点轨道根数

春分点轨道根数是在经典轨道根数基础上,为解决小倾角、小偏心率条件下的奇异问题,产生的一类新的轨道参数描述方法。经典轨道根数在小倾角条件下,升交点赤经的定义会产生奇异;在小偏心率条件下,近地点辐角和真近点角的定义会产生奇异。经典轨道根数在小倾角、小偏心率条件下无法进行正常的轨道计算。因此,采用春分点根数定义避免奇异问题,春分点根数的一般定义为

$$
\begin{cases}
p = a(1 - e^2) \\
f = e\cos(\omega + \Omega) \\
g = e\sin(\omega + \Omega) \\
h = \tan\left(\dfrac{i}{2}\right)\cos\Omega \\
k = \tan\left(\dfrac{i}{2}\right)\sin\Omega \\
L = \Omega + \omega + \theta
\end{cases}
\tag{5-2}
$$

除了式(5-2)的定义方式,春分点根数还常用几种变式:

$$\begin{cases} h = \sin i \cos \varOmega \\ k = \sin i \sin \varOmega \end{cases} \text{或} L = \varOmega + \omega + M \qquad (5-3)$$

不同的定义方式略有差别,但都能解决经典轨道根数在小倾角、小偏心率条件下的奇异问题,本书后续内容仅采用式(5-2)的定义进行阐述。

2. 轨道参数转换

对于同一个卫星轨道,不同类型的轨道参数之间存在一一对应的转换关系。

1) 位置速度坐标与经典轨道根数的转换

位置速度坐标描述了卫星在惯性空间的位置、速度,经典轨道根数则描述了卫星轨道运动椭圆的几何参数,两者之间的转换需要借助一些中间变量。

(1) 已知经典轨道根数计算位置速度坐标。

已知经典轨道根数时,可以先构造两个矢量:轨道近地点方向矢量 $\boldsymbol{P}$、轨道半通径方向矢量 $\boldsymbol{Q}$:

$$\boldsymbol{P} = \begin{bmatrix} \cos \omega \cos \varOmega - \sin \omega \sin \varOmega \cos i \\ \cos \omega \sin \varOmega + \sin \omega \cos \varOmega \cos i \\ \sin \omega \sin i \end{bmatrix} \qquad (5-4)$$

$$\boldsymbol{Q} = \begin{bmatrix} - \sin \omega \cos \varOmega - \cos \omega \sin \varOmega \cos i \\ - \sin \omega \sin \varOmega + \cos \omega \cos \varOmega \cos i \\ \cos \omega \sin i \end{bmatrix}$$

矢量 $\boldsymbol{P}$、$\boldsymbol{Q}$ 结合轨道法向方向矢量可作为正交坐标基向量构造轨道坐标系 $OX_oY_oZ_o$:原点 O 位于地心,X_o 轴指向轨道近地点,Z_o 轴指向轨道法向,Y_o 轴构成右手坐标系。由于卫星位置速度矢量位于 OX_oY_o 平面内,第三轴坐标始终为 0,因此轨道坐标系下卫星位置速度矢量退化为二维矢量:卫星地心距 r、真近点角 θ 即为该坐标系下的极坐标表示。轨道坐标系下卫星位置速度矢量为

$$\boldsymbol{r}_o = \begin{bmatrix} r\cos \theta \\ r\sin \theta \\ 0 \end{bmatrix}$$

$$\boldsymbol{v}_o = \begin{bmatrix} \dot{r}\cos \theta - r\sin \theta \dot{\theta} \\ \dot{r}\sin \theta + r\cos \theta \dot{\theta} \\ 0 \end{bmatrix} \qquad (5-5)$$

其中,r、$\dot{r}$、$\dot{\theta}$ 可按照二体问题轨道方程及其微分方程计算:

$$r = \frac{a(1 - e^2)}{1 + e\cos \theta}$$

$$\dot{r} = \sqrt{\frac{\mu}{a(1 - e^2)}} e \sin \theta \tag{5-6}$$

$$\dot{\theta} = \sqrt{\frac{\mu}{a(1 - e^2)}} \frac{(1 + e \cos \theta)}{r}$$

卫星在惯性系下的位置速度矢量可表示为

$$r = r_{ox} \boldsymbol{P} + r_{oy} \boldsymbol{Q} \tag{5-7}$$

$$v = v_{ox} \boldsymbol{P} + v_{oy} \boldsymbol{Q}$$

（2）已知位置速度坐标计算经典轨道根数。

在计算经典轨道根数时,需要先计算轨道角动量矢量 $\boldsymbol{h}$:

$$\boldsymbol{h} = \boldsymbol{r} \times \boldsymbol{v} \tag{5-8}$$

半长轴 a 可利用二体问题能量公式计算:

$$a = \frac{r}{2 - \left(\dfrac{rv^2}{\mu}\right)} \tag{5-9}$$

其中, $\mu = 398\,600.5 \times 10^9 \text{ m}^3/\text{s}^2$ 为地球引力常数。

偏心率 e 可按照半通径与半长轴之间的几何关系计算:

$$e = \sqrt{1 - \frac{p}{a}} \tag{5-10}$$

其中,半通径 p 满足:

$$p = \frac{h^2}{\mu} \tag{5-11}$$

轨道倾角 i 按照其定义由角动量矢量计算:

$$i = \arccos\left(\frac{\boldsymbol{h} \cdot \boldsymbol{n}_z}{h}\right) \tag{5-12}$$

其中, $\boldsymbol{n}_z$ 为惯性坐标轴 Z 方向单位矢量。

升交点赤经 Ω 计算时需要先计算升交点节线方向矢量 $\boldsymbol{N}$:

$$N = \frac{\boldsymbol{n}_z \times \boldsymbol{h}}{|\boldsymbol{n}_z \times \boldsymbol{h}|} \tag{5-13}$$

升交点赤经 Ω 可按照定义计算为

$$\Omega = \arccos(\boldsymbol{N} \cdot \boldsymbol{u}_x) \tag{5-14}$$

真近点角 θ 按照二体问题轨道方程可以获取其余弦值:

$$\cos\theta = \frac{p - r}{er} \tag{5-15}$$

需注意,式(5-15)仅确定了真近点角的余弦值,由于真近点角定义域为 $[0, 2\pi]$,还需要获取其正弦值。根据卫星径向速度表达式可得到真近点角正弦值:

$$\sin\theta = \frac{1}{e}\sqrt{\frac{p}{\mu}}\,\dot{r} = \frac{1}{e}\sqrt{\frac{p}{\mu}}\left(\frac{\boldsymbol{v} \cdot \boldsymbol{r}}{r}\right) \tag{5-16}$$

真近点角 θ 可根据式(5-15)、(5-16)采用反正切函数和象限判断计算得到

$$\theta = \arctan\left(\sqrt{\frac{p}{\mu}}\,\frac{\boldsymbol{v} \cdot \boldsymbol{r}}{p - r}\right) \tag{5-17}$$

在计算近地点辐角 ω,需先计算得到其与真近点角 θ 之和,即轨道辐角 u,u 为卫星位置矢量相对升交点节线矢量以轨道正法向为轴转过的角度:

$$\cos u = \frac{\boldsymbol{N} \cdot \boldsymbol{r}}{r}$$

$$\sin u = -\frac{\boldsymbol{N} \cdot (\boldsymbol{u}_z \times \boldsymbol{r})}{r} \tag{5-18}$$

$$u = \arctan\left[\frac{-\boldsymbol{N} \cdot (\boldsymbol{u}_z \times \boldsymbol{r})}{\boldsymbol{N} \cdot \boldsymbol{r}}\right]$$

近地点辐角 ω 可由轨道辐角 u 与真近点角 θ 相减得到

$$\omega = u - \theta \tag{5-19}$$

按照上文所示计算方法,能够实现位置速度坐标到经典轨道根数的转换。但需要注意的是,在零倾角条件下,升交点赤经 Ω 和轨道辐角 u 的计算将产生奇异,此时可计算卫星位置矢量与惯性系 X 轴夹角作为两者之和,任意分配给这 2 个参数。同样,在零偏心率条件下,真近点角 θ 的计算将产生奇异,此时,由于近地点不存在,近地点辐角 ω 和真近点角 θ 只需满足其和等于轨道辐角 u 即可,2 个参数值可以任意分配。

2）经典轨道根数与春分点根数的转换

（1）已知春分点根数计算经典轨道根数。

已知春分点根数，按照其定义式，反算经典轨道根数：

$$\begin{aligned}
a &= \frac{p}{(1 - f^2 - g^2)} \\[4pt]
e &= \sqrt{f^2 + g^2} \\[4pt]
i &= 2\arctan(h^2 + k^2) \\[4pt]
\Omega &= \arctan\frac{k}{h} \\[4pt]
\omega &= \arctan\frac{g}{f} - \Omega \\[4pt]
\theta &= L - \Omega - \omega
\end{aligned} \tag{5-20}$$

（2）已知经典轨道根数计算春分点根数。

已知经典轨道根数，可直接按照春分点根数的定义式进行计算。

3）位置速度坐标与春分点根数的转换

春分点根数是在经典轨道根数基础上定义的一类轨道根数，其与位置速度的转换可以通过经典轨道根数进行间接转换。考虑到经典轨道根数在小倾角、小偏心率条件下的奇异问题，为了提高计算效率，降低舍入误差，有必要给出位置速度坐标与春分点根数的直接转换方法。

首先介绍几个中间变量，如图 5-3 所示：

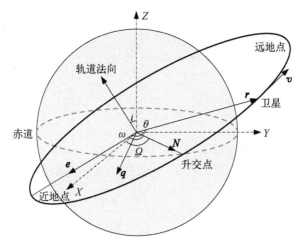

图 5-3　春分点根数中间矢量几何关系

偏心率矢量：

$$e = -\frac{r}{r} - \frac{(r \times v) \times v}{\mu} \tag{5-21}$$

其模长为偏心率 e，方向指向近地点。

轨道法向矢量 n：

$$n = \frac{h}{h} \tag{5-22}$$

伪春分点方向矢量 q：

$$q = -\frac{r}{r} - \frac{(r \times v) \times v}{\mu} \tag{5-23}$$

伪春分点方向矢量为以轨道面作为假想赤道面时的"春分点方向矢量"，其位于轨道面内，与升交点节线方向矢量夹角为 Ω。

（1）已知位置速度坐标计算春分点根数。

首先计算偏心率矢量 e，其模长为偏心率 e。根据二体问题能量公式可计算卫星半长轴，之后可根据定义计算春分点根数 $p = a(1-e^2)$。

由几何关系可知，春分点根数 f 为偏心率矢量 e 在伪春分点方向矢量 q 的投影，同理也可计算根数 g：

$$f = e \cdot q$$
$$g = e \cdot (n \times q) \tag{5-24}$$

春分点根数 h、k 分别为

$$h = \frac{-y_n}{1 + z_n} \tag{5-25}$$

$$k = \frac{x_n}{1 + z_n}$$

其中，x_n、y_n、z_n 为矢量 n 的坐标。

春分点根数 L 为

$$L = \arctan\left[\frac{r \cdot (n \times q)}{r \cdot q}\right] \tag{5-26}$$

（2）已知春分点根数计算位置速度坐标。

$$\boldsymbol{r} = \frac{p}{sw}\begin{bmatrix} \cos L + (h^2 - k^2)\cos L + 2hk\sin L \\ \sin L - (h^2 - k^2)\sin L + 2hk\cos L \\ 2(h\sin L - k\cos L) \end{bmatrix}$$

$$\boldsymbol{v} = \sqrt{\frac{\mu}{p}}\frac{1}{s}\begin{bmatrix} -\sin L + (h^2 - k^2)\sin L + 2hk\cos L - g + 2fhk - g(h^2 - k^2) \\ \cos L - (h^2 - k^2)\cos L - 2hk\sin L + f - 2ghk - f(h^2 - k^2) \\ 2(h\cos L + k\sin L + fh + gk) \end{bmatrix}$$

$$(5-27)$$

5.1.2　轨道控制动力学模型

轨道控制动力学方程建立起卫星轨道参数的变化率与轨道控制力之间的关系。采用不同的轨道要素对应的动力学方程有所差别,在轨道计算尤其是在小推力轨道转移控制问题中,不同的动力学方程的计算效率差别较大。因此,建立适当的轨道控制动力学模型是小推力轨道设计和优化的基础。

1. 位置速度坐标动力学方程

采用位置速度坐标描述卫星轨道,建立动力学方程的基本原理是牛顿运动定律。

1) 笛卡儿坐标系下的位置速度矢量摄动方程

笛卡儿坐标系下的运动方程形式简单直观,因此被广泛地应用。根据牛顿第二定律以及万有引力定律可推导出笛卡儿坐标系下航天器的位置速度矢量摄动方程。

$$\begin{cases} \dot{\boldsymbol{r}} = \boldsymbol{v} \\ \boldsymbol{v} = -\dfrac{\mu}{r^3}\boldsymbol{r} + \dfrac{T}{m}\boldsymbol{e}_T + \boldsymbol{f} \\ \dot{m} = -\dfrac{T}{w} \end{cases} \qquad (5-28)$$

其中,T 为推力;$\boldsymbol{e}_T$ 为推力方向矢量;$\boldsymbol{f}$ 为除发动机以外的其他摄动加速度;w 为推力器的排气速度,它与比冲 I_{sp} 的换算关系为 $w = I_{sp}g_0$,$g_0 = 9.80665 \text{ m/s}^2$。 此方法简单直观,使用范围广,不存在奇异的问题,对摄动项没有限制。

2) 极坐标系下的位置速度矢量摄动方程

极坐标系实际上是简化的笛卡儿坐标系,其 X 轴、Y 轴的指向与原笛卡儿坐标系定义的一致。若研究在同一平面内的轨道转移的最优控制问题,采用极坐标形式的动力学模型,会因为变量的减少而使数值计算更加方便。

一般地,我们假设建立在极坐标系中的动力学方程为

$$
\begin{cases}
\dot{r} = v_r \\[2mm]
\dot{\theta} = \dfrac{v_\theta}{r} \\[2mm]
\dot{v}_r = -\dfrac{\mu}{r^2} + \dfrac{v_\theta^2}{r} + \dfrac{T}{m}\sin u + f_r \\[2mm]
\dot{v}_\theta = -\dfrac{v_r v_\theta}{r} + \dfrac{T}{m}\cos u + f_\theta \\[2mm]
\dot{m} = -\dfrac{T}{w}
\end{cases}
\qquad (5-29)
$$

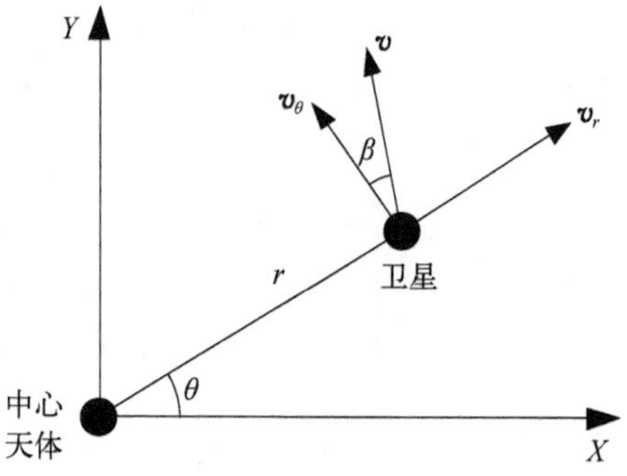

图 5 - 4　卫星位置速度矢量极坐标系表示

式中,v_r 为径向速度;v_θ 为横向速度;r 为地心距;θ 为极角;f_r 为径向的摄动力加速度;f_θ 为横向的摄动力加速度;u 为推力控制角,即推力方向与航天器所在位置当地水平面的夹角。

2. 经典轨道根数动力学方程

对于电推进的轨道转移问题,利用经典轨道根数可以更加直观地对轨道的特征进行描述,对轨道特性的变化也容易进行定量分析,经典轨道根数动力学方程又称为高斯摄动方程、第一类轨道摄动方程,定义如下:

$$
\begin{cases}
\dot{a} = \dfrac{2a^2}{h}\left(e\sin\theta \cdot F_r + \dfrac{p}{r} \cdot F_t \right) \\[3mm]
\dot{e} = \dfrac{1}{h}\left\{ p\sin\theta \cdot F_r + \left[(p+r)\cos\theta + re \right] \cdot F_t \right\} \\[3mm]
\dot{i} = \dfrac{r\cos(\theta + \omega)}{h} \cdot F_n \\[3mm]
\dot{\Omega} = \dfrac{r\sin(\theta + \omega)}{h\sin i} \cdot F_n \\[3mm]
\dot{\omega} = \dfrac{1}{eh}\left[-p\cos\theta \cdot F_r + (p+r)\sin\theta \cdot F_t \right] - \dfrac{r\sin(\theta + \omega)\cos i}{h\sin i} \cdot F_n \\[3mm]
\dot{\theta} = \dfrac{h}{r^2} + \dfrac{1}{eh}\left[p\cos\theta \cdot F_r - (p+r)\sin\theta \cdot F_t \right]
\end{cases}
\qquad (5-30)
$$

其中,a、e、i、Ω、ω、θ 分别为轨道半长轴、偏心率、轨道倾角、升交点赤经、近地点辐角和真近点角;p 为轨道的半通径;h 是轨道角动量的大小;r 是航天器到引力体质心的距离;F_r、F_t、F_n 分别为发动机推力在轨道径向、切向和法向上的投影。

该动力学模型在轨道倾角 $i=0$ 和偏心率 $e=0$ 时存在奇异,而电推进轨道转移过程中轨道根数是连续变化的,出现轨道倾角 $i = 0$ 和偏心率 $e = 0$ 的可能性很大。因此这种经典轨道动力学模型的应用存在局限性。

　　3. 春分点轨道根数动力学方程

　　当偏心率和轨道倾角接近零时,用经典轨道根数描述的轨道动力学方程存在奇点,即在式(5 - 30)中,升交点赤经 Ω、近地点辐角 ω、真近点角 θ 的变化率表达式中存在倾角 i 或偏心率 e 的分母项,在小倾角、小偏心率条件下产生奇异。春分点根数表示的轨道动力学方程不会产生上述问题,具体形式如下:

$$
\begin{cases}
\dot{p} = \dfrac{2p}{w}\sqrt{\dfrac{p}{\mu}} \cdot F_t \\[2mm]
\dot{f} = \sqrt{\dfrac{p}{\mu}}\sin L \cdot F_r + \sqrt{\dfrac{p}{\mu}}\dfrac{1}{w}\left[(w+1)\cos L + f\right] \cdot F_t - \sqrt{\dfrac{p}{\mu}}\dfrac{g}{w}(h\sin L - k\cos L) \cdot F_n \\[2mm]
\dot{g} = -\sqrt{\dfrac{p}{\mu}}\cos L \cdot F_r + \sqrt{\dfrac{p}{\mu}}\dfrac{1}{w}\left[(w+1)\sin L + g\right] \cdot F_t - \sqrt{\dfrac{p}{\mu}}\dfrac{f}{w}(h\sin L - k\cos L) \cdot F_n \\[2mm]
\dot{h} = \sqrt{\dfrac{p}{\mu}}\dfrac{s^2\cos L}{2w} \cdot F_n \\[2mm]
\dot{k} = \sqrt{\dfrac{p}{\mu}}\dfrac{s^2\sin L}{2w} \cdot F_n \\[2mm]
\dot{L} = \sqrt{\mu p}\left(\dfrac{w}{p}\right)^2 + \dfrac{1}{w}\sqrt{\dfrac{p}{\mu}}(h\sin L - k\cos L) \cdot F_n
\end{cases}
$$

$$(5 - 31)$$

其中, $w = 1 + f\cos L + g\sin L$; $s^2 = 1 + h^2 + k^2$。

5.2　电推进轨道转移策略优化设计

5.2.1　小推力轨道转移优化理论

　　小推力轨道转移优化设计,本质是解算一个满足复杂约束的连续最优控制问题,由于飞行器轨道模型的非线性很强,采用的方法多为数值解法,主要有以下几类。

　　(1) 间接法:根据庞特里亚金极小值原理、变分法或者贝尔曼动态规划原理得到最优解的必要条件(正则方程的两点边值问题),然后用数值方法求解获得最优控制量和相应的轨道。间接法能得出高精度的最优解,并能求出精确的开关函数和发动机开关逻辑,但是其对协状态初始猜测值极为敏感,即使协状态初值有微小的变化也会导致积分中断,使求解过程无法继续。而协状态本身又没有物理意义,很难提供足够好的初始猜测值。大量的文献和数值计算表明,在当前技术条件下,求解该两点边值问题仍是一件极其困难的工作,常用的方法有打靶法。

(2) 直接法:将原轨道的最优控制问题转换为参数优化问题,然后采用非线性规划的数值解法求解。直接法的优点是简化原则,对轨道离散化,将寻找最优解问题转化为寻找离散次优解问题,但是直接法速度慢,计算量大,容易出现局部最优解,常用方法有参数优化方法、直接配点法、伪谱法。

(3) 混合法:针对间接法的求解困难,放弃对两点边值问题的求解。混合法将轨道转移优化问题转化为针对协状态初值的参数优化问题,只满足初始与终端物理边界约束,不考虑横截条件,通过合适的非线性规划算法求解。性能指标的最优性由非线性规划算法保证。一方面,它不用求解两点边值问题,不考虑横截条件,减少了终端约束,增大了收敛半径;另一方面,混合法引入协状态,利用正则方程组的结构,可以得到光滑的控制。

5.2.2 小推力轨道转移优化求解方法

本节介绍两种轨道转移优化求解方法:基于庞特里亚金极小值原理的间接法和高斯伪谱直接法。

1. 基于极小值原理的间接法

本节给出基于庞德里亚金极小值原理的小推力轨道转移优化模型。优化指标为时间最优,即

$$\min J = t_f$$

系统状态方程组为

$$
\begin{aligned}
\dot{\boldsymbol{x}} &= \boldsymbol{M}\left(\frac{T}{m}\boldsymbol{u} + \boldsymbol{f}_p\right) + \boldsymbol{D} \\
\dot{m} &= -\frac{T}{I_{sp}g_0}
\end{aligned}
\tag{5-32}
$$

系统哈密顿函数为

$$H = \boldsymbol{\lambda}^T \boldsymbol{M}\left(\frac{T}{m}\boldsymbol{u} + \boldsymbol{f}_p\right) + \boldsymbol{\lambda}^T \boldsymbol{D} - \lambda_m \frac{T}{I_{sp}g_0} \tag{5-33}$$

协状态方程为

$$\dot{\lambda}_{(\cdot)} = -\frac{\partial H}{\partial(\cdot)}$$

$$\dot{\lambda}_m = -\frac{\partial H}{\partial m} \tag{5-34}$$

其中,$(\cdot)$ 分别表示 p、f、g、h、k、L。

根据极小值原理,最优推力方向矢量 $\boldsymbol{u}^*$ 应使哈密顿函数取极小。从方程(5-33)可得

$$\boldsymbol{u}^* = -\frac{\boldsymbol{M}^{\mathrm{T}}\boldsymbol{\lambda}}{\|\boldsymbol{M}^{\mathrm{T}}\boldsymbol{\lambda}\|} \tag{5-35}$$

对于推力有界问题,最优推力幅值应使哈密顿函数取极小。从方程(5-33)可知哈密顿函数关于推力是线性的:

$$H = T\left(\frac{\boldsymbol{\lambda}^{\mathrm{T}}\boldsymbol{M}\boldsymbol{u}^*}{m} - \frac{\lambda_m}{I_{\mathrm{sp}}g_0}\right) = -T\left(\frac{\|\boldsymbol{\lambda}^{\mathrm{T}}\boldsymbol{M}\|}{m} + \frac{\lambda_m}{I_{\mathrm{sp}}g_0}\right) \tag{5-36}$$

若定义发动机开关函数 S 为

$$S = \frac{\|\boldsymbol{\lambda}^{\mathrm{T}}\boldsymbol{M}\|}{m} + \frac{\lambda_m}{I_{\mathrm{sp}}g_0} \tag{5-37}$$

则最优推力幅值按照如下关系确定:

$$\begin{cases} T = 0, & S < 0 \\ T = T_{\max}, & S > 0 \\ 0 < T < T_{\max}, & S = 0 \end{cases} \tag{5-38}$$

初始边界条件给定:

$$\begin{aligned} \boldsymbol{x}(t_0) &= \boldsymbol{x}_0 \\ m(t_0) &= m_0 \end{aligned} \tag{5-39}$$

终端边界条件:

$$\boldsymbol{\psi}[\boldsymbol{x}(t_{\mathrm{f}}), m(t_{\mathrm{f}}), t_{\mathrm{f}}] = \boldsymbol{0} \tag{5-40}$$

不足的边界条件由横截条件补足:

$$\begin{aligned} \boldsymbol{\lambda}(t_{\mathrm{f}}) &= \left(\frac{\partial \phi}{\partial \boldsymbol{x}} + \boldsymbol{v}^{\mathrm{T}}\frac{\partial \boldsymbol{\psi}}{\partial \boldsymbol{x}}\right)^{\mathrm{T}}_{t=t_{\mathrm{f}}} \\ \lambda_m(t_{\mathrm{f}}) &= \left(\frac{\partial \phi}{\partial m} + \boldsymbol{v}^{\mathrm{T}}\frac{\partial \boldsymbol{\psi}}{\partial m}\right)_{t=t_{\mathrm{f}}} \end{aligned} \tag{5-41}$$

对于终端时刻自由的情况,终端时刻由下式确定:

$$\left(H + \frac{\partial \phi}{\partial t} + \boldsymbol{v}^{\mathrm{T}} \frac{\partial \boldsymbol{\psi}}{\partial t} \right)_{t = t_{\mathrm{f}}} = 0 \qquad (5-42)$$

依据极小值原理,轨道转移优化问题转化为由微分方程(5-32)、(5-34)以及相应边界条件构成的两点边值问题。只要求解该边值问题,即可求得最优推力矢量,从而获得时间最优飞行轨迹。

2. 基于高斯伪谱法的直接法

直接法种类非常丰富,但其基本的思想都是通过时间域离散,把原来的动态、连续问题转化为静态的离散优化(优化变量有限)问题。高斯伪谱法是一类最常用的直接法,它的基本思想是用全局正交多项式对状态空间和最优控制空间进行逼近,将最优控制方程转化为非线性代数方程,从而可以用成熟的非线性规划方法或矩阵分析方法求解最优控制问题,避免了求解复杂耗时的两点边值问题。另外,采用高斯伪谱法得到的非线性规划解满足传统间接法的一阶最优性必要条件,避免了一般直接法的缺点。

高斯伪谱法求解优化问题的一般步骤如下。

(1)区间变换。设最优控制问题的时间区间为$[t_0, t_\mathrm{f}]$,采用高斯伪谱法则需将时间区间归一化,转换到$[-1, 1]$,因此对时间变量t作变换:

$$\tau = \frac{2t}{t_\mathrm{f} - t_0} + \frac{t_\mathrm{f} + t_0}{t_\mathrm{f} - t_0} \qquad (5-43)$$

在本节研究问题中可取$t_0 = 0$。

(2)插值多项式拟合。各种伪谱法主要区别之一是离散点的选择不同。高斯伪谱法的离散点$\kappa = \{\tau_1, \cdots, \tau_k\}$为 K 阶 Legendre – Gauss 点,即 K 阶 Legendre 多项式$P_K(\tau)$的根,其中

$$P_K(\tau) = \frac{1}{2^K K!} \frac{d^K}{d\tau^K} \left[(\tau^2 - 1)^K \right] \quad (K = 0, 1, 2, \cdots) \qquad (5-44)$$

以$[-1, 1)$上的 $K+1$ 个插值点对应的 Lagrange 插值多项式$L_i(\tau)$($i = 0, \cdots, K$)作为基函数,用来近似状态变量,即

$$x(\tau) \approx X(\tau) = \sum_{i=0}^{K} L_i(\tau) X(\tau_i) \qquad (5-45)$$

其中,

$$L_i(\tau) = \prod_{j=0, j \neq i}^{K} \frac{\tau - \tau_j}{\tau_i - \tau_j} \qquad (5-46)$$

控制变量仍采用 Lagrange 插值多项式 $\tilde{L}_i(\tau)(i = 0, \cdots, K)$ 作为基函数来近似：

$$u(\tau) \approx U(\tau) = \sum_{i=0}^{K} \tilde{L}_i(\tau) U(\tau_i) \tag{5-47}$$

注意,这里控制变量 $u(\tau)$ 的 Lagrange 插值节点不一定与状态变量 $x(\tau)$ 插值节点完全重合,相应地,它们的插值基函数也将不同。

（3）离散条件下的终端状态约束。高斯伪谱法中的节点包括 K 个配点 $(\tau_1, \cdots, \tau_K)$ 和初始点 $\tau = -1$,以及终点 $\tau = 1$。 根据动力学方程有

$$x(\tau_f) = x(\tau_0) + \int_{-1}^{1} f(x(\tau), u(\tau), \tau) \mathrm{d}\tau \tag{5-48}$$

将终端状态约束条件离散并用 Gauss 积分来近似,可得

$$X(\tau_f) = X(\tau_0) + \frac{t_f - t_0}{2} \sum w_k f(X(\tau_k), U(\tau_k), \tau, t_0, t_f) \tag{5-49}$$

其中, $w_k = \int_{-1}^{1} L_i(\tau) \mathrm{d}\tau$ 为 Gauss 权重; τ_k 为 Legendre – Gauss 点。

（4）微分方程约束转换为代数约束。求导后有

$$\dot{x}(\tau_k) \approx \dot{X}(\tau_k) = \sum_{i=0}^{K} \dot{L}_i(\tau_k) X(\tau_i) = \sum_{i=0}^{K} D_{ki}(\tau_k) X(\tau_i) \tag{5-50}$$

其中,微分矩阵 $D \in R^{K \times (K+1)}$ 可离线确定,其表达式为

$$D_{ki} = \dot{L}(\tau_k) = \begin{cases} \dfrac{(1 + \tau_k) \dot{P}_K(\tau_k) + P_K(\tau_k)}{(\tau_k - \tau_i)[(1 + \tau_i)\dot{P}_K(\tau_i) + P_K(\tau_i)]}, & i \neq k \\[4mm] \dfrac{(1 + \tau_i)\ddot{P}_K(\tau_i) + 2\dot{P}_K(\tau_i)}{2[(1 + \tau_i)\dot{P}_K(\tau_i) + P_K(\tau_i)]}, & i = k \end{cases} \tag{5-51}$$

其中, $\tau_k(k = 1, \cdots, K)$ 为集合 κ 中的点;而 $\tau_i(i = 0, \cdots, K)$ 属于集合 $\kappa_0 = \{\tau_0, \tau_1, \cdots, \tau_K\}$。 得到状态变量在配点上应满足的代数方程：

$$\sum_{i=0}^{K} D_{ki} X(\tau_i) - \frac{t_f - t_0}{2} f(X(\tau_k), U(\tau_k), \tau_k; t_0, t_f) = 0 \ (k = 1, \cdots, K) \tag{5-52}$$

（5）离散化的近似性能指标函数。将 Bolza 型性能指标函数 $J = \Phi(X_0, t_0,$

$X_f, t_f) + \int_{t_0}^{t_f} g(X, U)\mathrm{d}t$ 中的积分项用 Gauss 积分来近似,得到 Gauss 伪谱方法中的性能指标函数:

$$J = \varPhi(X_0, t_0, X_f, t_f) + \frac{t_f - t_0}{2}\sum_{k=1}^{K} w_k g(X_k, U_k, \tau_k; t_0, t_f) \qquad (5-53)$$

基于上述的数值近似方法,高斯伪谱法可将连续最优控制问题离散化,并转换为非线性规划问题。离散最优控制问题的一般描述为:求离散状态变量 X_i 和控制变量 U_k、初始时刻 t_0 和终端时刻 t_f(如果 t_0 和 t_f 未知),使性能指标式最小,并满足配点处状态约束以及终端状态约束,边界条件:

$$\phi(X_0, t_0, X_f, t_f) = 0 \qquad (5-54)$$

和过程约束:

$$C(X_k, U_k, \tau_k; t_0, t_f) \leqslant 0 \ (k = 1, \cdots, K) \qquad (5-55)$$

采用上述离散方法,连续最优控制问题则转化为非线性规划问题。该非线性规划问题统一描述为

$$\min_{X(\tau_i), t_f} J = \varPhi(X_0, t_0, X_f, t_f) + \frac{t_f - t_0}{2}\sum_{k=1}^{K} w_k g(X_k, U_k, \tau_k; t_0, t_f)$$

$$\text{s.t.} \quad \sum_{i=0}^{K} D_{ki}X(\tau_i) - \frac{t_f - t_0}{2}f(X(\tau_k), U(\tau_k), \tau_k; t_0, t_f) = 0 \ (k = 1, \cdots, K)$$

$$X(\tau_f) = X(\tau_0) + \frac{t_f - t_0}{2}\sum w_k f(X(\tau_k), U(\tau_k), \tau, t_0, t_f)$$

$$(5-56)$$

5.3   电推进轨道转移策略简化设计

如第 5.2 节所述,原则上只要求解通过极小值原理得到的边值问题,即可求得最优推力矢量,从而获得时间最优飞行轨迹,但实际上该两点边值问题的求解非常困难,主要原因是协状态方程(5-34)对初始猜测极其敏感,特别是考虑了各种摄动及地影之后,不能保证收敛性。另外,最优推力方向变化较为复杂,工程实际中为了实现最优推力指向,对卫星控制系统提出很高要求。

GTO-GEO 轨道转移是空间飞行器最典型的轨道转移任务,本书提出一种工程实用小推力变轨策略:在分析时间最优解特点的基础上,提取推力变化主要特征,寻找既简便又尽可能接近最优解的变轨策略,以利于工程实施。

5.3.1　时间最优解及其特征分析

1. 时间最优 GTO - GEO 转移

根据第 5.2 节轨道转移优化理论,本节给出一个典型算例。

仿真条件:初始入轨参数为标准 GTO 轨道,远地点高度 H_a = 35 786 km,轨道倾角 i = 28.5°,近地点辐角 ω = 179°,推力 T = 500 mN,比冲 I_{sp} = 3 000 s,仅考虑 J_2 摄动。目标轨道为 GEO 轨道。

仿真结果:变轨过程 95.2 天,消耗推进剂 279.77 kg。半长轴、偏心率、倾角、推力方向的时间历程分别如图 5-5 至图 5-8 所示,图 5-9 为时间最优飞行轨迹。

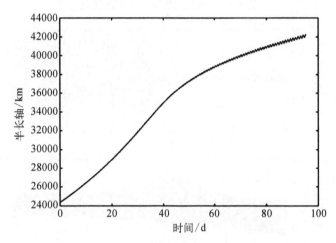

图 5-5　时间最优解半长轴时间历程

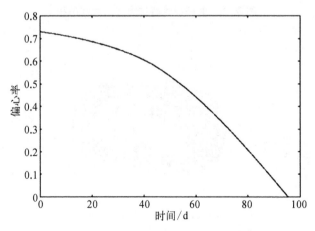

图 5-6　时间最优解偏心率时间历程

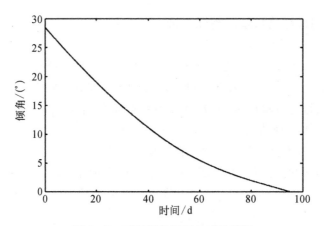

图 5-7　时间最优解倾角时间历程

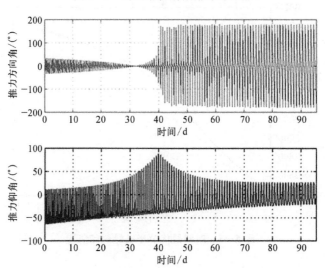

图 5-8　时间最优解推力方向时间历程

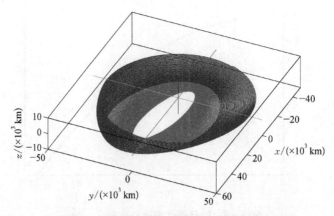

图 5-9　GTO-GEO 时间最优解飞行轨迹

2. 时间最优转移推力特征

小推力简化变轨策略设计思路是：在分析时间最优解特点的基础上，提取推力变化主要特征，寻找既简便又尽可能接近最优解的变轨策略，以利于工程实施。

由 GTO-GEO 时间最优转移典型算例，分析其轨道根数变化过程和推力方向变化过程（图 5-10）可知如下特点。

（1）整个飞行大致分两个阶段，前期主要提高半长轴，推力在轨道平面内大致沿切向（图 5-11），后期主要减小偏心率，推力在轨道平面内投影大致垂直椭圆拱轴（图 5-12）。

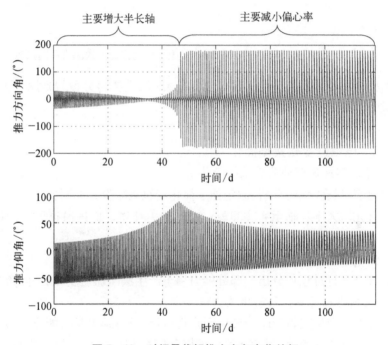

图 5-10　时间最优解推力方向变化特征

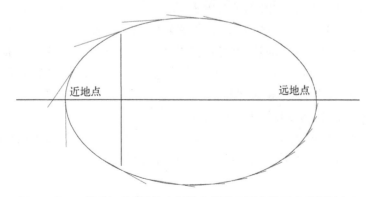

图 5-11　飞行第一阶段（推力矢量在轨道平面内投影大致沿切向）

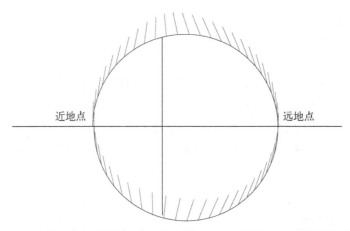

图 5 - 12　飞行第二阶段(推力矢量在轨道平面内投影大致垂直椭圆拱轴)

(2) 整个飞行过程均分配一部分法向推力(轨道法向分量)减小倾角,不同位置法向推力分量的大小不同。

5.3.2　电推进变轨策略简化

1. 基于时间最优解的简化策略设计

通过前面对最优解的分析,制定如下简化变轨策略设计原则:

(1) 首先增大半长轴至 42 000 km 左右,推力在轨道面内沿速度方向(或垂直径向);

(2) 然后减小偏心率,推力垂直椭圆拱轴;

(3) 整个飞行过程均分出一部分推力用于产生法向加速度,减小倾角。

2. 简化策略相对最优解的比较验证

为验证上述简化变轨策略设计原则是否可行,所得结果是否能靠近最优解,本节使用上述简化变轨策略,试算 GTO - GEO 转移问题,并与最优解进行比较。仿真条件与第 5.3.1 节完全相同,仅考虑 J_2。

仿真结果:飞行时间 100.7 天(最优解为 95.2 天),推进剂消耗 295.86 kg(最优解为 279.77 kg)。通过对比简化策略和最优解的半长轴、偏心率、倾角的时间历程(图 5 - 13~图 5 - 16),可知两者整体变化趋势基本一致,简化变轨策略比最优解多飞行 5.5 天,多消耗 16 kg 推进剂。

3. 考虑摄动和地影的简化变轨策略

以上通过分析最优解,提取了推力变化主要特征,确定了简化变轨策略设计原则,并通过仿真对比,表明简化原则得到的解接近最优解,从而验证了简化策略的可行性。

实际飞行要考虑大气阻力、地球的高阶非球形摄动、日月引力、太阳光压等摄

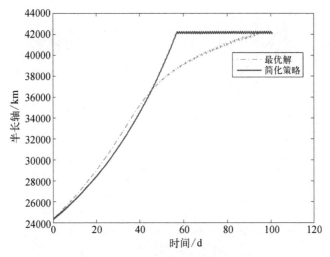

图 5-13　简化策略半长轴时间历程

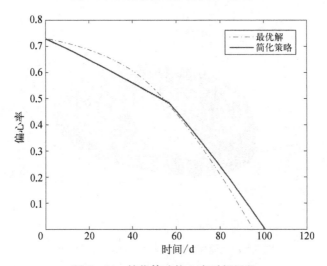

图 5-14　简化策略偏心率时间历程

动,同时受功率约束,在地影期推力器不能点火。

综合以上因素,最终确定的简化变轨策略分为以下三个阶段。

(1) 第一阶段,抬高近地点高度,尽快离开稠密大气,减小阻力影响。

此阶段推力沿速度方向(或垂直径向向前,两种方式差别不大,可根据姿态控制实现难易程度选择),尽快将近地点高度抬高至 1 000 km 以上,以减小大气阻力摄动影响,见图 5-17。

(2) 第二阶段,提高半长轴,同时压倾角。

此阶段推力在速度方向(或垂直径向)与轨道角动量构成的平面内,与轨道平面有一定夹角 Ψ_1,其绝对值不变,但在辐角为 90° 和 270° 前后,改变正负,见图 5-18。

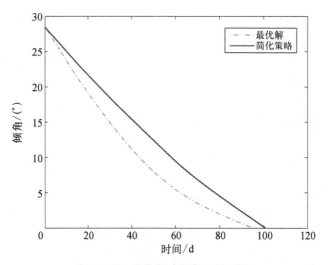

图 5 - 15　简化策略倾角时间历程

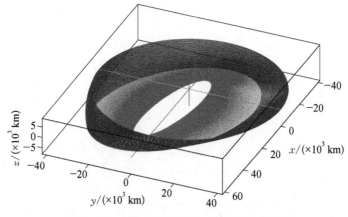

图 5 - 16　简化策略 GTO - GEO 飞行轨迹

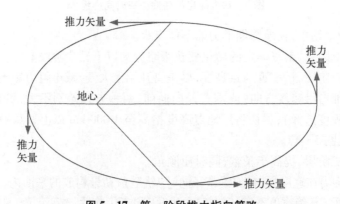

图 5 - 17　第一阶段推力指向策略

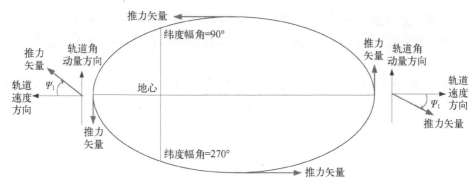

图 5 - 18 第二阶段推力指向策略

（3）第三阶段,减小偏心率,同时压倾角。

推力方向垂直半长轴,与轨道平面有一定夹角 Ψ_2,其绝对值不变,但在辐角为 90° 和 270° 前后,改变正负。即辐角 -90°~90° 内（或 90°~270°）推力方向惯性空间不变,见图 5 - 19。三阶段的简化策略变轨飞行轨迹如图 5 - 20 所示。

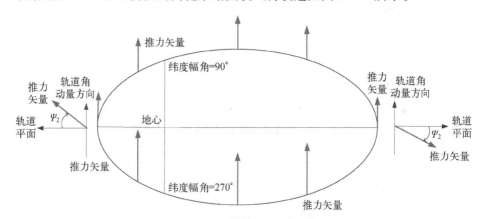

图 5 - 19 第三阶段推力指向策略

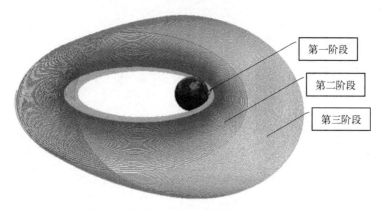

图 5 - 20 三阶段简化策略变轨飞行轨迹

　　根据上述变轨策略,计算了两组 GTO - GEO 转移算例。各项初始条件均与前节相同,仅初始升交点赤经不同,使得地影情况不同,造成飞行时间相差 7.5 天左右。

　　算例 1(图 5 - 21~图 5 - 23 中虚线): UTC 时间 9 月 21 日 0 点开始变轨,初始升交点赤经 45 度,飞行期间无地影。飞行时间 102.5 天,消耗推进剂 301 kg。

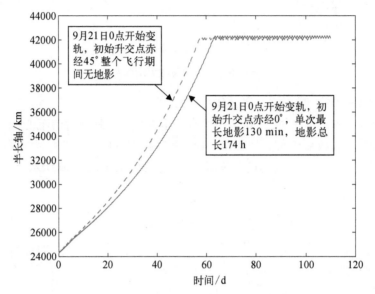

图 5 - 21　考虑各项摄动后半长轴时间历程

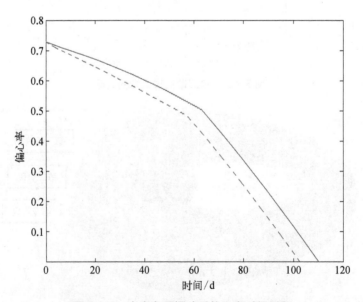

图 5 - 22　考虑各项摄动后偏心率时间历程

算例 2(图 5-21~图 5-23 中实线)：UTC 时间 9 月 21 日 0 点开始变轨，初始升交点赤经 0 度，最长单次地影 130 min，整个飞行期间地影总长 174 h。飞行 110 天，消耗推进剂 302 kg。

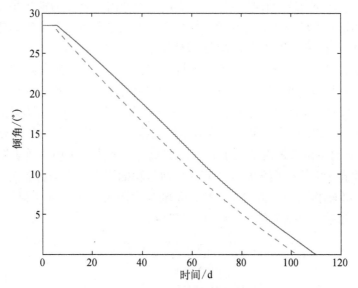

图 5-23　考虑各项摄动后倾角时间历程

5.4　电推进变轨过程姿态控制

5.4.1　姿态参考坐标系定义

变轨过程姿态控制常用坐标系定义如下。

（1）地心轨道坐标系：原点位于地心，OX 轴位于轨道面内，指向升交点方向，OZ 指向轨道平面正法线方向。

（2）地心赤道惯性坐标系：原点位于地心，OX 轴位于赤道面内，指向春分点，OZ 轴垂直于赤道平面，与地球自转角速度矢量一致。星敏感器测量得到的光轴方向矢量在该坐标系下描述。

（3）卫星轨道坐标系：原点位于卫星质心，OZ 轴指向地心，OX 轴位于轨道平面内，指向卫星运动方向。第一阶段变轨策略要求推力沿速度方向或垂直径向，垂直径向表示推力在该坐标系下沿 OX 轴。

（4）卫星速度坐标系：原点位于卫星质心，OX 轴与卫星速度方向重合，OZ 轴位于轨道平面内指向地球。第一阶段变轨策略要求推力沿速度方向或垂直径向，沿速度方向表示推力在该坐标系下沿 OX 轴。

（5）卫星本体坐标系：原点位于卫星质心，OX、OY、OZ 轴指向卫星特征轴，卫星在轨飞行时卫星本体坐标系与卫星轨道坐标系重合。

（6）角动量卸载坐标系：原点位于卫星质心，OX 轴与轨道正法向重合，OZ 轴位于轨道平面内且使太阳方向矢量 S 位于 XOZ 平面内，OZ 轴指向 S 方向。角动量卸载坐标系随 S 的转动而转动，在一个轨道周期内可近似为惯性坐标系。角动量卸载坐标系与变轨过程姿态参考坐标系之间可通过简单的绕主轴的相继转动进行转换，在该坐标系下建立的角动量卸载控制方程形式简洁。

（7）变轨过程姿态参考坐标系：电推力器点火期间，理想状态（无控制误差）卫星本体坐标系应与姿态参考坐标系重合。变轨过程卫星姿态指向满足两个约束：卫星推力方向指向变轨策略要求的方向；太阳翼法向指向太阳（卫星 Y 轴与太阳矢量垂直）。变轨过程若采用两台对角线电推力器工作，则卫星 $+Z$ 轴指向变轨方向（变轨方向单位矢量由 T 表示），同时变轨过程要求太阳帆板垂直阳光方向即卫星 Y 轴垂直于太阳方向矢量 S。定义变轨过程的姿态参考坐标系为：原点位于卫星质心，OZ 轴指向变轨方向 T，OX、OZ 轴与太阳矢量 S 共面。根据上述定义，姿态参考坐标系的三轴矢量 A_x、A_y、A_z 可确定为

$$
\begin{aligned}
A_x &= \frac{S - (T \cdot S)T}{\parallel S - (T \cdot S)T \parallel} \\
A_y &= A_z \times A_x \\
A_z &= T
\end{aligned}
\tag{5-57}
$$

当太阳方向矢量位于轨道面内时，存在 T 与 S 平行的时刻，OX 轴的方向不能由上述定义确定，故对上述定义进行补充：太阳方向矢量与轨道面夹角为零时，OY 轴沿轨道法向。

5.4.2　姿态指向规划

电推进变轨过程除了需要保证推力指向与变轨策略要求一致，同时太阳翼法向应跟踪太阳以保证变轨过程功率需求。太阳翼法向跟踪太阳一方面需要卫星姿态保证太阳翼转轴与太阳光垂直；另一方面太阳翼驱动机构转动使光线始终垂向照射太阳翼。

根据第 5.4.1 节定义，姿态参考坐标系描述了卫星变轨过程的标称姿态，各坐标系之间的几何关系如图 5-24 所示。

图中变量定义如下：

（1）ω 为卫星近地点角距；

（2）Ω 为卫星升交点赤经；

（3）θ 为卫星真近点角；

（4）β_v 为速度仰角，卫星速度矢量与当地水平面的夹角，向上为正。

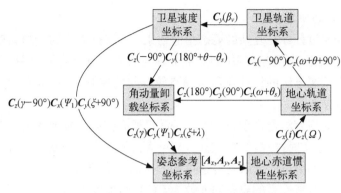

图 5 - 24　各坐标系之间的转换关系

$$\beta_v = \arctan\left(\frac{e\sin\theta}{1+e\cos\theta}\right) \tag{5-58}$$

（5）θ_s 为近地点矢量 p 到角动量卸载坐标系 OZ 轴（太阳矢量 S 在轨道面内投影方向）的角距：

$$\theta_s = a\cos\left(\frac{S\cdot p}{\|S-(n\cdot S)n\|}\right) \tag{5-59}$$

（6）λ 为角动量卸载坐标系 OZ 轴到姿态参考坐标系 OZ 轴（变轨方向）的角距：

$$\lambda = \theta - \theta_s + \frac{\pi}{2} - \beta_v \tag{5-60}$$

（7）ξ、Ψ、γ 为变轨过程相关的三个姿态角。

其中 ξ 为变轨推力矢量在轨道面内的投影与速度方向的夹角；Ψ 为变轨推力矢量与轨道面的夹角；γ 为变轨推力矢量与轨道法向所构成平面和变轨推力矢量与太阳方向矢量构成平面的夹角，即为姿态参考坐标系相对角动量卸载坐标系的偏航角。ξ、Ψ 取决于变轨策略的要求，而 γ 则取决于太阳翼对日跟踪的要求。γ 可由图 5 - 25 所示的几何关系得到：

图中 T_0 为变轨方向矢量 T 在轨道面内投影，S_0 为 S 在轨道面内投影，即角动量卸载坐标系的 OZ 轴，σ 为 T 与 S 夹角的最小值，即太阳矢量与轨道面的夹角。γ 满足：

$$\tan\gamma = \frac{\sin\lambda}{\tan\sigma\cos\psi - \sin\psi\cos\lambda} \tag{5-61}$$

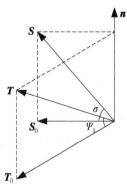

图 5 - 25　变轨推力方向 T 与太阳方向 S 的关系

5.4.3　姿态机动控制

电推进变轨过程存在复杂的姿态指向约束：变轨推力指向变轨策略要求的方向，同时太阳翼法向应跟踪太阳（即卫星 Y 轴与太阳矢量垂直）以保证变轨过程功率需求。姿态控制方法的设计还需考虑飞轮有限的控制能力，且不同变轨阶段变轨策略有所差异。

姿态轨迹规划方法通过预先设计一条满足所有控制指标要求与约束条件的姿态轨迹，卫星姿态实时跟踪预定姿态轨迹，可大大简化姿态控制器设计。假设卫星本体相对惯性系的姿态四元数与角速度的参考轨迹分别为 $Q_r(t)$、$\boldsymbol{\omega}_r(t)$，实际控制过程中星体相对惯性系的姿态四元数为 $Q(t)$，角速度为 $\boldsymbol{\omega}(t)$，卫星姿态相对参考轨迹四元数 $Q_r(t)$ 和参考轨迹角速度 $\boldsymbol{\omega}_r(t)$ 的误差四元数 $Q_e(t)$ 和误差角速度 $\boldsymbol{\omega}_e(t)$ 分别为

$$
\begin{aligned}
Q_e(t) &= Q_r^*(t) \otimes Q(t) \\
\boldsymbol{\omega}_e(t) &= \boldsymbol{\omega}(t) - \boldsymbol{C}(Q_e)\boldsymbol{\omega}_r(t)
\end{aligned}
\tag{5-62}
$$

其中，$Q_r^*(t)$ 为 $Q_r(t)$ 的共轭四元数：

$$
\begin{aligned}
Q &= \begin{bmatrix} q_0 & q_1 & q_2 & q_3 \end{bmatrix}^T \\
Q^* &= \begin{bmatrix} q_0 & -q_1 & -q_2 & -q_3 \end{bmatrix}^T
\end{aligned}
\tag{5-63}
$$

式（5-62）中 $\otimes$ 表示四元数乘法，运算规则如下：

$$
P = \begin{bmatrix} p_0 & p_1 & p_2 & p_3 \end{bmatrix}^T, \quad Q = \begin{bmatrix} q_0 & q_1 & q_2 & q_3 \end{bmatrix}^T
$$

$$
P \otimes Q = \begin{bmatrix}
p_0 & -p_1 & -p_2 & -p_3 \\
p_1 & p_0 & -p_3 & p_2 \\
p_2 & p_3 & p_0 & -p_1 \\
p_3 & -p_2 & p_1 & p_0
\end{bmatrix}
\begin{bmatrix} q_0 \\ q_1 \\ q_2 \\ q_3 \end{bmatrix}
\tag{5-64}
$$

式（5-62）中 $\boldsymbol{C}(Q_e)$ 表示四元数对应的方向余弦矩阵，运算规则如下：

$$
Q = \begin{bmatrix} q_0 & q_1 & q_2 & q_3 \end{bmatrix}^T
$$

$$
\boldsymbol{C}(Q) = \begin{bmatrix}
q_0^2 + q_1^2 - q_2^2 - q_3^2 & -2q_0q_3 + 2q_1q_2 & 2q_0q_2 + 2q_1q_3 \\
2q_0q_3 + 2q_1q_2 & q_0^2 - q_1^2 + q_2^2 - q_3^2 & -2q_0q_1 + 2q_2q_3 \\
-2q_0q_2 + 2q_1q_3 & 2q_0q_1 + 2q_2q_3 & q_0^2 - q_1^2 - q_2^2 + q_3^2
\end{bmatrix}
\tag{5-65}
$$

根据误差四元数与误差角速度设计参考轨迹 PD 跟踪控制律：

$$
-\boldsymbol{H}_w = -\boldsymbol{K}_p \boldsymbol{q}_e - \boldsymbol{K}_D \boldsymbol{\omega}_e
\tag{5-66}
$$

姿态轨迹的设计首先应保证变轨过程卫星与姿态参考坐标系重合,其次还要满足飞轮控制能力等约束。不同变轨阶段姿态参考坐标系的定义不同,对应的姿态轨迹也不相同。

5.4.4　角动量卸载控制

电推进变轨过程卫星受到气动力矩、重力梯度力矩、太阳光压力矩和电推力器点火干扰力矩的影响,采用飞轮进行姿态控制的过程中,轮系产生角动量积累,角动量积累会降低轮系控制能力,严重时导致飞轮饱和,彻底失去控制能力,需要电推力器按时进行卸载。由于全电推进卫星电推力器配置数量较少,通常不能提供三轴解耦的控制力矩,给卸载任务设计带来一定难度,且电推力器执行卸载任务通常与变轨过程同时进行,进一步增大了系统耦合影响,增加了卸载任务设计难度。本节针对不同变轨阶段变轨策略的差异,分别设计电推进角动量卸载方法,具体如下。

星体角动量积累到一定程度需要卸载时,电推力器需产生卸载力矩并持续一段时间。变轨过程中电推力器产生卸载力矩有两种方式:

(1)电推力器关调制:当采用两台或以上电推力器点火变轨时,令其中一台电推力器关机一段时间 Δt_{off},由其余电推力器的推力产生卸载力矩 $\boldsymbol{T}_{\mathrm{b}}$;

(2)推力矢量调节:在电推力器点火变轨期间选定某一弧段为卸载弧段,两台电推力器的矢量调节机构调整推力偏离标称方向某一固定角度,产生卸载力矩 $\boldsymbol{T}_{\mathrm{b}}$。

任意方式下,卸载力矩 $\boldsymbol{T}_{\mathrm{b}}$ 作用时间 $t_1 \sim t_2$,产生的角动量变化 $\Delta \boldsymbol{H}$(角动量卸载坐标系下)为

$$\Delta \boldsymbol{H} = \int_{t_1}^{t_2} \boldsymbol{C}_{\mathrm{Hr}}(t) \, \boldsymbol{T}_{\mathrm{b}} \mathrm{d}t \qquad (5-67)$$

其中, $\boldsymbol{C}_{\mathrm{Hr}}$ 为姿态参考坐标系到角动量卸载坐标系的方向余弦矩阵。

5.5　电推进轨道转移流程设计

电推进轨道转移任务周期较长,一般为 3~6 个月,需要地面站、星上自主等协同配合,共同保证电推进轨道转移任务的顺利执行。

电推进轨道转移运行支持系统包括地面支持系统和星上软件系统,地面支持系统提供测定轨、参数标定、轨道转移策略制定与修正、电推进轨道转移参数上注等功能,星上软件系统完成轨道维持任务自主规划执行、动量轮卸载等任务。

5.5.1 地面支持系统

地面支持系统主要包括跟踪测量设备、数据处理与计算设备、电推进轨道转移计算软件等,为卫星电推进轨道转移任务提供测定轨、参数标定、轨道转移策略制定与修正、电推进轨道转移参数上注等功能。

(1)测定轨:地面跟踪测量设备对卫星连续跟踪测量,经过滤波等数据处理后得到卫星轨道。在轨道转移过程中,卫星轨道为大偏心率的椭圆轨道,其定轨的几何条件较差,难以达到同步轨道工作时相同的定轨精度,且需要更长的定轨时间,需要更多的地面跟踪测量的资源支持。

(2)参数标定:电推进轨道转移过程需要定期进行测定轨,一般每 7~20 天进行一次。测定轨完毕后,需结合上一变轨周期变轨策略对轨道转移变轨效果进行评估,并对变轨参数进行标定和修正,主要包括:推力效率、卫星光压系数、等效照射面积等。

(3)轨道转移策略制定与修正:根据卫星测定轨结果,按照小推力变轨三阶段简化变轨策略,制定卫星下个变轨周期的推力方向曲线、姿态控制曲线,采用级数拟合方法,将基函数系数作为控制参数,供卫星执行变轨策略使用。

(4)电推进轨道转移参数上注:将计算得到的变轨参数、测轨结果等数据通过星地测控链路上注到卫星内存,由卫星自主执行下一变轨周期的电推进轨道转移任务。

5.5.2 星上软件系统

星上软件系统最基本的需求是接收地面发送的变轨参数,自主完成电推进轨道转移任务执行。电推进轨道转移任务执行包括电推力器点火任务与姿态控制任务。电推力器执行点火任务时,星上软件系统需要根据是否地影、能源供应情况、电推力器工作状态、卫星工作模式确定电推力器开机、关机状态。对于姿态控制任务,一方面要保证卫星变轨推力方向指向正确并满足控制精度要求;另一方面需要卫星太阳翼跟踪太阳对日定向,保证卫星能源供应。此外,采用动量轮作为姿态控制执行机构,还需要及时卸载累积角动量。

卫星姿态控制以变轨策略制定的姿态曲线为控制目标,采用实时反馈控制跟踪目标曲线。星上软件系统应具备实时轨道计算能力,根据地面注入的轨道初值以及卫星受到的变轨推力、摄动力等进行轨道递推,实时计算卫星轨道参数,作为执行变轨策略和姿态控制的基准。

5.5.3 轨道转移工作流程

电推进轨道转移任务工作流程如图 5-26 所示。

电推进轨道转移任务主要过程如下。

（1）完成电推进在轨测试后，由地面根据测轨结果制定首轮电推进变轨策略，星上软件根据地面上注的电推进变轨参数，自动调整卫星姿态指向，启动电推进点火变轨。

（2）电推进点火变轨期间，卫星根据星上自主姿态测量，动态调整卫星姿态，使满足变轨推力指向要求和太阳翼对日指向要求。

（3）星上需要进行角动量卸载时，由卫星自主计算电推力器指向调整参数并执行，产生需要的卸载冲量，并在卸载完毕后将推力器指向调整回到标称位置。

（4）地面定期中断电推进点火变轨，进行测定轨及变轨策略修正，避免轨道控制误差积累过大影响变轨过程。

（5）星上具备在测控覆盖弧段之外自主启动电推进点火与中止电推进点火的能力，并能够记录电推进点火变轨过程的重要参数，在卫星进入测控覆盖弧段之后，启动延时遥测将记录数据下传至地面。

（6）星上自主预判进出地影区的时间，并能够自主控制进入地影前电推进中断点火、出地影后电推进恢复点火。

（7）地面与星上均对卫星变轨结束条件进行判断，一旦到达目标轨道，可通过地面遥控或星上自主及时停止电推进变轨，避免轨道控制超差。

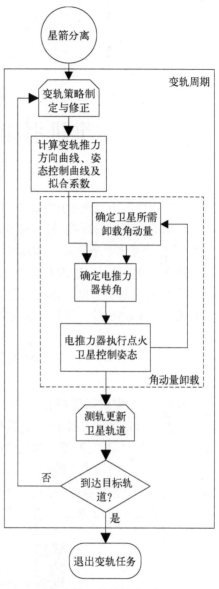

图 5-26　电推进轨道转移任务工作流程

第6章
电推进羽流分析和防护设计

　　电推力器应用过程中产生的羽流效应可能会影响卫星的安全和可靠运行。为了评估羽流对卫星的影响,需要对电推进羽流等离子体流场和溅射污染等效应进行测量,但是受试验条件限制,试验结果不能完全反映真实结果,有必要结合地面试验和数值模拟手段对电推进羽流效应进行研究。本章首先介绍电推进羽流特性和效应的基本概念,解析电推进羽流与航天器的相互作用机理,阐述电推进羽流特性和效应的典型测量方法,最后针对电推进羽流效应提出防护方法并进行仿真评估。

6.1　电推进羽流特性和效应

6.1.1　电推进羽流特性
　　真空羽流是指推力器工作时,其喷流向外部真空环境膨胀形成的羽毛状流场,如图6-1所示。真空羽流分为化学推进羽流和电推进羽流两种。化学推进羽流是由化学推力器喷口喷出的粒子流,主要是化学反应产生的中性分子和原子等;电推进羽流是由电推力器喷口高速喷出的粒子流,主要组成为高能束流离子、未电离的推进剂中性原子、低能交换电荷离子以及非推进剂粒子等。

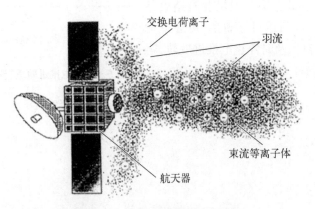

交换电荷离子

羽流

束流等离子体

航天器

图6-1　电推进羽流流场示意图

1. 高能束流离子

离子发动机的羽流中,推进剂电离形成的束流离子是羽流的主要组成部分,其在栅极加速作用下喷出速度一般在 20 000~40 000 m/s 左右,运动轨迹呈射流状,受电磁场的影响很小,下游区域的束流扩张主要由航天器的电势与空间电磁场环境决定。高能束流离子会对航天器周围材料表面产生溅射效应。另外,即使对于发散半角以外的区域,长时间的累积效应也可能会对航天器产生溅射刻蚀或者沉积影响[78]。

2. 未电离的推进剂中性原子

由于推进剂在电离室中并不能完全电离,因此有 10%~20% 的推进剂以中性原子的形式喷出栅极,但其扩散速度要比束流离子低得多。如果放电室推进剂利用率降低,会导致中性氙原子浓度增大。

3. 低能交换电荷离子

交换电荷离子是由中性原子 Xe_{slow}^0 与束流离子 Xe_{fast}^+ 通过交换电荷碰撞过程交换电子,从而产生一个低速离子 Xe_{slow}^+ 与一个高速中性原子 Xe_{fast}^0,这个低速离子就是交换电荷离子。过程为

$$Xe_{fast}^+ + Xe_{slow}^0 \rightarrow Xe_{slow}^+ + Xe_{fast}^0 \qquad (6-1)$$

一方面,低速电荷交换离子能量较低,在引出束流的电位和航天器表面电位的相互作用下,向航天器表面聚集,形成交换电荷离子回流效应,从而影响航天器表面的电位分布,导致在航天器表面产生沉积污染和电磁干扰;另一方面,如果中性氙原子浓度偏高,会增大产生的交换电荷离子浓度,同样也会增加对离子推力器栅极的溅射腐蚀率,降低栅极寿命[79]。

4. 非推进剂粒子

离子推力器羽流中的非推进剂粒子主要成分是栅极区域产生的低能交换电荷离子、束流区域回流的低能交换电荷钼离子以及因高能离子溅射而逸出的加速栅极中的钼原子。由推力器栅极中溅射出的金属钼原子和发生电荷交换反应的离子在航天器表面沉积,会使热控涂层和电绝缘层的材料性质发生改变。同时,沉积在太阳电池阵上的污染层会减小表面透射率,从而影响功率输出。此外,沉积物会影响太阳帆板的吸收率和发射率,进而改变太阳电池阵的平衡温度,对太阳帆板的电功率造成损耗,影响航天器正常工作。

6.1.2　电推进羽流效应

真空羽流会对航天器产生力热效应、污染效应、电位效应和电磁效应等影响[80]。

化学推进羽流的力热效应主要是由中性粒子与航天器表面的动量和能量交换引起的,而电推进羽流的力热效应则是由高速带电粒子与航天器表面的动量和能

量交换引起的。化学推进羽流污染效应仅是中性粒子的沉积污染,而电推进羽流污染效应既包括带电粒子和中性粒子的沉积污染[81-82],又有高速带电粒子对航天器表面溅射刻蚀造成的溅射污染。化学推进羽流电磁效应可以忽略,而电推进羽流电磁效应包括电推力器及羽流与航天器测控通信设备及电磁信号的相互作用不能忽略。

电推进羽流会改变航天器周围的等离子体环境,并对航天器产生力效应、热效应、电位效应、沉积污染效应、溅射腐蚀效应、羽流电磁干扰效应和电磁辐射效应等影响,如图6-2所示。

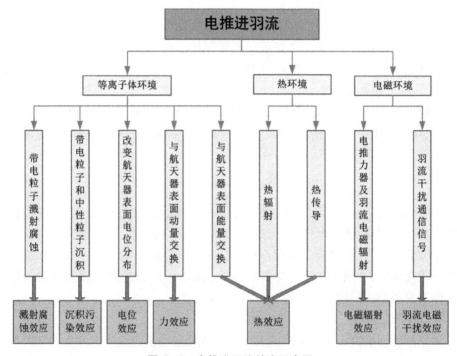

图6-2　电推进羽流效应示意图

1. 电推进羽流力热效应

1) 力(力矩)效应

束流高能离子碰撞航天器表面产生干扰力或力矩,影响航天器的姿态运动和控制。另外,束流等离子体沿轴向非对称扩展膨胀、不稳定以及束流等离子体与地磁场相互作用都会造成推力大小和方向的变化,从而产生干扰力或力矩。

2) 热效应

电推进羽流热效应主要是指束流高能离子与航天器表面碰撞产生的热量交换,从而导致航天器部分表面的材料相关特性发生改变。

2. 电推进羽流电位效应

在空间环境中,航天器的电势取决于航天器与周围等离子体之间的电流平衡。

影响航天器电流平衡的环境因素包括周围自然环境等离子体、航天器表面二次电子发射、推力器高能量的离子和低能量的电荷交换离子,以及太阳紫外辐射引起航天器表面发射光电子。上述因素影响航天器表面的带电平衡,产生由航天器表面延伸到空间的静电场。电推力器工作时电荷交换离子向航天器周围扩散,成为主导电流平衡的等离子体环境,导致航天器高压表面的电流泄放,所以电推力器工作能够锁定航天器相对周围空间等离子体的电势。等离子体环境同样给太阳电池阵电流提供泄漏通道,泄漏大小与太阳电池阵设计、航天器接地方式、太阳电池阵电势及等离子体密度等相关。

3. 电推进羽流溅射污染效应

1）溅射腐蚀效应(简称溅射效应)

高能束流离子和电荷交换离子碰撞于航天器表面,只要离子能量大于被碰撞材料的溅射阈值,就会产生溅射腐蚀效应。对于执行南北位保任务的电推进卫星,束流高能离子可能直接扫过太阳电池阵,产生比较严重的溅射腐蚀,造成电池阵性能下降甚至失效。电荷交换离子对航天器表面的溅射腐蚀相对较弱,但如果与局部强电场分布相耦合,其时间积累效应也不容忽视[83]。

2）沉积污染效应(简称污染效应)

电推力器用的推进剂一般为原子质量较大的惰性气体,如氙气等,它本身不产生沉积污染。电推力器产生的沉积污染来自两个方面:一是推力器的放电室、栅极等材料受到离子溅射腐蚀,溅射物以离子、原子等形式沉积在航天器表面形成污染;二是受到离子溅射腐蚀的航天器表面剥离物产生的一次或多次污染[84]。航天器表面污染影响涉及范围包括太阳电池阵、热控表面、光学传感器等,表面污染还加剧航天器表面不等量带电。电推进产生的沉积污染速率虽然很小,但由于电推进系统工作时间较长,长时间的积累效果会对热控材料的光热特性、太阳电池玻璃盖片的光学特性产生较大影响。

4. 电推进羽流电磁效应

1）电磁辐射效应

电推力器工作时中和器自持放电、推进工质电离、等离子体振荡以及放电室中带电粒子扩散等过程会产生电磁辐射,电推进羽流等离子环境、自然环境和航天器之间的相互作用也会产生电磁辐射,这些电磁辐射频率范围宽,会对航天器产生电磁干扰,尤其是对测量电场或磁场的科学仪器、星载应答机等航天器典型敏感部组件的正常工作产生影响。另外,航天器上收集或发射带电粒子的有效载荷也会受到羽流等离子体环境的扰动,甚至出现工作故障。

2）羽流电磁干扰效应

电推进羽流等离子体区域中有射频通信信号通过时,等离子体介质会对射频通信信号的传输产生折射、反射、衰减、相位移动等影响。非均匀羽流等离子体对微波通信信号的影响包括指向误差、主天线波瓣衰减、边缘波瓣变化、诱导的正交极化等。

6.2   电推进羽流与航天器相互作用机理

6.2.1   电推进羽流等离子体输运机理

在离子推力器中,离子光学系统将放电室等离子体中的推进剂离子利用其静电场加速引出产生高速离子束。离子光学系统由两片开有数千个孔的导电栅极组成,其小孔为六角形分布。两栅之间通过绝缘陶瓷环隔离。上游的栅极叫屏栅,其电位 ϕ_s 比放电室等离子体电位 ϕ_0 稍微低一些,用来阻挡放电室等离子体中的电子。下游的栅极叫做加速栅,其电位 ϕ_a 为负电位,一方面为离子提供一个加速电场,另一方面阻止下游束流等离子体中的电子。图 6-3 给出了离子光学系统一个小孔的示意图,图中离子光学系统各个几何参数的定义为:d_s 为屏栅小孔孔径,d_a 为加速栅小孔孔径,t_s 为屏栅厚度,t_a 为加速栅厚度,l_g 为栅间距,l_e 为离子的有效加速长度。

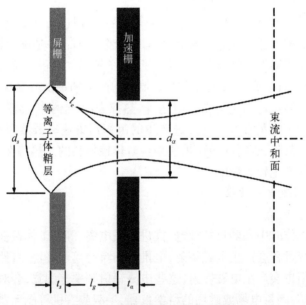

图 6-3   离子光学系统几何参数

在离子推力器中,推进剂被送入放电室中,电子轰击使其电离。从放电室中引出的推进剂离子和原子能量与放电室壁面温度相当。电子温度要比离子和原子温度高得多,一般假设上游等离子体的电子温度为几个电子伏特[85]。

上游等离子体密度、束电流和上游的等离子体电子温度相关,其关系式为

$$I_b = e n_{i,\,\text{sh}} v_{\text{Bohm}} A_{\text{sh}} \tag{6-2}$$

$$n_{i,\,\text{sh}} = n_0 \exp\left(-\frac{e\Delta V}{kT_{e0}}\right) \tag{6-3}$$

其中，e 为电子电荷量；I_b 为束电流；$n_{i,\,\text{sh}}$ 为等离子体鞘层处的离子密度；v_{Bohm} 为等离子体鞘层处的离子运动速度；A_{sh} 为鞘层面积；ΔV 为鞘层的压降；n_0 和 T_{e0} 分别为放电室等离子体密度和电子温度；k 为玻尔兹曼常数。

　　由于电子运动速度比离子快得多，当场环境发生改变时，电子调整自身位置也比离子快得多。因此，在电子存在的地方，如离子光学系统上游和下游，可以认为电子密度服从玻尔兹曼分布。上游区域的电子密度为

$$n_e = n_0 \exp\left[\frac{e(\varPhi - \varPhi_0)}{kT_{e0}}\right] \tag{6-4}$$

其中，$\varPhi_0$ 为放电室等离子体的电位，$\varPhi$ 为当前计算位置处的电位。

　　为了防止离子推进系统带电，在离子光学系统的下游，中和器阴极以离子束引出率相同的速率向离子束发射电子，产生中和作用。下游中和后的等离子体电子温度与上游放电室等离子体的电子温度在一个数量级上。与上游的等离子体相似，下游电子密度为

$$n_e = n_\infty \exp\left[\frac{e(\varPhi - \varPhi_\infty)}{kT_{e\infty}}\right] \tag{6-5}$$

其中，$\varPhi_\infty$、n_∞ 和 $T_{e\infty}$ 分别为下游中和后的等离子体的电势、密度和电子温度；$\varPhi$ 为当前计算位置处的电位。

　　在离子光学系统中，粒子相互碰撞的平均自由程远远大于离子光学系统的小孔尺寸，可以认为等离子体通过栅极孔的时候没有碰撞。忽略碰撞效应，离子动力学完全可以由已知的运动参数（速度和位置）和作用在其上的静电力来表述。每个离子的运动轨迹由牛顿第二定律的运动公式积分就可以得到。

　　引出束流较小时，交叉的离子冲击到加速栅孔下游边缘，造成截获电流增大。这是因为等离子体鞘层远离离子加速区域，凹向放电室的弧度变得更大，这时离子束会产生过聚焦，引出离子轨迹会发生交叉。正常的引出束流区域内，截获电流值相对比较平直，且达到最小。当束流增大到一定程度，截获电流又迅速增大，这说明束流离子直接冲击到加速栅孔上游边缘。这是因为上游等离子体鞘层弧度变小，甚至凸向离子加速区域，这时束流发生欠聚焦。以上三种不同的工作模式及引出束流示意图如图 6-4 所示。

　　霍尔推力器羽流等离子体中存在着多种带电粒子，且由推力器出口中引出的

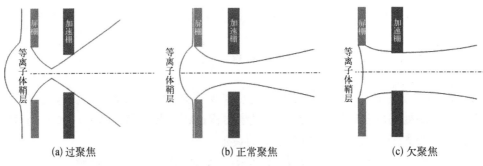

(a) 过聚焦　　　　　　　　(b) 正常聚焦　　　　　　　(c) 欠聚焦

图 6-4　离子束的三种聚焦状态

束离子运动方向及能量分布不同,在羽流场内各种粒子运动过程中,带电粒子的运动还存在着碰撞、扩散等演化过程,微观物理过程同样复杂。

6.2.2　电推进羽流与航天器表面动量和能量交换机理

1. 等离子体与壁面碰撞模型

在等离子体与壁面碰撞模型中,带电粒子物面反射与物面温度、光滑度、干净度以及静电势场有关。若将等离子体认为是"电荷准中性",则等离子体与壁面碰撞模型和气体与壁面碰撞模型完全相同,气体常用的壁面碰撞模型有镜面反射模型、完全漫反射模型、Maxwell 模型和 CLL 模型(由 Cercignani 和 Lampis 引入,并由 Lord 将其发展并在数值模拟中实现)等。但如果考虑到这种电荷准中性假设在壁面被存在的鞘层破坏,则需建立等离子体鞘层模型。

1) 镜面反射模型

镜面反射模型假定来流粒子在物体表面的反射与光滑弹性小球在光滑的完全弹性表面上的反射相同,即来流粒子在物面的相对速度的法向分量改变方向,其余方向的速度分量不变。镜面反射的反射流正压力与来流产生的相同,而反射流产生的剪切应力与来流产生的剪切应力具有相反的符号,总剪切应力为零,等离子体与表面的能量交换为零。由于粒子的镜面反射模型不依赖于流动,也不需要预先知道入射粒子速度分布函数,因而这种模型最便于理论分析。但是气体粒子入射到物面上作镜面反射,不能够形成附面层,这与实际情况不完全相符。

2) 完全漫反射模型

完全漫反射模型假定离开表面的粒子以平衡的分布散射,即 Maxwell 分布散射。平衡条件是表面温度、Maxwell 分布的温度与来流的静温相同。完全漫反射模型,反射粒子的反射形式以及反射后的运动状态仅仅取决于物面温度,而与入射粒子的速度以及入射粒子的运动状态无关。

3) Maxwell 模型

Maxwell 模型是建立在经典动力学基础上的等离子体与壁面碰撞模型。它假设粒子从一个表面完全能量适应漫反射或者没有能量交换的镜面反射,如图 6-5 所示。适应系数 σ 是漫反射粒子的部分,当 $\sigma = 0$ 时为完全镜面反射,当 $\sigma = 1$ 时为完全漫反射。

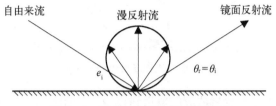

自由来流　　漫反射流　　　镜面反射流

e_i　　　　　　　　　　$\theta_r = \theta_i$

图 6-5　Maxwell 反射模型示意图

Maxwell 模型假设来流粒子的 σ 部分为完全漫反射,而其余的 $1 - \sigma$ 部分为完全镜面反射。

$$\sigma = \frac{q_i - q_r}{q_i - q_w} \tag{6-6}$$

其中, q_i、q_r 是来流和反射流的能量流; q_w 是反射温度为 T_w 时完全漫反射下的能量流; σ 表明多大程度上反射流粒子已适应了物体表面的温度。当 $\sigma = 1$ 对应于完全热适应的情况,粒子以相应于在 $T_1 = T_w$ 的温度下的 Maxwell 分布反射;当 $\sigma = 0$ 对应于入射粒子完全没有适应于表面条件的情况, $q_r = q_i$。

与 σ 类似,引入动量的法向分量和切向分量的适应系数 σ' 和 σ:

$$\sigma' = \frac{p_i - p_r}{p_i - p_w} \tag{6-7}$$

$$\sigma = \frac{\tau_i - \tau_r}{\tau_i - \tau_w} = \frac{\tau_i - \tau_r}{\tau_i} \tag{6-8}$$

其中, p、τ 分别代表法向和切向的动量流分量;下标 i、r 表示该量是来流还是反射流; p_w、τ_w 分别是 $T_r = T_w$ 时完全漫反射情况下的法向和切向动量流。完全镜面反射情况下 $\sigma' = \sigma = 0$,在完全适应的漫反射情况下 $\sigma' = \sigma = 1$。完全能量适应的漫反射模型对于来流能量不是太高且表面温度为常温的一般工业加工表面而言,可以作为粒子表面相互作用的较好近似,但是对于精密加工的清洁表面,在高温和高真空的环境下,当来流能量较高时,能量的适应程度有明显的降低,此时 σ 远远小于 1。

4) CLL 模型

CLL 反射模型示意图如图 6-6 所示。CLL 模型包含两个可调参数:切向速度分量的能量适应系数和法向速度分量的能量适应系数。CLL 模型中包含了内能的

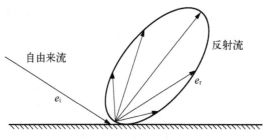

图 6-6　CLL 反射模型示意图

转换,使其可包括不完全能量适应的漫反射以及间断能态转换的情况。

2. 等离子体鞘层模型

在有界的等离子体边缘存在着约束带电粒子运动的电势,使到达壁面的正电流和负电流平衡。在通常情况下,等离子体是由数量相等的正离子和电子组成,由于电子比离子更易移动,因而等离子体相对壁面呈正电性。在等离子体与壁面之间的非电中性区域称作鞘层。在这种情况下,鞘层电势能加速离子,而电子密度由于玻尔兹曼因子而减小。为了维持离子流的连续,在电中性的等离子体和非电中性的鞘层之间存在一个过渡层或称预鞘层,它将导致在鞘层边界处离子的速度达到玻姆速度。

羽流中的离子入射到壁面附近时,在鞘层电压影响下,其运动轨迹会发生改变。与此同时,表面还受到鞘层内非中性等离子体的静电力。

如图 6-7 所示,羽流中的离子进入鞘层后,其运动会受到以下两种影响。

(1)正离子从电势高处向电势低处移动会受到电场加速。假设鞘层内电压梯度垂直于表面,则离子只有垂直于表面的法向速度增加,切向速度不变。此时羽流离子撞击航天器表面的动量损失增大,导致航天器受力增加。

(2)正离子在电场作用下速度方向发生偏转,导致离子入射角度发生改变。由于不同角度入射的离子其动量和能量损失系数不同,因而离子对表面的作用力、力矩和热量传递会发生改变。

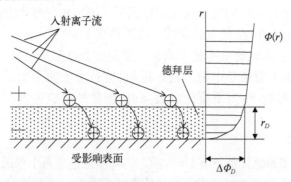

图 6-7　鞘层对羽流中粒子运动轨迹的影响

3. 等离子体的动量通量

自由等离子流区域是稀薄程度最高的区域。随着稀薄程度的不断增加,等离子体中等离子的平均自由程会超过物体特征长度的许多倍,从物体表面散射出来的等离子体要运动到距离物体很远处才与来流等离子体发生碰撞。当克努森数 Kn 趋于无穷大时,可以完全忽略由于碰撞引起的等离子体速度分布函数的变化。自由等离子体流的基本方程是无碰撞项的玻尔兹曼方程。对于物体定常扰流的问题,来流的速度分布函数是平衡态的分布,即 Maxwell 分布式:

$$f_0 = n \left(\frac{m}{2\pi kT} \right)^{\frac{3}{2}} \exp \left[-\frac{m}{2kT} (u'^2 + v'^2 + w'^2) \right] = n \left(\frac{\beta}{\sqrt{\pi}} \right) \exp(-\beta^2 c'^2) \quad (6-9)$$

式中, n、T 是来流的等离子体数密度和温度; m 是等离子体的原子质量。来流等离子体对物体表面的动量传递和能量传递就可以用通过对 Maxwell 分布求矩的方法计算。如果等离子体与表面的相互作用是已知的,那么反射等离子体从表面带走的动量流和能量流也可以进行计算。

单位时间通过单位面积的通量的表达式如下:

$$\int Q f c \cdot l \mathrm{d}c = \overline{nQc \cdot l} \quad (6-10)$$

现在考察相对于表面 $\mathrm{d}A$ 以宏观速度 V 运动的等离子体。表面外法向为 l,表面元素上入射等离子方向 U,阻力、升力方向 X、Y,法向、切向应力方向 x, y。坐标系选取方法如下:使 x 轴指向与 l 相反的方向,而 U 位于 xy 平面之内且与 x 轴及 y 轴均成锐角,表面元素位于 yz 平面内(图 6-8 中 θ 为 U 与 X 轴夹角)。式(6-11)给出量 Q 在 x 方向(向表面内部)相对表面的通量为

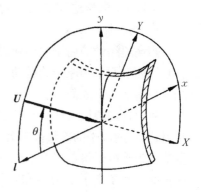

图 6-8　等离子体表面通量模型

$$\overline{nQc \cdot l} = n\overline{Qu} = \int_{u>0} Qu\mathrm{d}c = \int_{-\infty}^{\infty} \int_{-\infty}^{\infty} \int_0^{\infty} Quf\mathrm{d}u\mathrm{d}v\mathrm{d}w \quad (6-11)$$

4. 作用于物体的力

将上节的结果应用于入射等离子体,求得反射等离子体对力的贡献并将两者作用叠加起来即得到作用于物体表面上的力。这里在计算自由等离子体流中的力时仅限于针对 Maxwell 类型的边界条件,即 σ 部分的等离子体为完全漫反射,而 $1-\sigma$ 部分为完全镜面反射。

为了求作用于物体上沿某一方向的力,可以将在该方向的分力沿物体表面积

分得到。

5. 表面热传导

与以上计算表面元素受力情况一样,在计算自由等离子流对物体表面的热传导时,也对来流和反射流分别进行计算。同时,对于来流等离子体,我们把热流 q_i 分为两部分,即等离子体平移运动的能量流 $q_{i, tr}$ 和等离子体转动和振动内能的能量流 $q_{i, int}$。等离子平移运动能量流 $q_{i, tr}$ 为

$$q_{i, tr} = \int_{-\infty}^{\infty} \int_{-\infty}^{\infty} \int_{0}^{\infty} \frac{1}{2} m(u^2 + v^2 + w^2) uf du dv dw \qquad (6-12)$$

在静止等离子体的情况下,根据式(6-12)得到

$$q_{i, tr} = \rho RT \sqrt{\frac{2RT}{\pi}} = 2kT \frac{n\bar{c}}{4} = 2kT \cdot \Gamma_n \qquad (6-13)$$

式(6-13)中引入了静止等离子体中的等离子体数字通量 Γ_n。其中,等离子体的平均平动能为 $\frac{3}{2}kT$。

6.2.3 电推进羽流粒子对航天器表面溅射与沉积机理

1. 溅射机理

当高速运动的离子运动到固体表面时,会将其部分能量传递给表层晶格原子,引起固体表面基体原子的运动。如果原子的能量大于材料表面的势垒,它将克服能量束缚而飞出表面层。

目前普遍根据入射离子的能量大小分类,可将溅射分为三种类型:单一撞击溅射,其入射离子的能量范围为 10~100 eV;线性碰撞级联溅射,其入射离子的能量范围为千电子伏至兆电子伏;热钉扎溅射,其入射离子的能量范围通常在兆电子伏量级。对于离子推力器和霍尔推力器的表面溅射过程而言,离子能量通常在 keV 量级及以下,属于低能重离子。这些离子速度在 10^4 m/s 量级,远小于其玻姆速度(10^6 m/s 量级),不足以引起高密度级联碰撞,仍属于线性级联溅射,能够采用线性级联溅射理论进行分析。

线性级联溅射过程中,其初始反冲原子得到的能量比较高,它可以进一步与其他原子相碰撞,产生一系列新的级联运动。但级联运动的密度比较低,以至于运动原子同静止原子之间的碰撞是主要的,而运动原子之间的碰撞是次要的。

溅射过程可以用溅射产额来定量描述,其定义为平均每一个粒子从固体表面溅射出来的原子数。

对于特定的基材,溅射产额取决于入射离子的能量 E 和入射角度 θ。其中,入

射角度指离子入射方向与材料表面法线方向所成的角度。

在线性级联溅射的条件下,离子的入射能量和入射角度对溅射系数的影响可以解耦处理。从理论计算和溅射试验结果都可以看出,在离子斜入射时,当 θ 不太大时,角度溅射系数的值随入射角的变化关系几乎呈 $\cos^{-1}\theta$ 的关系,如图 6 - 9 虚线所示,但是当 θ 较大时,这种关系便不再成立,角度溅射系数随 θ 的增加而迅速降低。

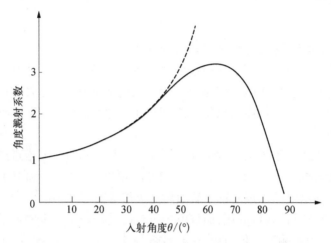

图 6 - 9　典型角度溅射系数曲线

这种变化特性可以解释为: 由于级联区中心与表面的距离随着 θ 的增加而减少,导致反冲原子接近表面的概率增大,从而使溅射系数增大。但随着 θ 的进一步增大而接近"掠入射"(入射角接近 90°)时,入射离子被表面反射,导致在材料内引起级联碰撞的概率降低,从而使溅射系数降低。

2. 沉积机理

离子推力器的离子束是在束流系统的引导下射出的,如果离子束流不能完全聚焦,离子束流将侵蚀离子推力器的钼栅极组件而溅射出钼粒子。随束流飞出的钼粒子,部分沉积在卫星表面及太阳翼表面,成为电推进羽流沉积污染的主要因素。这些中性粒子一部分通过离子交换电荷碰撞生成钼离子,一部分通过与电子直接碰撞离化形成钼离子。在各种粒子碰撞和推力器羽流局部电势的作用下返流到卫星表面形成污染而影响卫星热控性。羽流的等离子体不仅可以在卫星表面吸附,它的离子在卫星表面也可能激发出二次溅射,对卫星产生更坏的影响。

现有卫星的热控表面材料主要有两种:一是热控多层隔热材料,二是光学太阳反射镜(optical solar reflector, OSR)片。OSR 片薄膜表面层可用石英玻璃或铈玻璃,金属底层由玻璃背面真空蒸发沉积得到,通常为银或铝。热控涂层主要是绝热作用,OSR 片是一种发射率和吸收率可设计的光学表面,是通过发射率和吸收率的设计来改变卫星内部热的流出和外部热的流入,来调节卫星的内部温度。如果热控涂层性能退化,卫星入轨后温度升高,用于卫星温度场数值计算的参数设计初值与参数的实际值之间就会存在一定程度的偏差。

发射率和吸收率在 OSR 片制造中已确定,卫星热控则通过改变 OSR 片的铺设面积调节卫星的内部温度。OSR 片是卫星温度调节的热通道,而电推力器的安装位置附近一般会有 OSR 片,这也在一定程度上加重了电推力器羽流对卫星热控性能的影响。

6.2.4　电推进羽流对航天器表面充放电机理

地球同步轨道空间等离子体引起的卫星表面充放电效应,对卫星在轨正常工作和安全运行具有重要影响。带电效应会导致电势变化,同时会导致在航天器表面之间或者航天器表面与航天器结构之间产生强电场,大于击穿阈值时就会发生静电放电现象。

电推进产生的电子扩散速度快,离子扩散速度慢,从而在电推进产生的等离子体区域边界形成电子密度和离子密度不相等的现象,且由离子和电子组成了屏蔽层,产生电场,该电场的形成有助于轨道附近天然等离子体中的电子进入卫星表面区域,同时抑制离子进入该区域,而该电场对电推进等离子体中的电子和离子具有相反的作用,从而影响航天器带电环境,改变原本的充放电过程,从而影响卫星表面充电平衡及表面电位。

另外,电推进系统产生的等离子体以羽流的形式直接作用于卫星表面改变航天器表面电位。在 GEO 等离子体作用下,卫星表面通常带较高的负电位,航天器带电表面将从周围浓稠等离子体中收集离子产生电流,大多数电荷交换离子弥散于电推进出口下游附近,受电推进出口平面附近的电场作用,电荷交换离子会返流到航天器的带电表面,如大面积的太阳帆板。

6.3　电推进羽流特性和效应试验

电推力器应用过程中产生的羽流效应可能会影响卫星的安全和可靠运行。为了评估羽流对卫星的影响,需要对电推进羽流等离子体参数进行测量,获得电推进羽流流场分布。同时,结合卫星布局进行羽流溅射和沉积污染效应的试验验证,评估电推力器对星载敏感器表面和太阳能电池帆板表面等的溅射污染和沉积污染。

电推力器羽流效应的地面试验需要在保证实际试验条件近似的前提下,相对准确地复现电推力器实际使用中的复杂状况,试验结果具有比较高的参考价值。但是,羽流试验通常有其自身的局限性,受真空舱环境、测试诊断设备等因素限制,试验结果不能完全反映真实空间结果。数值模拟相对较经济,但受到数学物理模型近似程度的限制,很难完全描述各种复杂的流动现象和表面相互作用。因此,有必要结合地面试验和数值模拟手段对离子推力器羽流效应进行研究。羽流试验方案的设计应在结合工程需求的基础上,结合数值模拟需求、数学物理模型修正需求及特征点的选择等方面,通过多种测试方法对比测量和仿真结果互相验证等手段来进一步修正测试技术及真空舱本体效应的影响。

6.3.1　羽流特性测量方案

羽流等离子体参数特性包括羽流中的离子参数特性(包括束流中的高速氙离子、低速交换电荷离子的离子密度及能量特性)、氙原子及钼原子等中性原子运动参数特性以及电子参数特性(包括电子密度特性、温度特性)等。研究这些粒子的空间分布、电势分布、能量特点有助于深入研究等离子体羽流对星体的影响规律。

羽流特性试验内容包括: ① 本体效应标定:利用 RPA 和球形 Langmuir 探针测试进行能谱标定,以排除舱壁溅射离子及背景的影响;② 束密度分布测试试验:使用 Faraday 探针、Langmuir 单探针、Langmuir 三探针、发射探针组成的集成探针系统测量离子推力器的羽流特征参数(如电子温度、离子浓度等),测量离子推力器工作时引出束流的基本物理参数(如束电流、发散角等),评估推力器及其余相关系统的工作性能,为推力器优化设计与数值模拟提供实验支撑;③ 能量电势分布测试试验:利用 RPA 和球形 Langmuir 探针及改进的探针移动机构测量羽流在推力器出口半圆区域范围内的等离子体能量分布及电势分布,通过能谱分析,可以得出某能量范围内的密度分布,同时测量其随距离的变化规律。

1. 离子电流密度分布测量

测量离子电流密度分布可以使用法拉第筒。法拉第筒也叫法拉第探针,它是由一个外部复套保护环的平面圆盘收集器制作而成,测试方法如图 6-10 所示。

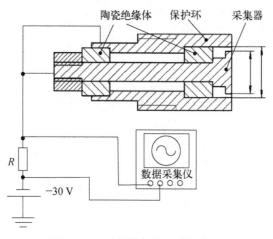

图 6-10　法拉第探针测试原理图

测量离子电流时,法拉第探针与推力器轴向平行,法拉第探针的收集面垂直于引出束流,连接收集器信号采集装置,并给收集器加负偏置电压,使收集器采集离子。同时给收集器外层的保护环加负偏置电压,保护环起到屏蔽非轴向离子的作用,减小收集器采集非轴向离子的概率。

给收集器加负偏置电压,排斥电子而收集离子,得到离子的电流值,再用离子的电流值除以收集器面积得到离子的电流密度:

$$j = \frac{V}{RA_p} \tag{6-14}$$

式中,V 是测量电压;R 是分流电阻值;A_p 是收集圆盘的面积。在以 r 为半径的半球面区域内对离子电流密度进行积分,就可以得到这个区域的束流值,即

$$I_b = \int_0^{\frac{\pi}{2}} (j\theta) 2\pi r^2 \sin\theta \, \mathrm{d}\theta \tag{6-15}$$

经过测量得到电流密度和计算得到离子速度 V_b 之后,根据式(6-16)求得等离子体的离子数密度 N_i。

$$N_i = \frac{j}{eV_b} \tag{6-16}$$

法拉第探针的测试系统组成及测试方法见图 6-11 所示。

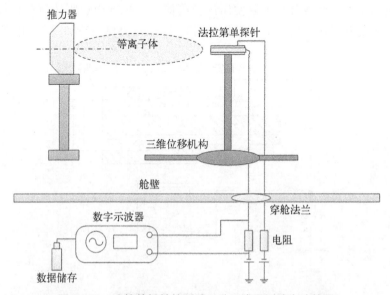

图 6-11   法拉第探针的测试系统组成及测试方法简图

一般使用 $E \times B$ 探针测量电推进羽流中一价/二价离子比例。对电推力器羽流中的离子,当加过相同的速电压时,不同荷电状态的离子会具有不同的速度[86]。应用 $E \times B$ 探针可分离不同荷电状态的离子,通过探针电流计算出双荷离子比例。$E \times B$ 探针的测试系统组成及测试方法如图 6-12 所示。

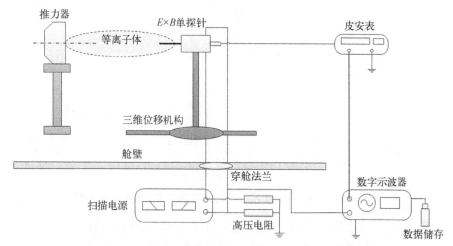

图 6-12 $E \times B$ 探针的测试系统组成及测试方法简图

2. 等离子体空间电位和参数分布测量

将 Langmuir 探针置于等离子体中,加以外电路,构成 Langmuir 单探针测量装置。调节扫描电源,使探针的电位进行从负到正的变化,并且测量回路中对应于每个电压的电流值,绘制成典型的 Langmuir 探针的伏安特性曲线,见图 6-13。横坐标是探针电压,纵坐标为探针电流。A 区是离子饱和电流区,B 区是过渡区,C 区是电子饱和电流区。

图 6-13 中,V 是探针电位,V_f 是等离子体的悬浮电位,V_{sp} 是等离子体空间电位,I_{e0} 是电子饱和电流。对 Langmuir 单探针的伏安特性曲

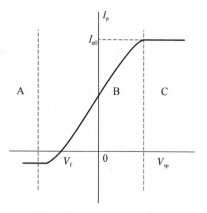

图 6-13 典型的 Langmuir 单探针 $I-V$ 曲线

线进行数据分析,可以获取的等离子体参数包括等离子体空间电位、悬浮电位、电子温度和电子浓度等。

Langmuir 单探针的测试系统组成及测试方法如图 6-14 所示。

通常采集型 Langmuir 探针的 $I-V$ 曲线中,采集到的离子电流幅值很小,导致空间电位的"拐点"不明显甚至看不到,导致等离子体空间电位的结果不准确。发射探针端部使用钍钨等特殊材料,在有较大加热电流的情况下会向外发射电子。

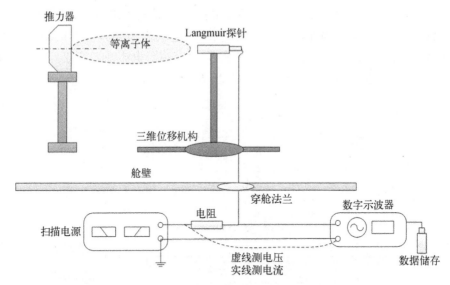

图 6 - 14　Langmuir 单探针的测试系统组成及测试方法简图

随着发射探针加热电流的逐渐增加,发射电子愈加剧烈,曲线过渡区的拐点会逐步明显。发射探针的原理图见图 6 - 15,测试系统图见图 6 - 16。

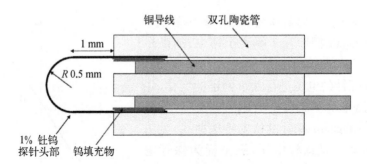

图 6 - 15　发射探针原理图

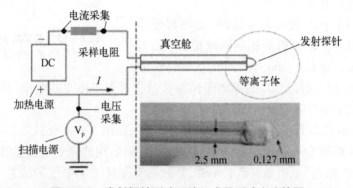

图 6 - 16　发射探针测试系统组成及测试方法简图

3. 离子能量电势分布测量

阻滞势分析仪(retarding potential analyzer, RPA)是一种离子诊断仪器,这种仪器可以测量离子的能量电势分布。其基本工作原理是通过设置阻滞电势,来筛选不同能级的离子,得到电推力器羽流区各角度位置的不同能级离子能量的分布规律。RPA 主要由 4 个偏置金属栅网和不锈钢收集极构成。第一个栅极是浮动电位,以减少等离子体扰动;第二个栅极加负偏电压,以排斥电子;第三个栅极加正偏置电压,有选择的排斥一些离子;第四个栅极是浮动电位,防止收集极上二次电子和光电子的发射;最后端为电流收集器。RPA 分析仪组成和测试原理如图 6 - 17 所示。

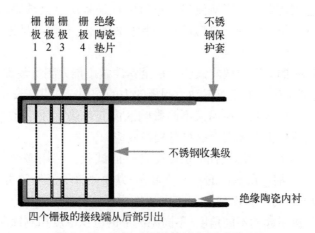

图 6 - 17　RPA 分析仪组成与测试原理图

RPA 系统主要包括: RPA 分析仪、位移机构、扫描电源及数据采集仪,RPA 的测试系统组成及测试方法简图如图 6 - 18 所示。

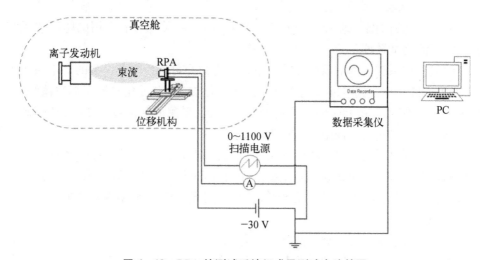

图 6 - 18　RPA 的测试系统组成及测试方法简图

6.3.2　羽流效应试验方案

1. 羽流效应试验内容

羽流效应试验包括如下内容。

（1）静态充放电试验验证。评估羽流充电对太阳翼以及模拟星体的静态电位影响效应。

（2）动态充放电试验验证。定性分析光照环境下太阳翼本身电势的波动及在羽流影响下是否存在漏电流及充放电现象，评估羽流对整个太阳翼以及模拟星体的动态影响效应。

（3）电推进羽流对通信影响测试。进行电推进系统点火试验，在点火和非点火状态下测试特征传输路径上电磁波传输特性的变化，获取电推进羽流对通信的影响特性。

（4）羽流产生的气动力效应试验。在全弹性微小推力测量装置上安装气动力测板，测试推力器工作时羽流对气动力测板的力的作用。

（5）羽流热效应试验。在羽流不同影响区内安装热流计，测试推力器工作时羽流对太阳翼以及模拟星体表面的热量交换效应。

（6）羽流对卫星表面溅射和污染效应验证试验。利用多个带有准直套的 QCM 安装在推力器羽流影响区的不同位置，一方面测试羽流外侧由于低速交换离子引起的沉积污染；另一方面测试羽流束流区内由于高速束流离子引起的溅射腐蚀效应。测试羽流引起的不同角度、不同距离下的沉积厚度和刻蚀深度，获得其变化规律。

（7）星敏感器视场穿过羽流对星敏工作影响试验。在星敏感器视场与电推进羽流影响区域重叠时，测试由于星敏成像背景区羽流发光引起的分辨率下降的效应。

2. 羽流试验测试和试验系统

电推进地面羽流试验设备由真空系统构成主体，并配备有专用的防溅射系统和真空羽流测试系统。

（1）真空系统。真空系统要求与电推进寿命与可靠性验证设备的真空系统类似，但为了进一步达到电推进羽流试验的等效性要求，需再配置超高真空系统，该系统主要由内置式深冷泵组成，含防溅射分子沉，采用液氮或液氦制冷，超高真空系统则将容器本底真空抽至 5×10^{-6} Pa 以上。

（2）防溅射系统。由于羽流试验重点验证羽流特性及其影响，因此对防溅射系统的要求远高于寿命试验。防溅射分子沉底部结构设计一般采用平板结构、方格结构、百叶窗结构、劈尖结构及锥形结构等（图 6-19）。典型的防溅射系统外观结构（图 6-20）。

（3）测试系统。真空羽流测试系统包括羽流试验专项测试仪器，如探针诊断系统、QCM、测控系统和辅助系统等。试验系统组成图如图 6-21 所示。

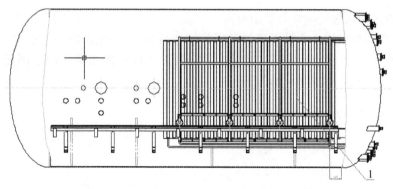

图 6-19　羽流试验防溅射分子沉舱内装配图

图 6-20　羽流试验防溅射分子沉外观图

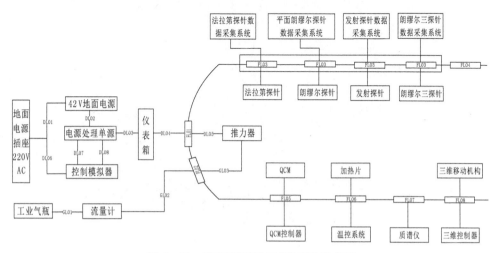

图 6-21　真空羽流测试试验系统组成图

　　羽流污染效应的测试系统组成简图见图 6-22。羽流污染测试需配置防溅射分子屏,表面材料样品一般模拟航天器的特定材料,比如太阳翼银互联片、玻璃盖片或者 OSR 片等,在推力器出口周围不同角度、不同距离布置多组不同用途的带有准直套的 QCM,如图 6-23 所示。

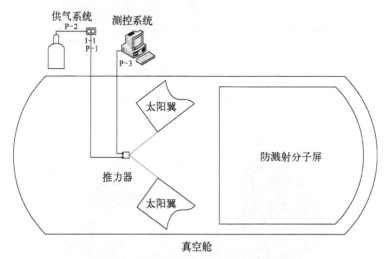

图 6-22　羽流热效应测试系统组成简图

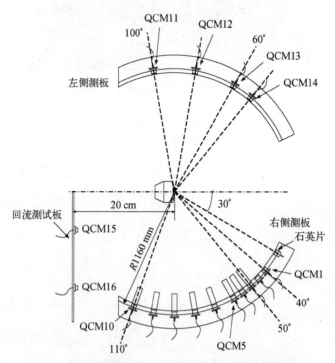

图 6-23　羽流 QCM 沉积效应的测试位置示意图

6.4 电推进羽流效应防护设计和仿真评估

6.4.1 电推进羽流效应防护设计

因为电推力器工作时会对航天器周围的设备造成影响,所以有关羽流防护的研究也随之展开。防护设计可以从以下四个方面展开:① 通过改进推力器等电推进相关单机的设计,削弱干扰源;② 通过优化布局,避开污染路径;③ 通过在敏感设备周围增设防护部件,进行重点保护;④ 通过系统优化卫星频谱使用策略,隔离频域干扰。

1. 电推进羽流力热和溅射污染效应防护

针对电推进羽流力热和溅射污染效应的防护,可以从以下几个方面开展防护方法研究与实验验证。

(1) 使用推力矢量调节机构:把电推力器安装机构设计二维指向可调,依据航天器在轨遥测数据,分析干扰力和干扰力矩,调节推力指向,进而降低甚至消除电推进羽流对航天器的干扰力或力矩。

(2) 优化电推进在轨工作策略:通过在轨策略的优化设计,使系统工作多次后羽流的干扰力或力矩影响部分或全部抵消。

(3) 隔热设计:对推力器采取隔热设计,使电推力器工作时产生的热传导通路与航天器隔离。

(4) 热控包覆:定量分析电推进羽流热辐射对相关航天器机构、器件的影响,并视分析情况采取热控包覆等热控措施,降低羽流热效应对航天器工作的影响。

2. 电推进羽流电磁效应防护

电推力器在工作状态下中和器自持放电、电离室内的等离子体振荡、电离室中的带电粒子由于密度不均匀扩散运动形成的振荡,以及羽流中的电子或离子运动等都是电磁干扰辐射源。这些电磁干扰与电推力器的工作状态、持续时间、羽流的喷射方向、羽流喷口与敏感部组件的相对位置等密切相关。

在卫星舱外,易受电推进电磁干扰的设备主要有两类:一类是电磁发射、接收设备,如测控天线等;另一类是部分敏感器,如星敏感器和太阳敏感器等。测控天线对电推力器及羽流电磁辐射产生的频带内电磁波信号敏感,而敏感器内部的CCD 等电子元件可能对电磁辐射的电场敏感。

1) 电推进羽流电磁辐射效应防护

由于推力器及其羽流等离子体产生的电磁辐射会直接到达星外安装的星敏感器、太阳敏感器、测控天线处,可能对以上设备产生影响。因此,针对电推进器及其羽流等离子体的电磁辐射效应的防护,可按如下两个步骤开展分析工作。

(1) 确定 RS103 频谱。根据推力器 EMC 测试结果,确定电推力器及其羽流等离子体的 EMC 辐射包络。参照已有的 RS103 方式,给出电推进卫星舱外设备的 RS103 试验量级。

（2）布局调整。根据仿真和试验结果,分析典型敏感部组件位置处的电磁辐射效应,对电磁效应超出器件受扰阈值的设备,调整该设备至辐射强度更低的安装位置。

2）电推进羽流电磁干扰效应防护

为避免卫星通信链路受电推进羽流电磁干扰而无法正常工作,需要从频谱管理和布局调整两方面开展防护方法研究。

（1）频谱管理。根据电推力器及其羽流对不同频段通信电磁波影响的分析结果,对卫星通信电磁波频谱进行管理,避免使用电推进羽流电磁效应影响较大的频谱,例如频率较低的 L 波段测控微波。

（2）布局调整。根据电推力器及其羽流对不同输入输出方向通信电磁波影响的分析结果,对卫星通信天线的布局和电推力器的布局进行调整,使得卫星通信链路能避开电推进羽流电磁效应影响较大的区域。

6.4.2　电推进羽流效应分析模型

利用空间解析几何方法评估太阳翼力热溅射效应。通过计算太阳翼上各点与离子推力器的空间几何关系,利用力热效应和溅射率数据,对太阳翼上各点的力热、溅射情况进行计算,最终得到评估结果。以下分析以通信卫星南太阳翼和南侧离子推力器为例。

1）空间坐标系

坐标原点 O: 南太阳翼转轴与通信舱南板外表面的交点。

坐标系 $OXYZ$: X、Y、Z 轴指向与卫星坐标系指向相同。

2）空间几何模型

南侧离子推力器包含主份和备份两个离子推力器。当卫星质心高度变化时,推力矢量调节机构 TPAM 绕 X 方向转动角度 α 会有一定转动范围。

不考虑太阳翼的局部微观结构,可将太阳翼简化为一个理想平面。以太阳翼平面平行于 OYZ 平面时转角为 0°,当太阳翼转动到特定角度 θ 时,可通过简单几何映射关系给出太阳翼上任意一点在 $OXYZ$ 空间中的坐标。

综上,本文中用于分析太阳翼溅射情况的简化几何模型如图 6-24 所示。其中太阳翼上各点对推力器出口轴线的张角定义为 γ。

在实际几何布置中,离子推力器位于太阳翼的 $-Z$ 侧,因此,只有当敏感面朝向 $-Z$ 方向时,才考虑该敏感面受到离子推力器羽流的溅射影响;当敏感器朝向 $+Z$ 方向时,认为该敏感面不受离子推力器羽流溅射影响。如图 6-25 所示,在位置 1 时需要考虑敏感面溅射影响,而在位置 2 时则忽略敏感面受羽流的溅射影响。因

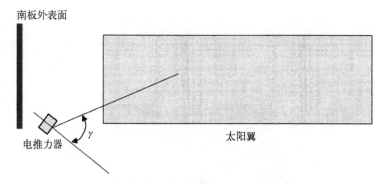

图 6 - 24　太阳翼力热溅射分析几何模型

此,当太阳翼转动 360°时,只有一半的位置会受到离子推力器羽流溅射作用。

6.4.3　电推进羽流力热效应分析

主份离子推力器出口轴线与 $OXYZ$ 坐标系+Y 轴的夹角会直接影响推力器对太阳翼的力热效应值,使用电推进羽流力热效应数值模拟软件对推力器角度由 36.5°变化至 37.5°,计算结果如图 6 - 26 至图 6 - 28 所示。可知,在推力器角度增

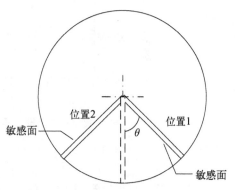

图 6 - 25　太阳翼敏感面位置示意图

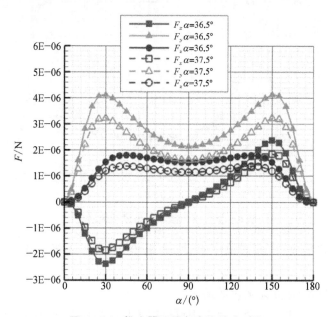

图 6 - 26　推力器不同角度作用力对比

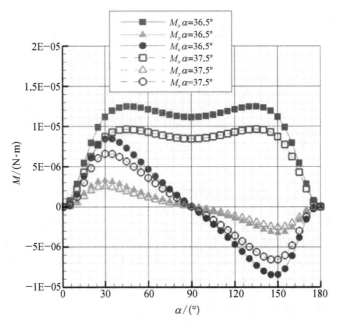

图 6-27   推力器不同角度作用力矩对比

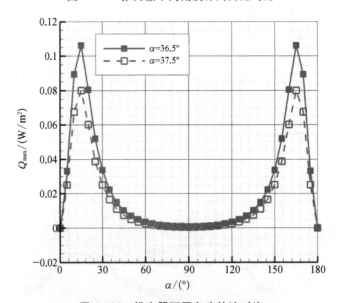

图 6-28   推力器不同角度热流对比

加 1°时,电推进羽流对太阳翼的作用力、力矩和热流效应下降了约 20%。

6.4.4   电推进羽流溅射效应分析

羽流溅射效应主要表现为对太阳翼玻璃盖片的溅射刻蚀影响以及羽流对太阳

电池片上的银质互联片的刻蚀影响程度。当太阳翼内侧距推力器羽流发散角形成的锥状区域越远,太阳翼玻璃盖片和银质互联片受到的刻蚀影响越小。

太阳翼表面直接暴露于羽流环境中的材料主要包括盖片玻璃、银质互联片、室温硫化硅(room temperature vulcanized, RTV)胶等。其中银、二氧化硅材料较易受到溅射刻蚀影响,本节只分析太阳电池片上的银互连片及盖片玻璃受羽流溅射的影响。

太阳电池片试样如图 6-29 所示。电池采用纯银互连片,该种互连片和电池的热匹配较好。

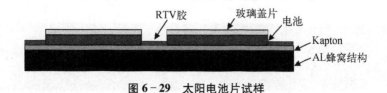

图 6-29　太阳电池片试样

分析算法和流程如图 6-30 所示。

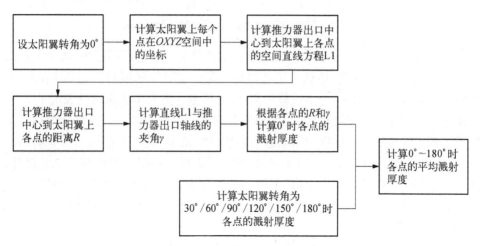

图 6-30　溅射计算方法和流程

电推进在轨工作时,太阳翼转角在 0°~360°平均分布。同时,考虑到敏感面背朝推力器时不受溅射作用,图 6-30 中计算所得的 0°~180°平均溅射厚度除以 2,即为实际溅射厚度。

按照电推力器在轨累计工作 9 000 h,可以估计太阳翼在轨总溅射厚度,见图6-31。

依据 SiO_2 和银的溅射比关系(约 0.17)同理推算得知,如图 6-32 所示,太阳翼在轨溅射厚度最大值为 5.9×10^{-4} mm,出现在太阳翼内侧角位置;溅射厚度大于 5×10^{-4} mm 的点占整个太阳翼的 0.026 9%;溅射厚度大于 3×10^{-4} mm 的点占整个太阳翼的 0.184 6%;溅射厚度大于 1×10^{-4} mm 的点占整个太阳翼的 1.573 3%。

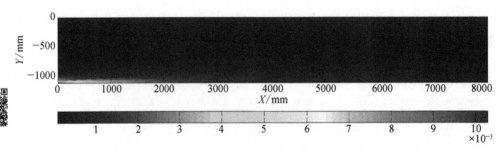

图 6-31　太阳翼银互联片在轨溅射厚度(mm)

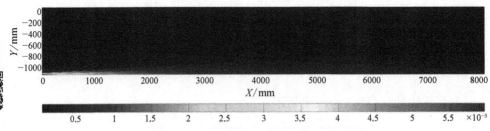

图 6-32　太阳翼上玻璃盖片在轨溅射厚度(mm)

　　为提高玻璃盖片的透光率,一般在玻璃盖片外表面镀一层增透膜,增透膜厚度一般为波长的1/4。在此,根据可见光的典型波长,假设增透膜厚度为 $0.1\ \mu m$。当溅射量大于 $0.1\ \mu m$ 时,认为增透膜被刻蚀,玻璃盖片透射率由带增透膜时的 0.94 下降至玻璃盖片单晶体的 0.92;当溅射量在 $0.1\ \mu m$ 以内时,通过线性插值得到太阳翼上各点的透射率。依据太阳翼溅射厚度评估结果,整个太阳翼上所有玻璃盖片的综合透射率为 $0.937\ 9$,比未溅射时下降 0.22%。根据一般通信卫星的设计,在寿命末期时太阳翼仍具有5%以上的功率余量,远大于电推进溅射造成的功率损失,因此,可以认为电推进羽流在轨对太阳电池玻璃盖片的溅射不会对卫星造成影响。

第7章
电推进航天器电磁兼容性设计

电推进系统特有的电磁干扰特性包括电推进系统自身的电磁辐射特性和电推进羽流等离子体对航天器的电磁干扰特性。电推进系统是否能与卫星整体电磁兼容,需要进行全面的分析或者通过电磁兼容性试验才能有结论。本章首先介绍电磁兼容设计的基本理论与基础知识,阐述电推进系统特有的电磁干扰特性,介绍电推进电磁兼容性设计方法,最终介绍电推进航天器开展电磁兼容试验的方案。

7.1 基本理论与概念

7.1.1 EMC 基础知识

1. 电磁兼容基本概念

电磁兼容是指电子设备或系统在共同的电磁环境中能一起执行各自功能的共存状态和能力,即该设备不会由于受到处于同一电磁环境中其他设备的电磁发射而导致不允许的降级也不会使同一电磁环境中其他设备因受其电磁发射而导致不允许的降级[87]。定义前半部分体现的是设备的电磁敏感(electromagnetic susceptibility, EMS)特性,即不受其他设备的电磁干扰,不对电磁环境产生敏感反应;后半部分体现的是设备电磁干扰(electromagnetic interference, EMI)特性,即不对其他设备产生电磁干扰,不对环境造成电磁污染。

2. 电磁干扰的产生

电磁干扰产生的根源是电压/电流产生了不必要的变化。这种变化通过电缆(电源线和信号线)直接传递给其他电子设备或系统,造成危害,称为"传导干扰"[88]。由于电压/电流变化而产生的电磁波通过空间传播到其他电子设备或系统中,在其导线或电路上产生不必要的电压/电流,并造成危害的干扰称为"辐射干扰"。此外环境中还存在一些短暂的高能量脉冲干扰,这些干扰对电子设备和系统的危害很大,这种干扰一般称为瞬态干扰。瞬态干扰可通过电缆(包括电源线和信号线)进入设备,也会以宽带辐射干扰的形式对设备造成影响。

3. 电磁兼容三要素

电磁兼容问题的产生必须具备以下三个条件。

（1）干扰源：产生干扰的电路或设备；

（2）敏感源：受这种干扰影响的电路或设备；

（3）耦合路径：能够将干扰源产生的干扰能量传递到敏感源的路径。

以上三个条件就是电磁兼容的三要素，只要将这三个要素中的一个去除掉，电磁兼容问题就不复存在[89]。电磁兼容技术就是通过研究每个要素的特点，提出消除每个要素的技术手段，以及这些技术手段在实际工程中实现的方法。

4. 电磁兼容常用术语

表 7 - 1　电磁兼容常用术语

名　　称	含　　义
电磁敏感度阈值	指设备、分系统和系统在受电磁干扰不能正常工作时，最敏感频段或最敏感频率上的干扰临界电平测试值
电磁敏感度限值	指规定的设备、分系统和系统抗干扰能力允许的电磁敏感电平值
电磁干扰值	指阻碍、降低设备、分系统和系统有效性能的无意发射的电磁能量测试值
电磁发射限值	指允许设备、分系统和系统在工作时给环境带来的电磁发射电平值
关键点	指设备、分系统和系统对干扰最敏感点。它与灵敏度、固有敏感性、对任务目标的重要性及所处的电磁环境等因素有关。在电磁兼容试验中通常用于验证电磁干扰安全余量
辐射干扰	源自天线、电缆或壳体的电磁辐射，以电场、磁场形式存在的不希望有的电磁能量
传导干扰	沿导体传输的不希望有的电磁能量，通常用电压或电流来定义
电磁兼容性	各设备在系统电磁环境中能一起执行任务的共存状态。包括两个方面的内容： （1）在预定的电磁环境中运行，按一定的安全裕度保证工作性能，不因电磁干扰产生性能降级； （2）在预定的电磁环境中运行，且不会给环境带来不可接受的电磁干扰。
标准实验室	实测电磁环境电平与所采用 EMC 测试标准规定的极限值相比，满足低于 6 dB 要求的实验室
安全裕度值	指设备、分系统和系统实测电磁干扰值低于电磁敏感度阈值的分贝数
工作性能门限	指设备、分系统和系统受到干扰后，最低可接受的性能指标
星箭电磁环境界面	在 EMC 测试领域为描述星箭间的兼容性引入的参考面，一般取星箭分离面下 0.5 m 作为星对箭的电磁环境界面，取火箭仪器舱结构安装平台上方 0.9 m 作为箭对星的电磁环境界面
Ⅰ类设备	设备关键性能降低甚至破坏，会直接危及系统成功飞行和人身安全
Ⅱ类设备	由于设备工作性能降低甚至破坏，会使系统不能完成某些功能任务，而不至于影响系统和人身安全
Ⅲ类设备	由于工作性能降低或受到破坏，使人有轻度不适感，使系统性能下降，但不影响系统效能，测试其安全裕度一般不小于 0 dB

名　称	含　义
标准实验室	实测电磁环境电平与所采用 EMC 测试标准规定的极限值相比,满足低于 6 dB 要求的实验室
EMC 计量	指对 EMC 实验室条件定期检测,对 EMC 测试设备定期校准、标定
电磁干扰值	阻碍、降低设备、分系统和系统有效性能的无意发射的电磁能量测试值
发射段	指卫星在发射场等待发射至星箭分离这一阶段,卫星在这一阶段一般只有平台设备工作,载荷设备不工作
在轨段	指星箭分离以后,卫星处于正常在轨运行阶段,载荷设备与平台设备都正常工作
生存级	EUT 在规定强度的干扰环境中不会有任何永久性的性能失效。生存级要求 EUT 在加电和不加电两种状态下均能满足要求
工作级	EUT 在规定强度的干扰环境中不会出现故障、功能失效、工作状态改变或模式改变、存储器变化或其他需要外部干预的情况。工作级 EUT 具有执行所有常规辅助性功能(如 EUT 系统自检等),但不包括精确完成某些特定功能(由相应级别设计师确定)的能力
性能级	EUT 在规定强度的干扰环境中,能可靠执行其工程任务并满足各项技术性能指标要求的能力

5. 电磁兼容测量值单位

在 EMC 所有的测量和计算中,无论是干扰强度、设备敏感度还是干扰裕度,在未加特别说明的情况下,一般都是从功率角度出发,以 dBm 为单位进行计量。

在 EMC 测量中干扰的幅度可以用功率来表述。功率测量单位通常为 dBm,常以 0 dBm(表示 1 mW)作为基准参考电平。

实际使用中,可将测得的干扰功率值做简单数据处理:

$$P_{dBm} = 10\lg \frac{P_{mW}}{1_{mW}} \tag{7-1}$$

式中, P_{mW} 为实际测量值; P_{dBm} 表示测量值。

在 EMC 测量时,有时遇到带宽干扰。这种干扰与带宽相关,测试功率无法反映这种相关性,用干扰电压做测量值比功率表示更合适。

在规定条件下,测得的两分离导体上两点间电磁干扰引起的电压为干扰电压,用 dBμV 来表示。常以 0 dBμV(即 1 μV)作为电压基准参考电平:

$$V_{dB\mu V} = 20\lg \frac{V_{\mu V}}{1_{\mu V}} \tag{7-2}$$

式中, $V_{\mu V}$ 为实际测量值; $V_{dB\mu V}$ 表示以 dBμV 表示的测量值。

根据阻抗关系,dBμV 和 dBm 在 EMC 测量和计算过程中的转换关系满足:

$$P_{\mathrm{dBm}} = V_{\mathrm{dB\mu V}} - 90 - 10\lg R \qquad (7-3)$$

其中，R 为设备的输入阻抗，单位为 Ω。对于 $50\ \Omega$ 系统，则满足：

$$P_{\mathrm{dBm}} = V_{\mathrm{dB\mu V}} - 107 \qquad (7-4)$$

可表述为 $0\ \mathrm{dBm}$ 相当于 $107\ \mathrm{dB\mu V}$。

当采用电流钳做传导干扰测量时，用干扰电流计量，单位用 $\mathrm{dB\mu A}$ 表示：

$$I_{\mathrm{dB\mu A}} = 20\lg \frac{I_{\mu A}}{1_{\mu A}} \qquad (7-5)$$

式中，$I_{\mu A}$ 为实际测量值；$I_{\mathrm{dB\mu A}}$ 表示以 $\mathrm{dB\mu A}$ 表示的测量值。

7.1.2 EMC 标准

电磁兼容标准是使产品在实际电磁环境中能够正常工作的基本要求。EMC 标准分类方式很多，从内容上分有基础标准、通用标准、产品类标准和专用产品标准。

1. 基础标准

基础标准仅对现象、环境、试验方法、试验仪器和基本试验配置等给出定义及详细描述，但不涉及具体产品。该类标准不给出指令性的限值及对产品性能的直接判据，但它们是编制其他各级电磁兼容标准的基础，例如 GB4365《电磁兼容术语》等。

2. 通用标准

通用标准给出了通用环境中的所有产品一系列最低的电磁兼容性技术要求（包括必须进行的试验项目和必须达到的试验要求）。通用标准中提到的试验项目及其试验方法可以在相应的基础标准中找到，通用标准中不做任何介绍。通用标准给出试验环境、试验要求可作为产品类标准及专用产品的编制导则。同时对尚未建立电磁兼容试验标准的产品，可以参照通用标准来进行其电磁兼容性能的摸底试验。

3. 产品类标准

产品类标准是根据特定产品类别而制定的电磁兼容性能测试标准。它主要包括产品的电磁干扰发射和电磁抗扰度要求两方面内容。产品类标准规定的测试内容极限值应与通用标准一致，但与通用标准相比，产品类标准根据产品特殊性，在测试内容的选择、限值及性能的判据等方面有一定的特殊性和具体性。

4. 专用产品标准

专用产品标准对电磁兼容的要求与相应的产品类标准一致，在考虑了产品的特殊性之后，也可增加试验项目，以及对电磁兼容性能要求做出改变。与产品类标准相比，专用产品标准对电磁兼容性的要求更加明确、更加具体，而且还增加了对产品性能试验的标准。

适用于航天的 EMC 标准主要有：

（1）GJB151A－97：军用设备和分系统电磁发射和敏感度要求；

（2）GJB152A－97：军用设备和分系统电磁发射和敏感度测量；

（3）GJB1696－93：航天系统地面设备电磁兼容性和接地要求；

（4）GJB2034－94：航天器电爆分系统安全要求和试验方法；

（5）GJB3590－99：航天系统电磁兼容性要求。

7.1.3 EMC 技术

电磁兼容技术主要包括 EMC 设计技术、EMC 试验技术和 EMC 分析预测技术。电推进航天器的电磁兼容性技术按类别也可如此划分。此外，电推进航天器按层次又可细分为整星、系统和单机电磁兼容技术。

1. EMC 设计技术

EMC 设计技术的目标在于抑制产品的无用电磁发射，使产品不产生对环境构成不能承受的电磁干扰，同时要求产品自身具备一定的抗干扰能力，也即产品在规定的电磁环境下能够正常工作。其内容主要包括：接地、搭接技术，布局、布线技术、屏蔽技术、滤波技术、静电放电防护技术。

1）接地、搭接技术

接地是提高电子设备和系统电磁兼容性的三种基本措施之一。正确的接地措施可有效提高设备的电磁抗扰度，又能抑制电子设备和系统向外部发射电磁波。理想的接地应是零电位、零阻抗的物理实体，这是信号电平的参考点，对于任何不需要的电流应该是无压降。

2）布局、布线技术

线缆间耦合是电子设备和系统内部最主要的电磁干扰，布局、布线技术的实质是通过隔离达到降低设备间、线缆间耦合的目的，且通过布局、布线技术解决干扰问题最经济、可靠。

3）屏蔽技术

屏蔽技术是抑制 EMI 最常用的方法，主要是防止辐射性 EMI 侵入设备或从设备中泄漏。屏蔽技术要点：认真研究干扰源、接收器以及耦合方式，正确选定屏蔽对象；从屏蔽材料选择、屏蔽厚度确定及屏蔽结构设计等多方面实现具体的屏蔽要求；机箱屏蔽效能的影响因素应当从机箱结构的接缝形式、平板金属材料选择、板间链接模式、必要的通风孔、散热孔设计、电源进出线处理、信号输入输出线处理、显示屏设计、控制调试接口形式等多方面进行考虑。

4）滤波技术

滤波的作用类似于屏蔽。滤波主要是防止传导性 EMI 侵入设备或从设备中泄漏。滤波与隔离通常采用旁路、吸收或发射噪声等方法来降低 EMI。滤波的技术要点可以归纳为：既要注意其基本性能参数，又要注意电源滤波器的漏电流安全性能参数。另外，滤波的安装工艺对于使用效果关系极大。

5）静电放电防护技术

带静电的产品在放电时会产生放电电流，导致产品故障或损坏。静电放电是检验产品在遭受静电骚扰时的性能。通常造成危害的能量耦合方式有传导耦合和辐射耦合两种模式。传导耦合通过公共电源、公共地回路及信号线之间的近场感应三种耦合通道，从本质上讲，传导耦合是一种互阻抗耦合和互导纳耦合。辐射耦合实际上是传播的电磁波入射到壳体的孔洞上，空洞辐射被激励，并在壳体上产生电磁场，进入内部的电磁能量进而引到电磁敏感元器件，使其受到损伤。一般防护措施涉及抑制静电产生、通过静电接地加快静电泄露、对静电非导体进行抗静电处理等。

2. EMC 试验技术

电磁兼容试验技术是电磁兼容技术的基础，也是电磁兼容技术领域研究的重要课题。电磁兼容试验在电磁兼容技术中拥有如此特殊地位的原因是：对于最后的成功验证，很少有其他领域像电磁兼容这样强烈依赖于测量。试验也不单单承担对产品性能最终检验的任务，在产品研制过程中，各个极端工况都需要有试验手段检验每一个设计思想、每一项措施是否正确；试验永远伴随着产品的研制过程，直至最终达到标准。EMC 试验技术的内容主要包括：EMC 测试场地、EMC 测试设备和 EMC 测试方法[90]。

1）EMC 测试场地

为确保对受试设备的电磁干扰和电磁敏感度测试的正确性、重复性和有效性，EMC 标准规定，所有规范的 EMC 测试都必须在合适的开阔场地和满足一定环境要求的标准实验室进行。通常情况下，电磁兼容试验都是在标准实验室条件下进行的，测试时按照电磁兼容标准的规定进行，也称为标准测量。由于设备物理方面的限制（尺寸、功率、服务需要等）无法在实验室内按照基础标准的规定进行测试，那么就需要在开阔场地进行电磁兼容测试。所以为确保试验的准确性和可靠性，电推进卫星电磁兼容试验应尽量在实验室内开展。

2）EMC 测试设备

EMC 测试设备分为两大类：一类是 EMI 测试设备，用作接收，接上适当的传感器就可进行电磁干扰的测量，EMI 测试设备包括测量接收机、电磁干扰测试附件、测试系统及测试软件；另一类是 EMS 测试设备，模拟不同干扰源，通过适当的耦合/去耦网络或天线，施加于各种被测设备，用作敏感度或抗扰度的测量，EMS 测试设备由三部分组成：一是干扰信号产生器和功率放大器类设备，二是天线、传感器等干扰注入设备，三是场强和功率监测设备。

3）测试类别及方法

电磁能量从设备内传出或从外界传入设备的途径只有两条：一条是以电磁波的形式从空间传播；另一条是以电流的形式沿导线传播。因此，电磁干扰发射可以分为传导发射和辐射发射，抗扰度也可分为传导抗扰度和辐射抗扰度。各种电磁兼容标准测试内容包括：传导发射、辐射发射、传导抗扰度和辐射抗扰度。

电磁兼容试验目的是明确电子设备或系统能否在实际环境中正常工作，包括不干扰其他设备，也不被其他设备干扰，因此试验过程中应遵循以下原则：

（1）受试设备处于实际的工作状态，包括所连接的辅助设备、电缆的种类及长度、是否接地、安装状态（在金属还是非金属平台上）；

（2）受试设备处于"最严酷"状态。做抗扰度试验时，应使设备处于敏感状态，做骚扰试验时，设备处于发射最强状态。

（3）使用最接近限值的数据，这包括做辐射发射试验时，受试设备的最大辐射发射面对着天线，天线处于接受最强辐射的高度和极化方向等；在做传导发射试验时，电流卡钳或功率吸收钳在电缆上滑动，寻找最强骚扰点。此外，正式的电磁兼容认证试验，需要在半无反射屏蔽室中进行。

3. EMC 分析预测技术

EMC 分析预测是利用电磁场理论和数值仿真技术，对设备和分系统或系统的 EMC 特性进行分析和评估，且通常应用在系统或设备研制的方案设计阶段和工程研制阶段。尽管 EMC 分析预测的对象不同，但着眼点都是研究可能发生的电磁干扰现象。

任何电磁干扰现象的产生都遵循电磁干扰三要素的规律，即干扰源、敏感器和传播途径。根据电磁干扰发生的规律，任何电磁干扰的仿真计算都必须包括干扰源模型、传输特性模型和敏感器模型。从电磁理论的角度看，建立干扰源及干扰传输与耦合的数学模型就是求解电磁场的 Mexwell 方程组问题。常用的求解方法包括严格解析法、近似解析法或近似法、数值法。

7.2　电推进的电磁干扰特性

7.2.1　电推进航天器电磁兼容性问题

电推进系统电磁兼容性问题主要表现在以下几个方面：

（1）推力器工作时会产生电磁辐射，这个电磁辐射可能对其他电子设备造成干扰；

（2）推力器的工作性能会受到周围强电磁场的影响，需要考虑推力器周围的强电磁辐射源对推力器性能的影响；

（3）推力器羽流等离子体作为导电介质可能会对卫星的通信链路产生影响；

（4）推力器羽流等离子体会引起与羽流接触处局部电位的变化,当局部电位差超过绝缘强度时会出现放电,造成类似于静电放电性质的危害;

（5）推力器中等离子体振荡普遍存在,且不可避免,传导干扰较强。振荡对卫星一次母线的干扰会传递给电源处理单元。

因此,如何评估电推进系统电磁干扰效应,达到电推进系统与整星的电磁兼容工作是航天器使用电推进系统的先决条件,这就要求必须开展电推进系统电磁兼容研究工作。

7.2.2　电推进系统对航天器的电磁干扰机理

1. 羽流等离子体对卫星通信链路的影响

电推进羽流是由电推力器喷口高速喷出的推进剂气体,离开推力器后在真空环境下运动膨胀而形成,主要由气体电离形成的等离子体组成,包含束流等离子体和电荷交换等离子体。电推进羽流最显著特征是呈电中性等离子体的定向运动,羽流中的带电粒子能量高,其运动与周围的电场、磁场发生相互作用,流动状况极其复杂。

等离子体是由大量带电粒子和电磁场耦合的非束缚态宏观体系,它是除去固态、液态、气态外,物质存在的第四态。等离子体是大量带电粒子的集合,即它是一个统计系统。电磁波在通过电推力器羽流等离子体传播时,波的电磁场与等离子体中的电子离子相互作用。因为离子的质量远大于电子的质量,所以只需考虑电子的运动。电子在电磁波电场的驱动下会高速振荡,电磁波能量转变为电子的振动动能,电子的振动动能又通过电子-中性粒子的碰撞转变为电子-中性粒子的热能,从而不可逆地吸收了电磁波的能量。

等离子体中的波就是粒子与自洽电磁场耦合在一起的各种集体运动模式。由于等离子体中带电粒子间独特的长程相互作用、电子与离子质量相差悬殊且电荷相反,它们对电磁场有不同的响应。在磁场中带电粒子的运动以及它们对波的响应的各向异性等因素,使得等离子体中波动的模式比中性气体要更丰富和复杂。有由空间电荷分离而造成的静电波,也有因电磁感应而生成的电磁波。当等离子体中存在磁场时,由于磁力线的扰动和磁场与等离子体的冻结效应可以产生各种磁流体波。如果等离子体密度、温度空间不均匀以及磁场弯曲和不均匀,则会引起粒子的漂移运动,这种运动可以激发出各种漂移波。

等离子体波的特性由等离子体本身的性质和它所处的物理条件决定。等离子体是由带电粒子所组成的气体,因此,其中的波、热压强也和电磁力有关,即在等离子体中存在着三种力:热压强梯度、静电力和磁力起着准弹性恢复力的作用。这意味着,等离子体中除热压强引起的声波外还会产生各种模式的静电波(纵波)、电磁波(横波)以及它们的混杂波。此外,由于电子和离子的质量相差很大,它们各自在波动过程中所起的作用有很大不同。最后,在有限大小的等离子体、空间不均匀的等离子体、各向异性以及速度空间不均匀的等离子体中又有各自的特征性波动现象。因此,一般说来等离子体中波的形态是多样复杂的。

当航天器通信、测控等设备的电磁波的波束穿越电推进羽流等离子体时,电磁波的波束将因等离子体的反射、散射和吸收而受到显著的影响,随着羽流等离子体密度和梯度的不同,电磁波的波束将会产生不同幅度的衰减、折射、电磁波相位角的变化等,电推进羽流电磁效应会对测控、通信等电子设备产生电磁干扰。

2. 电推进系统电磁辐射机理

电推进系统内自身的电磁辐射主要来自电源处理单元(power processing unit,PPU)和电推力器。

电源处理单元内一般的潜在辐射源包括等离子体点火回路、功率开关和供电线路等。电源处理单元接地网络涉及电源处理单元供电电源和推力器电源的隔离和接地,由于各路电源的电压相差很大,需要很好的匹配。放电电流与氙气的流量紧密耦合、互相影响,氙气流量的变化也会引起阳极供电电流变化,从而引起电源处理单元电磁环境的变化。由于离子推力器放电室溅射产物的沉积,加速栅极与屏栅极之间可能发生短路打火的概率,会引发电源处理单元短路保护,对电源母线产生干扰。

电推力器潜在的辐射源包括放电室等离子体、中和器等离子体、束流等离子体、供电线路等。电推力器在工作时,存在中和器自持放电、推进工质电离、等离子体振荡以及放电室中带电粒子扩散过程引起的振荡,电推力器由于电源供电瞬态特性和推进工质瞬态变化等也会引起放电振荡。电推力器中放电室等离子体振荡现象与电推力器放电的基础物理过程有关且与其实际应用息息相关,伴随着等离子体波和振荡不稳定性现象,波的频率从几 kHz 到几 GHz,甚至十几 GHz。这些振荡信号不但关系到电推力器电源系统的设计,同时对电推力器的传导、离子束流传输、粒子通道壁面的溅射腐蚀、放电稳定性、卫星通信均有不同程度的影响,进而影响推力器的寿命、比冲、效率以及运行可靠性。由于漂移运动、密度梯度和磁场等因素的影响,电推力器等离子体振荡机理十分复杂,色散关系的分析、仿真和实验是研究这些振荡的重要途径。

7.3 电推进电磁兼容性设计

7.3.1 电推进整星的电磁兼容性设计

1. 电推进航天器电磁兼容性设计需求

电推进系统与传统的化学推进系统之间存在很大的不同,特别是电推进系统工作时产生或诱发的航天器复杂电磁干扰环境与化学推进情况差别显著。目前,电推进系统与航天器之间的相容性问题仍然受到重点关注,对电推进羽流与航天器之间的相互作用还没有完全了解,有些意外的相互的电磁作用效应有可能成为影响航天器寿命甚至威胁航天任务顺利完成的关键因素。因而在使用电推进前,需要通过地面模拟试验,深入研究电推力器产生的等离子体特殊电磁环境与航天器其他子系统及其部件之间的相互作用和影响程度,确认在航天器寿命期间的环境作用效应处于容许范围内,或者采取必要的防护措施。

2. 电推进航天器电磁兼容设计

在应用了电推进系统作为主推进系统的卫星研制过程中,要结合星载设备特点和星载无线设备的主要性能参数表,进行整星的频率规划和分析。经分析可能产生干扰或受扰的设备,应在电缆布局和设备空间隔离、舱段隔离等方面采取相应的防护措施。

卫星总体、分系统和设备的 EMC 设计应与其功能设计同步进行,统筹考虑。确定 EMC 指标时,要考虑包括寿命周期、研制费效比等在内的综合因素。

卫星设计过程中,应该明确 EMC 的基本参数,包括电磁干扰值、电磁干扰发射限值、电磁敏感度阈值、电磁敏感度限值、安全裕度、性能降低判据、性能失效判据等。

应用电推进系统的整星电磁兼容性可以从以下几个方面考虑。

(1)系统级电磁兼容要求。卫星系统设计过程中,应充分考虑其与测控系统、通信系统、应用系统的电磁兼容性。在设计过程中应加强协调,并进行充分的试验、分析或仿真验证。

(2)系统级电磁干扰控制要求。系统电源母线上的传导干扰常常是系统内设备间相互干扰的重要形式,所以应对整星电源母线的传导瞬态干扰、纹波和扫频传导发射进行控制。尤其是电推进系统是整个卫星上占据较大能源需求的推进系统,其母线转换的电压高达上千伏,电流达数安培,对于电源处理单元及卫星母线的电磁干扰的控制尤为重要。

(3)系统级敏感度判断准则定义和辐射敏感度要求。卫星的敏感度判断准则分为三级:生存级、工作级、性能级。实施整星验证时,需要按性能级要求进行验证。

电推进卫星在规定强度的电场辐射敏感度试验中,应满足相应级别的敏感度判断准则要求。一般不进行整星在轨状态的场辐射敏感度测试,但如果由于某些星载设备(尤其是发射机)无法参加整星电磁兼容测试,需要针对发射机的辐射特性对整星进行相应在轨段的辐射敏感度测试,敏感度限值需要根据缺少设备的辐射特性来确定。注意在敏感度测试过程中需要对整星的接收频段进行避让。

7.3.2　电推进系统的电磁兼容性设计

1. 电推进系统的电磁兼容性设计需求

相对于化学推进航天器,电推进航天器的特殊环境集中体现在电推进工作产生的等离子体和电磁场环境,以及由等离子体和电磁场环境诱发的溅射、污染、带电、电磁干扰等环境。在电推进分系统与航天器进行集成的时候,推力器和电源处理单元产生的电磁环境对航天器有着潜在的冲击,对诸如通信、导航、制导和控制、有效载荷的试验产生影响,其电磁环境可能会伴随射频和传导发射一同产生持久的或变化的磁场,所以在飞行之前,系统必须进行 EMC 设计与试验,并将电磁干扰降低到一定量级以下来满足兼容性要求。

2. 电推进系统的电磁兼容性设计

电推进分系统自身 EMC 满足功能和可靠性要求。即分系统自身产生的电磁干扰不会对自身的敏感器件造成影响分系统正常功能的恶劣影响;分系统的电磁辐射不会对整星其他敏感部件的正常工作带来恶劣影响;分系统的敏感器件,例如压力传感器、节流器温度传感器、码盘模拟电路部分等模拟信号相关设备,不会受到整星其他电磁辐射源的干扰影响其性能。

电推进系统的电磁兼容设计主要考虑电推力器、电源处理单元和推进剂贮供系统,其中要重点考虑电推力器和电源处理单元的电磁兼容设计,其他配套的如控制系统、线路切换系统、调节机构等,属于较为通用的电子和机械产品,遵照一般的机电类产品电磁兼容设计即可。

3. 电推力器的电磁兼容性设计

电推力器在工作过程中产生的电磁辐射范围较宽,一般来说低频辐射较强,但是由于该频段与卫星公共通信波段较远,一般不会影响卫星通信。

电推力器的电磁波主要由中和器和放电室产生,为减小电磁波强度,可选择合适的中和器流率,使推力器工作在点发射模式,此时中和器产生的电磁波很小;也可以在放电室外设计金属外壳,从而使放电室电磁波强度减小。

电推力器的辐射发射一般具有方向性,以离子推力器和霍尔电推力器为例,偏向于阴极一侧的辐射最强,因此应该注意电推力器在整星安装位置的选择。

电推力器本身具有较强的抗干扰能力,不会因为受到一般的电子设备或一般无线通信设备产生的电磁辐射而不能正常工作,只有很强的电磁场才会对电推力器产生实质性影响。因此,在整星电磁兼容分析与设计时,一般可以不考虑电推力器的电磁干扰问题。

电推力器在工作过程中普遍存在等离子体震荡,震荡对电源工作冲击很大,电流、电压的大幅度变化会影响电源的性能。为了抑制震荡产生的影响,在电源和电推力器之间应考虑适当的滤波和保护措施,有效抑制震荡在电路中的干扰传播。

4. 电源处理单元的电磁兼容性设计

在电源设计中,要重视抑制开关电源的各次谐波,减少开关转换中固有的高速电流和电压瞬变,所有二次电源输出与输入隔离。正确使用电源 EMI 滤波器,将传导干扰电平抑制到 EMC 标准允许的极限值以下,同时还可能降低设备产生的电场辐射干扰。

在印制电路板设计方面,每块 PCB 板上的电路都按照电路功能进行分区,各电路板采用多层板布线,内部通过地层和机壳地层对元件面和焊接面的信号进行隔离,减小干扰降低串扰。在满足性能的条件下,选用低速器件和低工作频率;针对每个集成电路配置去耦电容。

然后要注意输入输出接口电缆设计,由于 PPU 为输出大功率电源产品,产品内部功率变换的开关电路及输出整流电路会产生大量的电磁干扰信号,这些干扰信号包括以工作频率为基频的多次谐波频率电磁信号,最高频率达到几十兆赫兹,尤其对于较高的高次谐波的干扰信号,很容易以辐射干扰的形式向外发射,并且这些信号主要寄生在 PPU 的输出电缆中,最终在输出线上以辐射方式向外发射干扰信号。因此,对 PPU 高频谐波的辐射干扰主要采取对 PPU 的输出线采用屏蔽线处理,可有效抑制 PPU 的辐射干扰。

PPU 内部包括输出功率屏栅电源和稳流电源。由于各电源输出功率大,每个电源的功率变换及输出滤波部分会产生较大的干扰信号,为了有效抑制各部分电路的干扰信号,PPU 的机箱结构设计中,尽量利用各电源的机框结构设计,对局部电路形成独立的分区,利用独立的金属分区腔体,对电磁干扰信号进行屏蔽,减少干涉信号向其他电路及外部空间的发射和干扰。

在 PPU 产品的输入端口和输出端口增加滤波电路可以滤除低频和高频噪声信号。PPU 中各模块电源实现功率变换的主要方式是通过对电流的斩波实现的,在斩波的过程中会产生电流的急剧变化,并以电磁波的方式向外辐射产生对外的干扰信号,因此抑制 dI/dt 的幅值或尖峰,将有效抑制干扰信号的辐射发射,同时有效减少由此产生的高次谐波的发射干扰。为此在功率变换 MOSFET 的漏源两端设置了由电容和电阻组成的 RC 吸收电路,通过 RC 的参数配置和优化设计,可以有效吸收 MOSFET 的漏源尖峰电压,减少电磁干扰。

电源处理单元为大功率变换设备,自身具有较强的干扰信号,设计过程中应考虑机壳电磁屏蔽、PCB 板合理布线、信号隔离、良好接地、输入/输出滤波、尖峰吸收电路等措施,提高 PPU 产品自身的抗干扰能力,有效抑制产品辐射发射干扰。

5. 贮供系统的电磁兼容特性设计

贮供系统中既有纯机械部组件,也有包含电子线路的部组件。对于前一类,如高压气加排阀、低压气加排阀、高压气瓶、缓冲气瓶和管路连接件等,不存在电磁兼容性问题。对于后一类,如电动阀门、压力传感器和流量控制器热控组件需要进行 EMC 设计。

电动阀门包括高低压自锁阀和高低压电磁阀,都含有电磁线圈。阀门设计时要保证一定的开启裕度和关闭裕度,而且磁场封闭在阀门自身的回路中,因此,在强磁场干扰的场合,也需要能保持阀门的状态,不会产生误动作。阀门的结构设计和材料的选择要能有效地抑制电磁干扰的产生。

压力传感器采用高共模抑制比的低频模拟放大电路,采用金属屏蔽外壳,电源线使用双绞线,信号线使用双绞线并进行屏蔽,屏蔽层在输出端单点接地,能有效地抑制外界电磁干扰的影响,同时自身不会产生高频和低频电磁信号。

流量控制器热控组件有金属屏蔽外壳,自身没有复杂的电路,不会产生高频和低频电磁信号,经过电性星和电推进真实点火试验,可满足电磁兼容性要求。

7.4　电磁兼容性实验

电推进航天器电磁兼容性实验的主要目的是获取电推进的电磁发射和传导干扰特性,评估电推进系统与航天器上关键设备的兼容工作情况。

电推进航天器电磁兼容性实验的主要项目包括:

(1) 电推进系统 EMC 测试,测试电推力器在点火过程中各单机的电磁辐射发射特性,以及在电推力器点火和非点火状态下测试特征传输路径上电磁波传输特性的变化,获取电推进羽流对通信的影响特性;

(2) 非点火状态整星兼容性测试:利用电推进 EMC 模拟器,模拟推力器的电磁特性参加整星 EMC 试验,间接验证电推进系统与整星其他电子系统的兼容性;

(3) 点火状态整星兼容性测试:在适当的真空室内进行整星电推进点火,直接验证电推进系统与整星其他电子系统的兼容性,验证电推进系统对跟踪、载荷等微波通信系统的影响。

7.4.1　电推进系统的 EMC 测试

1. 试验目的

电推进系统 EMC 测试的目的包含如下内容:

(1) 测试电推进在不同工况下的发射电平,考察系统在各频段的电磁发射特性,以便以此为依据分析电推进系统与航天器间的电磁兼容性;

(2) 考察电推力器等离子体羽流对卫星通信的影响程度,即电磁波穿过等离子体羽流后的幅度衰减以及相位滞后等情况。

2. 测试项目与方法

1) 测试项目

电推进系统的主要干扰源是电推力器和电源处理单元,因此对于这两个产品的电磁兼容特性的测试也是整个系统的测试重点。

一般的电推进系统的辐射发射测试包括：稳态电场辐射和瞬态电场辐射（RE102）发射。电源的传导发射测试包括：电源线传导（CE102）和尖峰信号传导（CE107）发射，以及等离子体羽流对卫星的影响，具体项目见表7-2。

表7-2　电推进系统测试项目

测 试 项 目	系 统 组 成	推力器工作模式
电场辐射测试（RE102）	地面供气系统、电推力器、PPU 及 PPU 控制模拟器、测试天线、矢量网络分析仪、其他相关测试设备	正常工作模式
PPU 输入母线电源导线传导发射（CE102）	地面供气系统、电推力器、PPU 及 PPU 控制模拟器、传导测试设备	正常工作模式
PPU 输入母线电源线瞬态传导发射测试（CE107）	地面供气系统、电推力器、PPU 及 PPU 控制模拟器、示波器、电流探头、其他相关测试设备	正常工作模式
PPU 输出电源线瞬态传导发射测试（CE107）	地面供气系统、电推力器、PPU 及 PPU 控制模拟器、示波器、电流探头、其他相关测试设备	阳极开、关
等离子体羽流对卫星通信的影响测试	地面供气系统、霍尔推力器、PPU、FU 及 PPU 控制模拟器、发射天线、接收天线、其他测试设备	正常工作模式

2) 测试方法

电推进电磁兼容试验一般可分为传导和辐射两项测试，电磁辐射测试将推力器安装在玻璃纤维复合材料的透波舱内部，如图7-1所示。电磁辐射测试各个波段的接收天线布置在玻璃纤维舱外面，具体测试布置方案为：将电推力器置于真空室透波副舱内，电场接收天线位于以推力器出口平面中心为圆心，半径为1 m，与

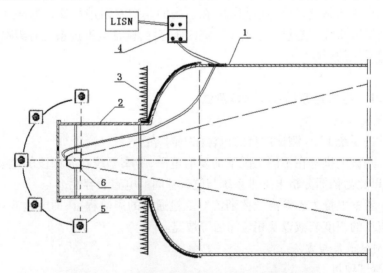

图7-1　电推进系统传导与辐射测试方案示意图

1—主真空室；2—玻璃纤维副舱；3—吸波材料；4—电源处理单元PPU；
5—各个频段电场接收天线；6—推力器

推力器轴线在同一水平面上的 180°圆弧上。两个测量点分别与推力器出口平面夹角为 90°、180°(或 0°)。电源处理单元放在主真空室接线法兰附近的非导电桌面上。在电源处理单元一次母线上进行传导测试。

根据电磁兼容有关测试要求和电推进系统工作特点,电推进系统电磁辐射与传导测试的顺序、步骤如下。

(1) 测试系统校准。

(2) 对环境电平进行测试,记录测试结果(在真空系统开启后,电推进系统工作启动前进行一次环境电平进行测试)。

(3) 电源线传导发射(CE102)测试。

① CE102 测试设备连接调试;

② 电推进系统开机;

③ 电推进系统稳定工作状态,在电源处理单元电源输入母线上进行电源线传导发射(CE102)测试;

④ 电推进系统关机。

(4) 电场辐射发射(RE102)测试。

① RE102 测试设备连接调试;

② 电推进系统开机;

③ 电推进系统稳定工作状态,在测试方案中规定的两个测量位置处分别对电磁辐射发射(RE102)进行测试;

④ 电推进系统关机。

(5) 电源线尖峰信号(时域)传导发射(CE107)测试。

① CE107 测试设备连接调试;

② 在电源处理单元电源输入母线上,按照规定工况进行电源线尖峰信号(时域)传导发射(CE107)测试,每个工况点至少测量 3 次;

③ 电推进系统关机。

(6) 瞬态电场辐射发射测试。

① 瞬态电场辐射发射测试设备连接调试;

② 在测试方案中规定的测量位置处,按照规定工况点进行电推进系统电场辐射发射瞬态(时域)特性测试,每个工况点至少测量 10 次;

③ 电推进系统关机。

(7) 等离子体羽流对卫星通信的影响测试。

① 发射和接收天线、矢量网络分析仪等测试仪器设备连接调试;

② 电推进系统按照正常点火流程达到稳定工作状态,开启通信发射天线及接收天线,对 1 GHz 以上频段信号的水平极化与垂直极化特性分别开展测试;

③ 完成测试关闭电推进系统。

3. 测试设备

试验装置一般包括真空容器、真空系统、供电供气系统、控制系统、微波暗室、透波舱和测试设备、仪器等所构成,如图 7－2 所示。其中真空容器中的透波舱、微波暗室和测试设备、仪器是整个系统的核心部分。真空容器主舱、真空系统和供电供气系统相应功能如下:

(1) 确保真空度满足电推进工作时要求;

(2) 确保电能和推进剂能够稳定持续的输送;

(3) 保证人员及周围环境的安全;

(4) 隔离真空系统与大气,承受大气压力。

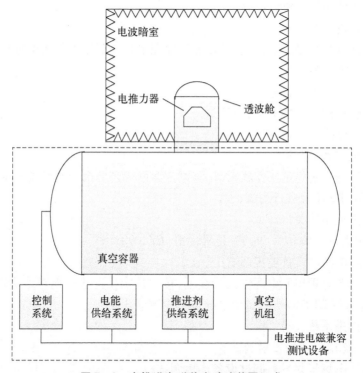

图 7－2　电推进电磁兼容试验装置组成

透波舱是一种非金属材质的真空容器,对电磁波具有较高的透射率。此外,透波舱还要求具备绝缘性好、强度和刚度较高、耐高温、耐腐蚀等特点。能够满足要求的材料有玻璃纤维和石英玻璃两种,但是石英玻璃制造加工大型容器较为困难,且成本也比较高,所以,一般选用加工制造工艺成熟,且成本比较低的玻璃纤维材料制作。

例如,兰州空间技术物理研究所离子推力器 LIPS－200 电磁兼容测试时所使用的透波舱,其通径为 800 mm,长度为 1 600 mm,其结构如图 7－3 所示。

透波舱的主要性能指标:

（1）频率在测量范围的电磁波透过率≥60%；

（2）工作温度≥120℃；

（3）承受外压≥2个大气压。

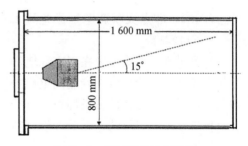

图 7-3　透波舱结构示意图

微波暗室要将真空室副舱和试验天线围在其中。根据国军标要求，微波暗室主要设计指标如下。

（1）屏蔽性能：

① 14 kHz~1 MHz：>60 dB；

② 1~1 000 MHz：>90 dB；

③ 14~18 GHz：>80 dB。

（2）吸波材料性能：

① 80~250 MHz：≤6 dB；

② 1~1 000 MHz：≤10 dB。

（3）地板接地电阻：≤1 Ω。

根据国军标电磁辐射试验的有关规定，辐射发射试验中电场接收天线距被测件的距离为1 m，接收天线距地面的距离为1.2 m，接收天线距微波暗室内墙壁的距离至少为1 m。根据真空室结构和天线的布置要求，可以确定微波暗室结构尺寸。对外屏蔽用钢板，吸波材料选用铁氧体和泡沫。

接收天线和测量仪器设备根据试验任务和未来需求，按照试验要求和测量标准进行配置。根据要求的试验范围，需要配置相应的试验仪器设备。接收天线及测量仪器测量的配置见表7-3。

表 7-3　参试设备列表

名　称	频　段	测 试 项 目	备　注
有源杆天线	10 kHz~30 MHz	电场发射	—
双锥天线	30~300 MHz	电场发射	—
对数周期天线	80 MHz~1 GHz	电场发射	—
双脊喇叭天线	1~18 GHz	电场发射	—
双脊喇叭天线	18~40 GHz	电场发射	—
无源环天线	30 Hz~50 kHz	磁场发射	13.3 cm
测量接收机	10 kHz~40 GHz	电磁场传导发射	—
前置放大器	30 MHz~40 GHz	电磁场发射	—
频谱分析仪	10 kHz~40 GHz	电磁场发射	频域测量
示波器		电磁场传导发射	时域测量

7.4.2 非点火状态电推进整星 EMC 测试

1. 试验目的

电推进系统点火要求在真空环境和配置等离子体防护设备的条件下进行,而卫星电磁兼容性验证应在专业的电磁兼容性实验室进行,但是专业的电磁兼容性验证试验设备不能提供真空环境,因此不能在电推进真实点火条件下直接测量配置电推进系统的卫星的电磁兼容性,电推进航天器其电磁兼容性问题便成了新的研究课题。

配置电推进系统的卫星电磁兼容性评估内容为模拟在轨段辐射发射期间考察卫星工作时主份工作模式和最大配置工作模式下,整星能否兼容性工作,同时记录卫星本身所产生的电磁辐射发射情况,为以后的电磁兼容分析工作提供数据。

非点火状态整星兼容性测试的具体要求包括:

(1) 此项测试要求在电磁兼容暗室内进行。

(2) 除电推进分系统外,航天器上其他分系统均工作在在轨正常工作状态,电推进分系统按照在轨工作流程进行自主点火。

(3) 电推力器采用电推进模拟器代替,电推进器模拟器的电场辐射发射应能保证,到达电推进器在卫星上安装位置附近的星体表面接收到的电磁辐射强度与电推进辐射发射测试所获得的结果一致,并有 6 dB 的余量。

(4) 电推进模拟器的电场辐射发射数据需覆盖航天器通信用主要频段。

2. 测试项目与方法

1) 测试项目

电推进航天器基本的 EMI 和 EMS 测试项目包括以下项目[91]:

(1) CE101 测试: 25 Hz~10 kHz 电源线传导发射测试;

(2) CE102 测试: 10 kHz~10 MHz 电源线传导发射测试;

(3) CE106 测试: 10 kHz~18/40 GHz 电源线传导发射测试;

(4) CE107 测试: 电源线尖峰信号(时域)传导发射测试;

(5) RE101 测试: 30 Hz~50 kHz 磁场辐射发射测试;

(6) RE102 测试: 10 kHz~18 GHz 电场辐射发射测试;

(7) RE103 测试: 10 kHz~18/40 GHz 天线谐波和乱真输出辐射发射测试;

(8) ESD 测试: 静电放电抗扰度测试;

(9) CS101 测试: 30 Hz~150 kHz 电源线传导敏感度测试;

(10) CS114 测试: 10 kHz~200 MHz 壳体电流传导敏感度电缆束注入传导敏感度测试;

(11) CS115 测试: 电缆束注入脉冲激励传导敏感度测试;

(12) CS116 测试: 10 kHz~100 MHz 电缆和电源线阻尼正弦瞬变传导敏感度测试;

（13）RS101 测试：30 Hz~50 kHz 磁场辐射敏感度测试；

（14）RS103 测试：10 kHz~18/40 GHz 电辐射敏感度测试；

（15）主要电源设备的开机瞬态电流测试；

（16）电源线电压浪涌敏感度测试。

2）测试方法

为完成配置电推进系统的卫星的电磁兼容性验证,需要设计利用地面模拟设备进行间接测量,以下介绍一种基于电推进辐射发射模拟器的整星电磁兼容性验证方法。首先,在真空条件下,对配置完整的电推进系统单独进行电磁兼容性测试,获得在真实点火条件下电推进系统的辐射发射参数;其次,搭建电推进电磁辐射发射模拟器,该模拟器能够产生与电推进系统真实点火条件下的辐射发射参数相同的电磁辐射发射;最后,在整星电磁兼容性测试时,利用电推进辐射发射模拟器替代真空点火条件下的电推进辐射发射,完成配置电推进系统的卫星电磁兼容性的测试和评估。

基于电磁辐射模拟器的整星电磁兼容性试验的实现流程如图 7-4 所示。

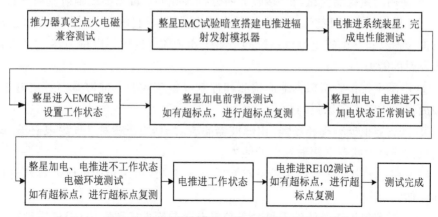

图 7-4　基于电磁辐射模拟器的整星电磁兼容性试验的实现流程

按照图 7-4 的执行步骤如下。

（1）获得电推力器点火状态下的辐射发射参数。

① 将电推力器置于透波舱内,对透波舱内抽真空,真空度符合产品工作要求。

② 电推力器在真空环境下进行点火,电推力器点火要求保持稳定的供电和供气环境。

③ 推力器电磁特性测试在屏蔽暗室内实施（图 7-5）,这样保证外界环境对试验结果干扰影响减小,将一个接收天线置于透波舱外,对准电推力器的背面（即指电推力器真空点火喷射等离子体的反方向）,另一个接收天线置于透波舱外,指向垂直于电推力器的侧面（侧面是指等离子体束流的平行方向）。

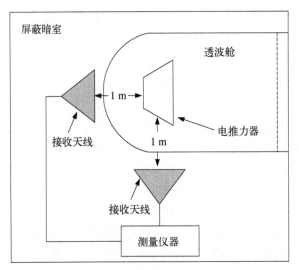

图 7-5　电推力器在透波舱中的测试示意图

④ 使用测量仪器测量两个接收天线分别接收的电推力器的辐射发射参数。

（2）根据步骤（1）的辐射发射参数搭建电推进辐射发射模拟器，使电推进辐射发射模拟器具备在配置电推进系统的卫星工作全频段内模拟电推力器点火状态下辐射发射的能力。

① 电磁干扰接收机根据地面检测和控制设备获取的电推力器辐射发射参数，给预放器提供频率和场强的输入。

② 预放器根据频率和场强（由滤波器滤波后）利用天线对外发射电磁波，即模拟电推力器点火状态下辐射发射的能力。

（3）在整星电磁兼容性实验室对配置电推进系统的卫星的电磁兼容性进行测试和评估。

① 将配置电推进系统的卫星置于整星电磁兼容性实验室内，卫星模拟在轨处于正常工作状态。

② 在卫星水平方向（水平方向是指与地面平行方向）采用电推进辐射发射模拟器根据电推力器的辐射发射参数量级，注入两倍于最大值的辐射电磁干扰量。

③ 在整星电磁兼容性实验室内距离配置电推进系统的卫星进一定距离（0.1~3 m）远处架设场强探头（各向同性电场探头覆盖 10 kHz~40 GHz 范围，分辨率 0.01 V/m，测量范围 0.15~3 000 V/m），测量并确认在 30 MHz~31 GHz 频段施加的场强为 3 V/m。

④ 通过天线探测整星电磁兼容性实验室内的辐射发射特性，通过采集分析电磁波场强随频率的变化来确认卫星的受扰量级。

（4）通过探测过程中配置电推进系统的卫星的受扰情况，判断配置电推进系统的卫星的电磁兼容性,完成对配置电推进系统的卫星的电磁兼容性测试和评估。

在探测频带内设置干扰场强阈值,当步骤(3)天线探测的电磁波场强高于设置的干扰场强阈值时,判定配置电推进系统的卫星的电磁兼容性不合格;否则,判定配置电推进系统的卫星的电磁兼容性合格。通信卫星的电磁兼容判断准则如表7-4所示:

表 7-4　通信卫星电磁兼容判断准则

卫星使用频段要求/GHz	卫星允许辐射上限/(dBμV/m)	电推进电磁辐射限值/(dBμV/m)	备　注
1~18	120	70	—
1.60~1.67	25	25	L 频段
1.98~2.01	25	20	
5.85~6.725	35	35	C 频段
12.75~13 13.75~14.5 17.3~17.8	35	35	Ku 频段
18~22.5	120	55	Ka 频段
22.5~26.5	40	38	
26.5~31	40	38	

按照该方法,在我国的某通信卫星上进行了整星电推进工作前后的电磁发射测试,测试了电推力器正常工作时自身对卫星的辐射干扰强度范围,测试频段覆盖 1~31 GHz 频段。通过测试确认了电推进工作电磁辐射干扰量级在 10~60 dBμV/m,电推进工作过程的电磁辐射效应不会影响到整星通信载荷在 L 频段、C 频段、Ku 频段及 Ka 频段的正常工作。

7.4.3　点火状态电推进整星 EMC 测试

为了全面验证电推进航天器和整星电磁兼容性能,有必要开展点火状态电推进整星 EMC 测试试验。试验安排在适当的真空室内进行整星电推进点火,直接验证电推进系统与整星其他系统的兼容性,验证电推进系统对跟踪、载荷等微波通信系统的影响。

1. 试验目的

点火状态电推进整星电磁兼容特性评价试验的目的如下:

(1)验证电推进分系统在整星真空状态下的点火功能和性能;

(2)验证电推进点火状态下的整星自兼容工作情况,包括敏感设备的工作情况;

(3)测定跟踪子系统射频通信链路的受扰情况;

（4）测定通信载荷分系统工作的受扰情况。

2. 测试项目与方法

1）验证试验状态

试验中采用多副测试天线对载荷受扰特性进行测试。载荷射频接收天线安装在卫星西板上，对电推进分系统工作时通信载荷分系统的受扰情况进行评估。在真空舱内电推进羽流一侧安装地面通信天线，实现与羽流另一侧星上背地面测控天线无线通信。

地面通信天线与背地面星上测控天线的通信波束穿过羽流区示意走向如图7-6和图7-7所示。

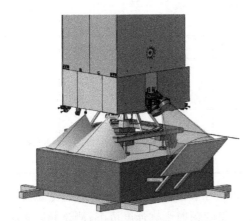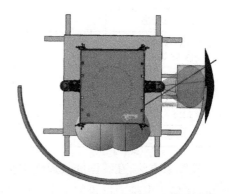

图7-6　跟踪射频无线通路示意图（侧视图）　图7-7　跟踪射频无线通路示意图（顶视图）

载荷受扰等效测试天线通过过渡板安装在卫星西馈源处，四副测试天线同时安装，天线安装角度尽量与馈源方向保持一致。天线安装位置如图7-8所示。

2）星上敏感设备电磁兼容性验证试验

星上敏感设备电磁兼容性验证试验目的分为两方面。一方面，验证电推进分系统在卫星供配电、测控、综合电子等分系统的支持下正常工作的能力。试验时卫星除电推进外其他参试分系统工作在正常主份模式，电推进分系统按照程控序列点火，点火成功后保持，验证电推进分系统成功点火后星上其他分系统受扰情况；另一方面，电推进分系统工作在正常点火状态，通过遥控指令完成供配电、综合电子、控制等分系统的主备切换，来观察电推进分系统的受扰情况。

在测试中，推力器完成加热、起弧、束流引出、关机等关键步骤的操作，可验证电推进及羽流与整星的自兼容特性。

3）通信载荷受扰验证试验

试验时在卫星西板对应通信天线馈源的天线安装处安装全频段地面测试天线，天线安装角度尽量与卫星飞行馈源方向保持一致，测量电推进点火时在卫星通

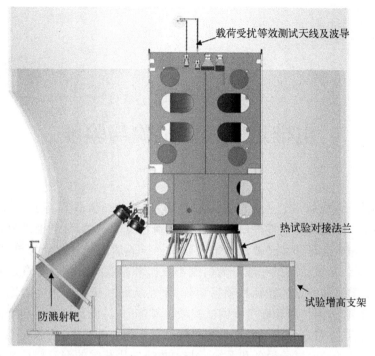

图 7 - 8　载荷受扰等效测试天线安装示意图

信载荷典型馈源位置处接收到的干扰信号。

4）测控射频通信链路影响验证试验

（1）遥控上行通道干扰分析。在电推进点火期间,观测电推进羽流中的高能粒子是否会通过背地面测控天线干扰上行遥控通道。实际测试过程中,在电推进点火试验期间,通过遥控上行射频无线通道连续发送多条遥控指令,测试应答机各个遥控频点的上行电平范围,根据试验结果确定电推进点火期间是否会干扰遥控上行通道的正常工作。

（2）遥测系统性能受扰分析。在试验期间,对应答机各个遥测频点的频谱纯度和遥测调制度分别进行测试,根据试验结果确认电推进点火期间跟踪子系统遥测性能是否满足指标要求。

第8章

电推进航天器试验与验证

    电推进分系统是一个全新的分系统,技术复杂,关键技术多,新产品多,寿命和可靠性要求高。为确保电推进航天器设计正确和飞行成功,对电推进分系统开展全面的地面试验验证非常必要。电推进航天器试验从试验规模分为单机级、分系统级和整星级,从试验类型一般分为研制类试验和验收类试验。本章首先介绍了电推进航天器试验验证的原则和项目矩阵,重点从研制试验的角度阐述了电推进航天器单机级、分系统级和整星级的试验项目具体内容,以及可靠性与寿命试验项目的具体内容,本章还介绍了电推进在轨测试试验内容和方法,最后介绍了开展试验所必须具备的地面试验设备和系统。与电推进应用相关的羽流特性和效应验证专项试验,以及电磁兼容性专项试验已在第六章和第七章分别介绍,本章不再赘述。

8.1 电推进航天器试验验证综述

8.1.1 电推进试验项目确定原则

电推进试验项目确定的原则如下。

(1) 充分、有效的地面试验验证是降低应用风险的必要保障。凡是地面有条件进行验证试验的,一定创造条件进行验证。

(2) 由于地面验证试验的局限性,无法完全真实模拟在轨空间环境的,一定要采取试验和分析相结合的方法,在地面用试验充分验证分析模型,用分析充分预测在轨工作情况。

(3) 地面试验要针对全系统、全流程进行充分的验证,不落项,不留隐患。

(4) 地面试验验证项目要进行严格的过程管理。制定试验方案前要明确试验目的,试验前要对参试产品状态和试验设备状态进行检查,并制定量化的试验细则,试验过程中及时对数据分析,试验后认真对试验进行总结,对未达到预定试验目的的试验一定要再次进行试验,确保达到试验预期目的。

(5) 通过地面试验,要对电推进系统的功能、性能、环境适应性、系统兼容性、寿命、可靠性、安全性有明确结论,通过试验能够确认电推进系统符合在轨飞行的必要条件。

（6）通过地面试验,建立一套完整的电推进分系统地面测试设备、地面验证设备和地面机械、电气支持设备,满足后续应用型号地面试验的需求。建立一套完整的正样产品测试和试验规范,可以应用于后续型号研制。

（7）在确保安全的前提下,允许试验有失败,但要对失败原因进行认真总结,确保再次试验成功。

8.1.2　电推进航天器试验项目矩阵

表 8-1 给出了一个典型的电推进航天器研制试验的项目矩阵。

表 8-1　电推进航天器研制试验项目矩阵表

级　别	试　验　项　目	备　　注
单机级	单机功能/性能测试	以电推力器为例,包含电推力器推力和比冲测试、电推力器束流发散角测试、推力偏斜测试、供气供电拉偏测试等
	单机力学环境试验	含振动环境试验、冲击等试验
	单机热环境试验	含热平衡、热真空、热循环试验等
	单机 EMC 试验	电推力器和 PPU 为测试重点
	单机接口测试	含机、电、热相关接口
	单机老炼试验	含单机和空心阴极、磁钢等部组件的老炼筛选等
分系统级	控制单元、驱动线路与贮供子系统联试	验证贮供子系统的闭环控制能力
	PPU 与离子推力器点火联试	考核离子推力器和电源之间供电匹配性
	TPAM 与离子推力器展开与转动联试	含火工品冲击解锁测试、展开与转动测试等
	TPAM 与推力器联合热平衡试验	考虑两者热控设计的相关性和紧密性,开展联合热平衡试验
	分系统模拟点火联试	利用电推力器模拟负载器完成
	分系统真实点火联试	全系统置于真空状态下开展试验
	分系统寿命试验	全系统置于真空状态下开展试验
	氙气物理特性试验	根据电推进工质,开展物理特性试验
	氙气加注试验	根据电推进工质,开展加注试验
整星级	整星电性能测试	整星状态下常规性能测试
	整星力学试验	含正弦振动、噪声、冲击试验
	整星管路检漏	含焊点检漏和系统检漏

续 表

级 别	试 验 项 目	备 注
整星级	TPAM 星上展开与转动试验	可分为电爆展开和手动展开两种测试
	整星 EMC 试验	可分为非点火和点火两种状态的整星 EMC 试验
	整星热平衡试验	在轨飞行各阶段温控设计状况进行检验
	整星热真空试验	对高低温环境下工作性能进行验证
	整星电推进模拟点火联试	利用电推力器模拟负载器完成
	整星电推进真实点火联试	整星置于真空状态下开展试验
可靠性和寿命	单机和部组件寿命试验	包含空心阴极、离子推力器、推力矢量调节机构、Bang - Bang 阀、继电器、PPU 等寿命试验
	单机和部组件可靠性试验	气路绝缘器可靠性试验、火工品解锁器可靠性试验、舱外电缆空间环境可靠性试验等

8.2 电推进试验项目

8.2.1 单机级试验

1. 单机功能/性能测试

电推进的工作原理与化学推进的工作原理存在显著差别,表现在化学推进的推力实现依赖于拉瓦尔喷管,对推进系统的测试侧重于特征压力及特征温度的测量;而电推进的推力实现依赖于带电粒子产生及其加速引出,直接反应在电参数上,可见电推进的性能电测重要性不但远高于化学推进,而且性能电测为电推进航天器主要测试项目,是评估电推进航天器的主要测试手段,必须贯穿单机级、分系统级、整星级等全部阶段[92]。电推进重要产品功能/性能验证需要在真空舱内完成,主要用于测试评估产品功能/性能指标满足单机指标设计要求。

单机功能/性能电测主要针对不同电推进类型所对应的控制单元、电源处理单元、电推力器、贮供单元以及其他辅助单元(如滤波单元、推力矢量调节机构)开展功能/性能测试,重点对不同产品的特征电压、电流参数进行测量,以评估产品性能。而对贮供单元除了完成特征电压、电流测量外,还需检测特征温度与特征压力等工作参数。

1) 电推力器推力和比冲测试

目前应用较为广泛的电推进系统推力一般在毫牛甚至微牛量级,属于微小推力测量技术范畴,其推力测量难度远高于传统化学推进的推力测量难度。电推进推力测试可采用直接法和间接法两种:直接法是基于专用微小推力测量装置开展,目前工程应用的推力测量原理主要有激光干涉位移测量法、扭矩天平法等;间接测量则是使用基于理论或经验推导、总结出的推力传递公式,推力传递公式中的自变量应全部转化为可测量(遥测)参数,常数项可通过地面推力测量装置校准确定。推力直接测量法的测量都比较复杂,而且测量过程也烦琐,在测量时,不但需要对进行在线校准,而且还会产生噪声干扰而影响测量精度。电推进器工作产生的等离子体会对微量天平测量电路产生影响,甚至使天平无法正常工作,需要进行屏蔽处理。

扭矩天平法测量方法如下:推力器工作时产生力的作用,对推力架系统产生扭矩,引起弹性元件变形,从而使梁产生一定角度的偏转。其测试原理如图 8 - 1 所示。

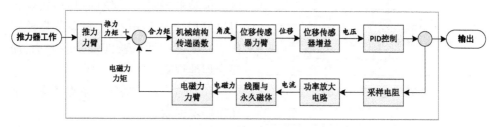

图 8 - 1　推力架测量原理

测试得到推力后,电推力器比冲可通过以下公式计算:

$$I_{sp} = \frac{F}{\dot{m}g} \tag{8-1}$$

其中,推进剂质量流量 $\dot{m}$ 通过地面流量计测试获得,单位为 kg/s;g 为重力加速度,单位为 m/s^2。

2) 束流发散角测试

电推进系统喷出的羽流与传统化学推进系统的不同,其羽流是由带电粒子组成,因此羽流发散角测量明显有别于传统化学推进。电推进系统的羽流发散角可采用专用测试仪器(如法拉第筒)测量 90%的总束流对应的半径、推力器喷口直径,以及推力器喷口与仪器探测面之间的距离进行计算,如公式(8-2)所示。

$$\alpha = 2\arctan \frac{R_{90\%} - D/2}{L} \tag{8-2}$$

式中,α 为束流发散角的数值,单位为度(°);$R_{90\%}$ 为 90%总束流对应半径的数值,单位为毫米(mm);D 为推力器喷口直径的数值,单位为毫米(mm);L 为推力器喷口与法拉第筒探测面距离的数值,单位为毫米(mm)。

推力及束流发散角测试流程见图 8-2。

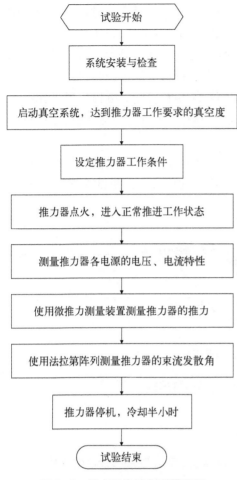

图 8-2   推力及发散角测量流程

2. 单机级环境试验验证

卫星发射入轨后会遇到复杂的空间环境,这些环境对卫星产生极其重要的影响。其中以太阳辐照环境、冷黑环境、真空环境的影响最为严重。它们影响卫星的热性能、电性能、力学性能,对卫星正常工作构成重大的威胁。作为卫星的分系统之一,电推进分系统也将遇到上述空间环境,为了评估电推进分系统的性能,需要分别开展环境试验,通过环境试验检验电推进分系统的可靠性,保证卫星发射入轨后电推进安全可靠地工作。环境适应性试验涉及众多方面,需要合理地规划。

环境适应性试验需要重点考虑以下在轨环境因素:

(1) 电推进系统开机工作的时间及轨道位置,电子产品、特别是高电压产品有无低气压工作环境;

(2) 电推进系统工作经历的力学环境,包括主动段运载带来的振动、火工起爆品冲击等;

(3) 暴露在舱外的高电压组件如电缆、接插件等所需要耐受的空间辐射环境;

(4) 电推进系统及单机在轨飞行时的热环境。

电推进产品环境试验项目应根据整个工作寿命期间的环境剖面开展验证,应用于不同型号的电推进产品应考虑发射阶段力学环境、轨道转移阶段的热真空环境和空间辐射环境以及在轨运行阶段的热真空环境和空间辐射环境,是电推进系统最终能够进入工程化应用阶段的基础。电推进产品环境试验项目一般包括如下内容。

1) 振动环境模拟试验

基于振动环境对卫星结构及其星上仪器设备的影响,为了确保电推进系统正常工作,必须在地面上再现电推进系统在地面运输和发射飞行过程中所经受的振动环境,以考验电推进系统设备经受该环境的能力。

电推进系统及各个单机的振动试验开展过程与常规振动试验相同,但需要在每个方向的试验完成后进行特征阻值测量,诊断产品健康状态。

2）冲击环境模拟试验

电推进系统所经受的冲击环境主要由星上各种火工装置在工作时产生。这些火工装置工作时由于能量高速释放而产生所谓爆炸冲击。其严重程度因火工装置类型而异,对卫星产生冲击环境的差别也很大。除爆炸冲击环境外,电推进系统在地面装卸、运输过程中会受到碰撞式的冲击。冲击环境可能会影响卫星任务的完成,因此应进行相应的冲击环境试验。

电推进系统及各个单机的冲击试验开展过程与常规冲击试验相同,但需要在每个方向的试验完成后进行特征阻值测量,诊断产品健康状态。

3）热平衡试验

热平衡试验的目的是获取温度分布数据、验证热设计的正确性以及修正热分析数学模型,考核热控分系统维持卫星组件在规定工作温度范围内的能力,评价根据热平衡试验结果作的热设计修改的正确性,进一步完善热分析数学模型。同时热平衡试验验证产品的热设计是否满足设计要求,并具有规定的设计余量。航天器外部电推进系统产品应满足热设计裕度要求,必要时采取主动热控措施并经过热设计验证评估。对于电推进电源类产品需验证元器件温度降额是否满足降额设计要求。

电源处理单元产品属于大功率器件,需在满足热真空条件下,使产品加电工作,当温度达到平衡后,测试各测温点的温度;根据各测温点温度计算产品内部器件的结温,验证产品热设计是否满足要求。

贮供子系统的氙气流量调节通过温度控制来实施,因此需要通过热平衡试验来验证贮供子系统的热设计的可靠性。贮供子系统热平衡试验中,分别对大流量电磁阀和小流量控制器进行热平衡试验,并在此基础上进行子系统热平衡试验。大流量电磁阀热平衡试验中,在高温和低温情况下,测试大流量电磁阀的热平衡温度;小流量控制器热平衡试验中,在高温和低温情况下,测试小流量控制器的热平衡温度。

电推力器在点火状态下,温度可能升高上百摄氏度,对邻近的设备可能产生影响。矢量调节机构与推力器直接相连,虽然采取了隔热安装措施,其受到推力器的影响仍然较大。为了实际测量电推力器不同状态下矢量调节机构的温度数据、验证矢量调节机构和电推力器热控设计和实施的有效性,需要在矢量调节机构和推力器产品上进行联合热平衡试验。此试验还将同时测量推力器羽流引起的热流密度分布,为使用电推进航天器热控设计提供输入参数。

4）热真空试验

鉴定级热真空试验的目的是证明电推进系统在规定的真空条件与鉴定级温度条件下是否满足设计要求。验收级热真空试验的目的是在规定的真空条件与验收级温度条件下暴露材料、工艺和制造方面的缺陷。

鉴定级热真空试验的温度条件一般为:最高温度比最高预示温度高 10℃,最低温度比最低预示温度低 10℃ ,温度循环至少 6 次。验收级热真空试验的温度条件规定为:最高温度和最低温度分别为最高预示温度和最低预示温度,温度循环至少 4 次。

无论是鉴定热真空试验还是验收热真空试验,都要模拟卫星在轨道上运行时的升、降温速度进行升温和降温。在每次循环的高温端和低温端分别保持 8 h。

5) 热循环试验

热循环试验主要是为了降低热真空试验成本。其试验方法与热真空试验类似,区别是热真空试验在真空环境下开展,而热循环试验在大气压环境下开展。在电推进系统中若涉及推力器真实点火,只能开展热真空试验;若不涉及电推力器真实点火,电推进系统及各个单机均可开展热循环试验。

8.2.2　分系统级试验

分系统级联试试验主要目的是验证电推进分系统各产品间软硬件的接口匹配性和功能正确性,以及在全系统真实产品参加下的性能符合性。

分系统级联试试验可开展等效试验也可开展真实点火试验,等效试验方法采用电推力器负载模拟器代替真实点火过程中的电推力器产品,真实点火试验则需要将电推力器放置在真空设备中开展。

电推进分系统组成单机间在必要情况下也需要开展两两联试试验验证,主要包括电源处理单元与电推力器的联试、贮供单元与电推力器的联试、控制单元与电源处理单元和贮供单元的联试、推力矢量调节机构与电推力器的联试等。

1. 重要单机间联试试验

1) PPU 与离子推力器点火联试

PPU 与离子推力器是电推进分系统最重要的执行机构,其性能匹配性直接影响到电推进分系统的成败,因此,有必要在产品交付前对 PPU 和离子推力器进行联试。PPU 和离子推力器联试主要用于验证 PPU 和离子推力器的接口匹配性,以及此子系统在供电、供气拉偏条件下的性能指标。联试的设备连接关系如图 8-3 所示。

2) 控制单元、驱动线路与贮供子系统联试

控制单元与贮供子系统的联试主要用于验证贮供子系统的闭环控制能力。为保证贮供子系统的推进剂输出流量和压力精度,贮供子系统采用了压力和流量闭环控制,此控制程序集成在控制单元软件中,通过驱动线路控制贮供子系统执行。由于地面测试设备和星上产品之间的差异,因此有必要利用此试验来验证贮供子系统的星上工作性能。联试的设备连接关系如图 8-4 所示。

2. 电推进分系统模拟点火联试

电推进分系统模拟点火联试是分系统设备电性能联试试验,主要目的是验证产品间的接口功能和匹配性,以及电推进点火自动控制软件的功能。

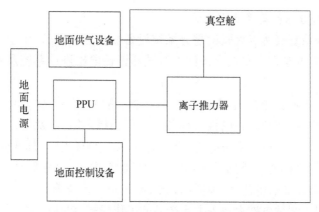

图 8-3　PPU 与离子推力器联试设备连接示意图

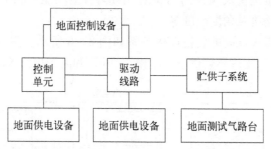

图 8-4　控制单元、驱动线路与贮供子系统联试设备连接示意图

全系统模拟点火试验的设备连接关系如图 8-5 所示。根据不同阶段产品配套的实际情况,可适当调整贮供子系统模块、PPU 和离子推力器模拟负载的参试产品数量。

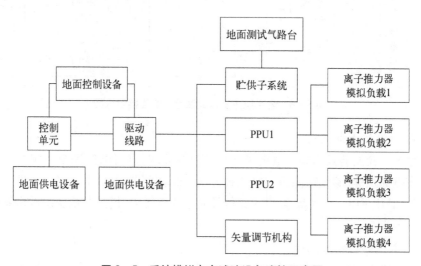

图 8-5　系统模拟点火试验设备连接示意图

3. 电推进分系统真实点火联试

电推进分系统真实点火联试是分系统设备真实点火试验,用于分系统性能验收试验,主要目的是在真实点火条件下测试和评估电推进分系统及各单机的性能指标。

联试过程中测试电推力器关键参数,包括:推力、比冲、输入功率、效率、羽流发散全角、点火启动时间、各电极对地和相互间绝缘电阻,以及电性能如离子推力器的束流电压、束流电流、阳极电流、阳极电压、加速栅极电压、加速栅极电流、阴极触持电压、阴极触持电流、阴极加热电压、阴极加热电流、中和器触持电流、中和器触持电压、中和器加热电压、中和器加热电流、推进剂流量等。

联试过程中测试电推力器等主要产品的工作模式,包括推力器待机模式、加热模式、起弧模式、推进模式,贮供子系统压力闭环控制功能和流率闭环控制功能,矢量调节机构驱动精度及角度范围等。

全系统真实点火试验的设备连接关系如图 8-6 所示。根据不同阶段产品配套的实际情况,可适当调整贮供子系统模块、PPU 和离子推力器的参试产品数量。

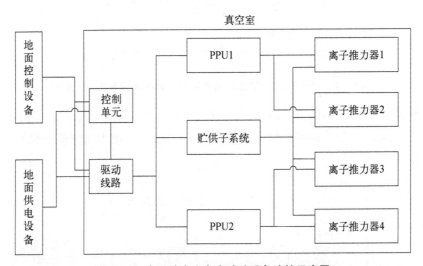

图 8-6   全系统真实点火试验设备连接示意图

4. 分系统寿命试验

系统寿命试验是为验证电推进全系统寿命要求,进行电推进全系统的一比一的真实寿命试验,参试产品应包括控制单元、驱动线路,PPU、推力器、贮供子系统等产品,其中 PPU、推力器、贮供子系统放置于真空罐内,模拟在轨状态对全系统进行寿命点火试验。

5. 氙气物理特性试验

电推进系统的工质为氙气,一般情况下其工作温度范围覆盖氙的临界点。在临界点附近,氙可能呈现出多种形态,且对温度和压力变化十分敏感,采用传统状态方程在上述范围内计算其物理参数偏差最大可达30%。为解决这一问题,需要开展氙气物理特性试验。对包括气相、液相、超临界区域的所有状态氙气的物理性质进行试验。

氙气物理特性一般采用对密闭容器中的氙进行升温、降温,获得在温度变化过程中压力数值,从而得到氙的密度、压力和温度间的关系曲线。

6. 氙气加注试验

氙气物理特性是在不同压力和温度条件下会在气态、液态、超临界流体等状态之间转换,特定容积下氙气随压力和温度的变化特性复杂,电推进航天器工作时需要氙气作为推进剂工质,而氙气中的杂质会影响电推进系统中关键部组件的工作性能和寿命。因此,氙气加注必须重点关注和控制氙气的临界压力、氙气的洁净度(纯度)等,这是与化学推进剂加注明显不同的方面。工程上要求氙气加注量及纯度满足技术文件的指标要求,氙气加注仅限于贮供单元、分系统及整星级试验中。氙气加注试验作为研制试验的一项内容,一方面验证航天器专用氙气加注设备满足使用要求;另一方面确认加注流程满足航天器发射和在轨使用要求。

传统的高压气体加注方法采用机械泵增加方法,在加注过程中,空气通过气缸活塞间隙与被加注气体混杂,极大地降低了被加注气体的纯度。因此,高纯度氙气加注一般采用热增压法进行,即在一个封闭的加注系统内,先降低温度使氙气液化,达到一定量后再升高温度使氙气气化,压力超过被加注容器后注入被加注容器。

为实现高纯度氙气加注,加注系统配置纯化器。所有置换气体进入系统前均经过纯化器纯化。气源经过加注系统流向星上气瓶前也使用加注系统纯化器纯化。

氙气加注的试验实施流程如图8-7所示。按照该流程,在氙气向星上氙气瓶流动前,对地面加注系统进行抽真空、置换;气体置换、抽真空,在水、氧含量满足指标后采用氙气置换、抽真空。其中为了降低成本首次置换气体可选用廉价的高原子量稀有气体(如氩气)代替氙气。

加注前后均需对氙气纯度进行第三方检验。检验合格的源气方能用于加注试验。同时,加注完成星上气瓶内氙气的纯度应满足技术要求。

8.2.3　整星级试验

1. 整星电推进分系统模拟点火联试

航天器整星级的性能电参数测试本身为常规测试工作,但由于电推进系统点火试验需要在真空环境下开展,故航天器整星级可采用电推力器负载模拟器代替真实点火过程中的电推力器产品,开展等效试验,从而在满足试验目的的前提下降

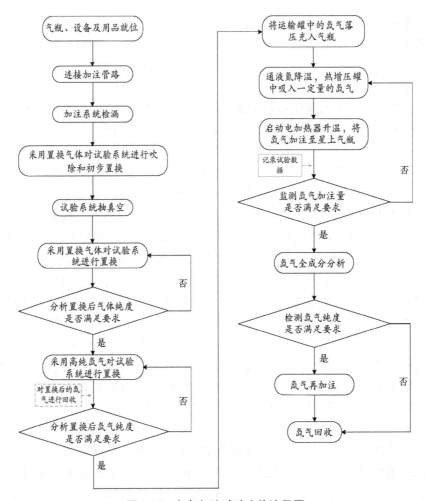

图 8-7   氙气加注试验实施流程图

低试验成本。

　　试验主要用于验证卫星使用电推进完成在轨任务的能力,检验星上电推进控制软件工作情况及电推进系统指令执行及遥测输出状况。

　　除离子推力器用推力器模拟负载替代外,其他所有参试产品均使用星上产品。试验过程中,电推进分系统单机和综合电子分系统单机按照在轨位保工作流程及模式进行位保功能测试,测试中全面检查电推进系统在位保工作模式下的电性能,以及电推进系统与控制系统的匹配性。

　　2. 推力矢量调节机构星上展开和转动测试

　　推力矢量调节机构用于调整离子推力器指向,避免离子推力器点火时产生过大的干扰力矩。推力矢量调节机构的性能对电推进分系统点火工作时的效率有重要影响。

在整星力学试验前后将进行推力矢量调节机构的星上解锁-展开试验和转动测试。为避免重力的影响,需研制地面支持设备,对矢量调节机构及其上安装的离子推力器进行零重力卸载,以模拟驱动传动系统真实的工作状态,并提高测角精度。

推力矢量调节机构零重力卸载装置如图8-8所示。

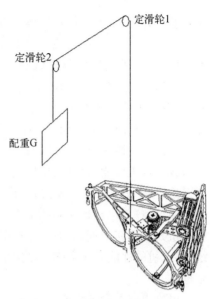

图 8-8　推力矢量调节机构转动试验重力卸载方案示意图

3. 整星力学试验

电推进系统参加整星力学试验主要是对氙气瓶、矢量调节机构、推力器、贮供系统压力控制模块以及流量控制模块结构设计、安装设计进行力学验证。此外在力学试验前后还要进行电推进功能测试,包括系统漏率、贮供流量输出及矢量机构解锁、转动功能检查。

4. 整星热平衡试验

电推进系统参加整星热平衡试验主要是对卫星在轨飞行各阶段温控设计状况进行检验,尤其是对贮供子系统满足控温要求的能力进行验证,并分析温控设计余量,同时通过试验对 PPU 散热进行验证。

5. 整星热真空试验

电推进系统参加整星热真空试验主要是对分系统各单机高低温环境下工作性能进行验证。此外,在热真空试验过程中,对于离子推进系统安排不引束流的真实点火试验,对贮供子系统装星后的流量闭环控制功能及供电通路上的插接环节进行真实检查确认。

6. 整星电推进分系统真实点火联试

整星真空状态电推进点火试验的目的主要为验证电推进分系统在整星真空状态下的点火功能和性能,具体包括:全面验证电推进分系统电接口正确性;验证电推进分系统点火功能;验证电推进分系统故障备份功能;测定整星条件下贮供子系统的压力调节精度和流量控制精度;测定整星条件下电推进分系统性能。同时,可以验证电推进分系统工作时,卫星的其他分系统的功能和性能,包括验证电推进点火状态下的整星自兼容情况,以及其他系统受扰情况。还可测量电推进点火工作的热辐射特性。

整星电推进分系统进行真实点火联试时,卫星使用整星结构,按照飞行状态要求进行了接地设计和实施。卫星上安装各分系统的真实单机产品,卫星通过辅助支架安装在真空舱内。卫星旁安装防溅射靶,用于减速并吸收电推进产生的高能羽流粒子,降低溅射产物对星体和真空舱的污染。

8.2.4 可靠性和寿命试验

可靠性和寿命试验是电推进系统特有的试验项目,这是由于与化学推进技术相比,电推进系统推力小,完成任务需要的总冲量指标就需要更长的工作时间,因此在正式工程应用前必须对电推进系统的寿命和可靠性进行验证。

寿命可靠性验证与评估的目的在于: ① 验证电推进航天器及其各系统、各单机持续累计工作能力、开关机能力,验证其工作寿命是否满足航天器任务的要求; ② 获取寿命关键特征参数,为寿命预测模型提供基础数据,完成电推进航天器及其各系统、各单机寿命期间的工作可靠性评估;③ 确认电推进航天器及其各系统、各单机是否存在早期随机性失效模式;④ 确认寿命期间电推进航天器及其各系统、各单机的性能衰退特性,提供电气参数补偿的试验数据,并为位保策略提供依据。

电推力器寿命试验成本较高,一般采用推力器整机寿命试验和关键部组件寿命试验相结合的方式进行可靠性验证,通常针对关键失效模式和对应的部组件,基于寿命数据开展失效机理分析,完成关键部组件工作寿命优化设计,并进一步实现整机寿命预测模型,进而开展整机寿命验证。电源寿命通常受高压及热设计影响,通常针对热设计的合理性、电子元器件在高温下的工作寿命以及部分动作次数频繁的继电器的允许工作寿命进行评估,辅助必要的器件寿命考核试验。整机层面一般采用加速寿命考核的方式进行多个子样的考核验证,也可以与推力器在真空环境下进行模拟在轨条件的寿命试验考核。贮供系统的寿命主要通过阀门寿命考核来验证,通过多子样的长寿命开关试验考核及漏率检测,验证产品寿命。

电推进分系统中受限于目前技术条件,仅能开展 1∶1 寿命可靠性验证的单机和部组件有:电推力器及其上的核心组件(如考夫曼型离子推力器的空心阴极、栅极组件及气路电绝缘器等),其他单机或者核心部组件均可按照对应行业内的加速试验方法开展寿命可靠性验证,如电源处理单元、继电器、贮供单元中热节流器等可通过施加较高热应力的方法开展加速寿命试验,或者对电源处理单元进行以电学参数退化为基础的加速寿命试验;对继电器、贮供单元中的 Bang-Bang 阀等可开展快速开关试验;舱外线缆可通过增大辐射剂量的方法开展空间环境寿命可靠性试验。

1. 电推力器寿命可靠性试验

受目前技术手段限制,电推力器的寿命可靠性验证只能通过地面 1∶1 寿命试验进行。国内外寿命试验一般采用两种方式开展:一是工作、关闭、再工作、再关闭的循环工作模式;另一种是持续累计工作模式。对于两种工作模式,都需要分阶段对电推进分系统进行性能变化诊断测试,测试项目能够用于表征电推进分系统工作性能随时间的变化特性,并作为建立寿命预测模型的基础输入数据。

1) 试验方法一:开关机循环工作模式

电推力器采用工作、关闭、再工作、再关闭的开关机循环工作模式进行验证,配套的采用地面供电、供气和控制系统。电推力器开关机循环工作模式寿命试验方法如图 8-9 所示。电推力器安装连接、预处理完成后,首先进行电推力器初始性能的测试,以确定系统初始性能基线;然后按照电推力器在轨单次工作时长进行的寿命累计循环试验根据寿命试验要求制定试验基本周期,每完成一个基本周期后进行一次电推力器的性能变化诊断测试,以表征电推力器工作性能随时间的变化特性。整个寿命试验过程按照基本周期进行循环,一直到寿命试验达到要求的总累计时间开关机次数。

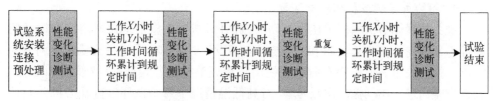

图 8-9　电推力器开关机循环工作模式寿命试验方法

2) 试验方法二:持续累计工作模式

电推力器采用持续累计工作模式,只对电推力器持续累计工作能力进行考核。电推力器持续累计工作模式寿命试验方法如图 8-10 所示。分阶段开展试验,在每个工作阶段试验完成后,需对电推力器进行性能变化诊断测试,以表征电推力器工作性能随时间的变化特性,为建立寿命预测模型积累基础性数据。并根据每阶段的数据不断对寿命模型进行修正,若根据寿命预测模型,电推力器累计工作能力不能够达到规定寿命时间的情况下,需要中断试验,对产品进行改进,然后再次进行验证。

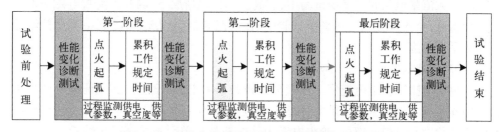

图 8-10　电推力器持续累计工作模式寿命试验方法

2. PPU 寿命试验

PPU 的工作寿命要求较高,通常 PPU 整机总计工作寿命数万小时,开关机次数要求万次以上。影响 PPU 寿命的主要是 PPU 热设计的合理性、电子元器件在高温下的工作寿命以及部分动作次数频繁的继电器的允许工作寿命。

PPU 的寿命试验将采用整机一比一真实寿命试验和关键部组件单独寿命试验相结合的方案进行。

3. 贮供子系统寿命试验

压力控制电磁阀、稳压罐和低压压力传感器在控制器的控制下共同构成了电子压力调节装置,将上游的高压气体调节并控制在设定的压力量值及精度范围内。一般贮供子系统其压力控制电磁阀(也称 Bang‑Bang 阀)需要动作几十万次,设计寿命要求动作次数大于一百万次。高压电磁阀寿命试验在额定的工作电压下,在不同的压力下,进行阀门的开关试验,总计寿命次数不少于一百万次。在试验前、中和后均进行漏率检测,要求漏率满足要求。

4. 推力矢量调节机构寿命试验

推力矢量调节机构属于在轨活动机械部件,需要在整个寿命期内定期运动调整推力器指向。推力矢量调节机构技术要求设计时考虑每天进行矢量方向调节的需求。推力矢量调节机构寿命试验使用矢量调节机构鉴定产品(含管路和电缆)在真空罐内进行驱动循环次数考核,对高低温情况下每个循环进行开关机并验证其工作性能和驱动功能,测试驱动力矩。

5. 热设计可靠性验证试验

电推进分系统中,PPU 属于大功率器件,而贮供子系统的氙气流量调节是通过温度控制来实施的,因此可靠性试验中利用热平衡试验来验证 PPU 和贮供系统的热设计的可靠性。

PPU 产品在满足热真空条件下,使产品加电工作,当温度达到平衡后,测试各测温点的温度。根据各测温点温度计算产品内部器件的结温,验证产品热设计的是否满足要求。

贮供子系统热平衡试验中,分别对大流量电磁阀和小流量控制器进行热平衡试验。大流量电磁阀热平衡试验中,在高温和低温情况下,测试大流量电磁阀的热平衡温度;小流量控制器热平衡试验中,在高温和低温情况下,测试小流量控制器的热平衡温度。

6. 空间环境可靠性验证试验

离子电推进供电电缆用于连接离子推力器和电源处理单元,保证电源处理单元向离子推力器正常可靠供电,使离子推力器正常工作获得所需电力。通常,供电电缆分舱内和舱外两部分,舱内电缆为从电源处理单元连接至卫星舱板的一段电缆,舱外电缆为从卫星舱板连接至离子推力器的一段电缆,中间通过矢量调节机构。舱外段电缆在卫星外部,直接暴露在恶劣的空间环境中。

以工作寿命 15 年的通信卫星为例,来自宇宙空间的辐射总剂量达到 $2 \times 10^9 \mathrm{rad}$ (Si)。舱外电缆包覆在多层帐篷下,耐受温度范围为 -50℃ ~ 100℃,离子推力器点火冲击温度不大于 150℃。在卫星 15 年在轨工作期间,要保证选用的舱外电缆供电正常,保证电缆绝缘材料不被击穿,要求电缆的击穿电压不低于 2 500 V。同时,考虑到舱外电缆需要通过矢量调节机构,对舱外电缆的弯曲性、硬度等都有特殊的要求。

为验证电推进舱外电缆的抗空间电离辐射能力、耐高低温性能和耐压能力,需对舱外电缆进行总剂量辐照试验和高低温冲击试验,并在试验前后对电缆的外观进行检查,测量电缆的击穿电压,确保电缆在轨使用的可靠性。

8.3　电推进在轨测试

8.3.1　电推进在轨功耗测试

电推进功耗指电推进分系统从整星一次供电母线直接获取的功率。在轨状态下,整星一次供电母线电压可视作稳定值,母线输出功率可以通过母线电压遥测和主母线负载电流遥测进行计算。电推进点火和非点火期间的母线输出功率差即为电推进分系统功耗。

该测试方法已经在某整星状态电推进点火地面试验中得到了应用和验证。根据测量结果,电推进功耗的测量误差主要来源于以下两个方面:

(1) 母线电流的遥测分层值误差;

(2) 星上自控加热器状态不确定造成的误差,为降低该误差影响,可以使用电推进点火状态的母线负载电流最大值(或最小值)减去非点火状态的母线负载电流最大值(或最小值),从统计角度来说,这可以降低自控加热器状态不确定造成的误差。

在以上误差分析的基础上,可以通过多次点火取平均值的方法进一步降低在轨功耗测试的不确定性。

8.3.2　电推进在轨推力测试

电推进系统在轨推力测试可使用两种方法进行计算。

(1) 使用基于理论或经验推导、总结出的推力传递公式,推力传递公式中的自变量应全部转化为可遥测参数,常数项可通过地面推力测量装置校准确定。

如考夫曼型离子电推进系统便可采用测量(遥测)参数配合公式(8-3),获得推力。

$$T = KI_b \sqrt{U_b} \qquad (8-3)$$

式中,T 为推力的数值,单位为牛顿(N);K 为校准系数,采用直接法测得推力后校准获得;I_b 为束电流的数值,单位为安培(A),通过电参数测量获得;U_b 为束电压的数值,单位为伏特(V),通过电参数测量获得。

(2) 通过卫星姿态和轨道参数来估算推力器推力。在利用轨道参数对微小推力进行测量时,由于半长轴测量的误差一般较小,通常优先使用半长轴变化来评估推力器推力。而对部分卫星平台,根据整星布局,电推进分系统几乎没有切向分量,无法使用半长轴变化来评估电推进推力,因此只能使用卫星姿态信息来对电推进推力进行评估。

利用卫星姿态信息来评估推力的难点在于卫星质心位置的判定。电推进分系统设计了推力矢量调节机构,通过旋转此机构,可以得到电推进推力矢量与质心的不同几何关系,从而同时解出质心位置和电推进推力。根据角动量方程,有

$$\Delta \boldsymbol{L}_{\mathrm{SC}} = \boldsymbol{r} \times \boldsymbol{F} \cdot \Delta t \tag{8-4}$$

其中,$\Delta \boldsymbol{L}_{\mathrm{SC}}$ 为航天器角动量变化;$\boldsymbol{r}$ 为质心坐标系下推力器作用点位置矢量;$\boldsymbol{F}$ 为推力矢量,写为标量方程为

$$\Delta L_{\mathrm{SC}} = F \cdot r \cdot \sin \theta \cdot \Delta t \tag{8-5}$$

其中,θ 为推力偏离质心方向的角度。r 与 θ 都是卫星质心坐标与 TPAM 转角的函数,若电推进推力始终在 YOZ 平面内,只需考虑绕星体 X 轴的角动量变化,则 r 和 θ 都只与卫星质心的 Y、Z 坐标和 TPAM 转动角 α 相关。因此,在以上方程中存在 3 个未知数,分别是质心坐标 Y_{GC}、Z_{GC} 和推力 F。通过不少于 3 次地转动 TPAM,计算固定时间间隔 Δt 内的角动量变化,可以得到 3 个以上的式(8-5)所示角动量变化方程,从而解出电推进推力 F 以及卫星质心坐标 Y_{GC}、Z_{GC}。

卫星角动量由两部分组成,分别是动量轮角动量和星体转动角动量,即

$$\Delta L_{\mathrm{SC}} = I_{\mathrm{SC}} \cdot (\omega_2 - \omega_1) + I_{\mathrm{MW}} \cdot 2\pi (n_2 - n_1)/60 \tag{8-6}$$

其中,I_{SC} 为卫星绕 X 轴的转动惯量,单位为 $\mathrm{kg \cdot m^2}$;ω 为卫星绕 X 轴的旋转角速度,单位为 $\mathrm{rad/s}$;I_{MW} 为动量轮的转动惯量,单位为 $\mathrm{kg \cdot m^2}$;n 为动量轮转速,单位为 rpm。

8.3.3　电推进在轨比冲测试

电推进比冲通过以下公式计算:

$$I_{\mathrm{sp}} = \frac{F}{\dot{m}g} \tag{8-7}$$

其中,推力 F 可通过 8.3.2 节中方法获得,其单位为 N;推进剂质量流量 $\dot{m}$ 通过在轨遥测的缓冲气瓶压力、各流量控制器温度,利用地面标定公式进行计算获得,单位为 $\mathrm{kg/s}$;g 为重力加速度,单位为 $\mathrm{m/s^2}$。

8.3.4　电推进南北位保能力测试

一般情况下,电推进由于推力较小,其每天能够提供的南北位保倾角控制量也很小,与卫星轨道南北漂移率基本相当,小于定点后的测轨精度要求。因此,难以直接对电推进的南北位保效果进行测量验证。

电推进南北位保能力可以基于长时间的南北位保结果进行。比如以 14 天为一个周期,每天利用电推进按照点火计划开展南北位保工作,在整个试验周期前后分别进行卫星轨道倾角测量。如轨道倾角变化显著小于卫星轨道南北漂移率,则认为电推进具备南北位保能力。

8.4　电推进试验设备和系统

电推进试验地面设备主要包括通用试验设备和专用试验设备。专用试验设备用于电推进系统及各个单机的性能、热真空、寿命可靠性考核、羽流测试及 EMC 测试等,必须最大限度地模拟在轨工作环境。

8.4.1　电推进性能测试真空设备

电推进性能测试设备主要用于电推力器性能试验以及与电推力器真实点火相关的一系列联试试验。

性能试验设备主要由真空系统、供气系统、供电系统、测控系统、热沉及温度控制系统组成。各部分主要功能如下。

1）真空系统

真空系统主要由真空舱和抽气系统组成,主要用于为电推进系统中的核心单机——电推力器提供真空环境,模拟电推力器在轨工作时的空间环境。

真空系统原理如图 8 - 11 所示,主要由低真空系统、高真空系统和超高真空系统组成。其中,低真空系统主要由两套罗茨泵机组组成,每套罗茨泵机组可将容器真空抽至 $5×10^{-1}$ Pa;高真空系统主要由两台低温泵组成,并配有两台分子泵、一台分子泵及一台旋片泵,主要靠两台低温泵获取高真空,两台分子泵用于辅助抽气,可以用于抽除氢气、氦气等惰性气体,高真空系统将容器真空抽至 $5×10^{-4}$ Pa 以上。

2）供气系统

供气系统主要为电推力器提供满足要求且稳定的推进剂工质供给。

3）供电系统

供电系统在为电推力器工作提供所需多路电源的同时,还需具备输出保护及恢复功能、遥测及控制功能。

4）测控系统

测控系统由工业控制计算机实施控制,具有单点操作和自动运行的功能,并可

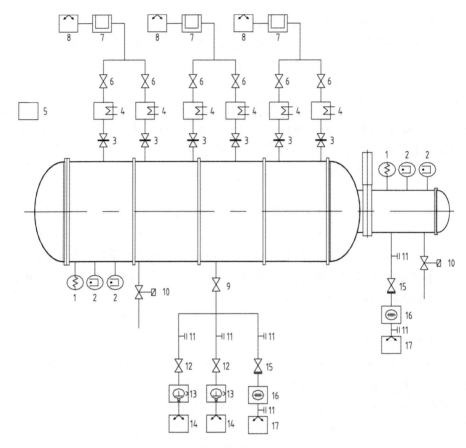

图 8-11　电推进真空试验设备原理图

1-电阻规;2-电离规;3-插板阀;4-低温泵;5-冷水机组;6-电磁阀;7-冷阱;8-涡旋泵;9-插板阀;10-放气阀;11-真空规接口;12-插板阀;13-罗茨泵;14-螺杆泵;15-挡板阀/挡板阀;16-分子泵;17-三叶罗茨干泵

自动测量并记录设备的各种运行参数(主要为电参数和工质流率参数)。

5) 热沉及温度控制系统

在电推力器底座上设有温度传感器,用以检测电推力器工作温度,温度控制也以此点温度为控制目标。

电推力器温控装置的温控极限温度基于最严格的应用任务要求温度范围,具体试验时按照型号试验要求设定高低温温度控制值,控制装置按设定的目标值进行控制。升降温速率范围为 $1\sim3℃/\min$。

8.4.2　电推进寿命与可靠性验证设备

电推进寿命与可靠性验证试验设备用于寿命考核试验及系统可靠性验证试验的专用设备。由于电推力器的特殊性,为了尽可能消除地面环境因素对寿命试验结果的影响,分系统级和推力器寿命鉴定试验需要在高洁净度、高真空度的大型设备上进行,如考夫曼型离子推力器寿命试验验证需求的真空度($6×10^{-4}$ Pa)高于性能测试需求的真空度($6×10^{-3}$ Pa);寿命试验的真空舱尺寸($Φ3.8$ m×8.5 m)也大于性能测试的真空舱尺寸($Φ2$ m×5 m),并且需要配置满足防溅射产额要求的离子束靶。

同时,为了尽可能模拟在轨工作环境,降低试验过程中频繁开舱时暴漏大气对寿命验证试验结果造成的影响,寿命试验系统内应配备在线测量仪器与设备,如考夫曼离子电推进系统中需要配备在线栅极腐蚀测量设备、束流发散角及推力矢量偏角测量设备等,如图 8-12 所示。

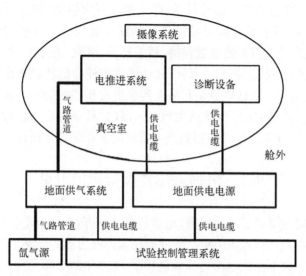

图 8-12 电推进寿命与可靠性验证试验系统组成示意图

若仅对电推力器开展寿命、高可靠验证试验,还需配套的地面供电、供气系统。配套的地面供电、供气系统以及试验控制管理系统布置在真空舱外,其与星上供电、供气产品具有相同的功能和性能。

第9章
典型电推进航天器总体设计

电推进作为先进的空间推进技术,除了需要克服强引力的星体表面发射或降落外,几乎可以应用于所有需要推进系统的航天器任务。这些航天器任务包括:① 地球同步轨道通信卫星的位置保持、轨道转移、离轨、重定位、姿态控制;② 星际飞行任务的主推进、姿态控制;③ 科学和地球观测使命的超精细定向、轨道和姿态控制、大气阻尼补偿;④ 低轨卫星和星座的轨道转移、阻尼补偿、轨道和姿态控制、间距维持、离轨、重定位;⑤ 低轨道大型航天器(包括空间站)轨道维持。本章针对上述航天器任务,分别介绍各类型典型电推进航天器的总体设计。

9.1 电推进位置保持通信卫星

电推进的应用得到了迅速发展,电推进技术最早实践及近十几年开始普及应用的航天器主要是高轨通信卫星。俄罗斯在霍尔推力器的研制上取得了巨大的成功,Fakel 开发的 SPT 系列电推进系统经历了 30 多年的空间飞行。俄罗斯的 SPT - 70 和 SPT - 100 是目前技术最为成熟和使用最多的霍尔推力器,先后在俄罗斯、法国、美国等国家的几十颗卫星上得到应用,成为电推进系统商业应用的典范。初期电推进高轨应用主要以执行南北位置保持任务为主,后面扩展为东西位置保持与南北位置保持及动量轮卸载结合,后又在其基础上增加了轨道提升及转移功能。

9.1.1 劳拉公司 LS - 1300 平台卫星

LS - 1300 卫星平台是目前劳拉空间公司的主流公用卫星平台。电推力器可以完成卫星轨道控制任务,包括南北位保、姿态控制和动量轮卸载。

LS - 1300 卫星平台的电推进系统采用的是俄罗斯 Fakel 设计局的 SPT - 100 型霍尔推力器,如图 9 - 1 所示。推力 83 mN,比冲 1 550 s,功率 1.35 kW,具有备份阴极[93]。

LS - 1300 卫星平台设计的电推进系统包括 4 台推力器、8 个氙流量控制器(XFC)、2 套 PPU、2 个气瓶、1 套推进剂管理组件(PMA),系统组成原理图见图 9 - 2[94]。

XFC 由 Fakel 设计局制造,包括 3 个电磁阀、1 个热节流器、1 个孔板分离阳极

图 9-1　SPT-100 型推力器

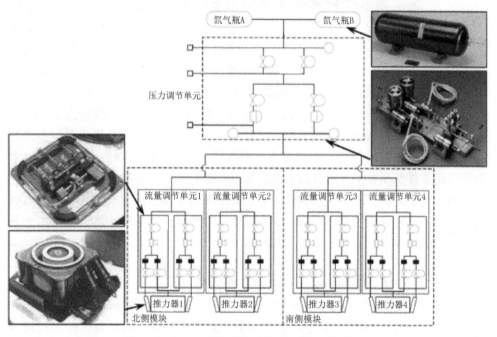

图 9-2　LS-1300S 平台电推进系统组成原理图

和阴极流量比 13∶1。气瓶由通用动力公司制造,最大工作压力 18.6 MPa,Moog 制造的 PMA 由并联常闭电爆阀在地面操作和发射阶段隔离气瓶,电爆阀下游为并联的电磁类型自锁阀和单级波纹管型调节阀组成支路,出口压力 0.255 MPa,PMA 还包括 3 个压力传感器,用于健康诊断和推进剂使用监测。

SS/L 制造的 PPU 通过控制热节流器来调节放电电流在 4.5~0.1 A。用高压继电器切换 PPU 供电于 2 台推力器中的工作推力器(任何时候只 1 台工作),PPU 由星上计算机指令控制,计算机同时处理 PPU 的遥测数据。

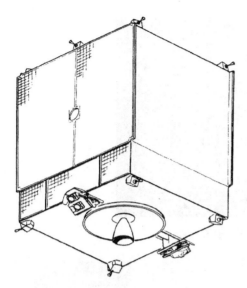

图 9-3 LS-1300 平台的电推力器
安装方案

LS-1300 平台配置的 4 个 SPT-100 推力器通过两个二维推力矢量调节机构安装与卫星的背地板上,两个位于南侧,两个位于北侧,安装角为 45°左右,如图 9-3 所示。这种安装方式可以降低电推力器对整星集成的影响,并降低羽流射到太阳电池帆板产生的干扰力矩。SPT-100 电推进分系统在航天器上完成轨道倾角和偏心率控制及动量轮卸载。

卫星在轨运行期间,每次仅一台推力器点火,每天工作两次,这种工作方式可以降低对整星电源系统的影响。基于这种安装方式,设计了电推进系统相关的应用策略:每 8 天为一个周期,每个周期内电推力器工作 6 天,在地影区电推进系统不工作;由于推力方向为南北方向和对地方向,为了补偿对偏心率的扰动,每天工作两次,向南(升交点区域)和向北(降交点区域)各工作一次,间隔约为 12 小时。每个周期的第 8 天根据轨道测量参数,进行一次东西位保;每次电推力器的点火时间认为是卫星质量的函数。电推进系统利用星上计算机的控制自主运行,通过地面的支持软件每周更新点火时间和点火周期。通过预储存在星载计算机上的时钟指令启动电推力器。地面支持软件可以在每个 8 天周期结束时对比实测的轨道数据和任务预期的轨道数据,调整点火时机和周期并上传到星载计算机上。此外通过轨道测量数据确定东西位保的工作时机和程序。

9.1.2 空客公司 Eurostar-3000 平台卫星

Eurostar-3000(E3000)平台是 EADS Astrium 公司(EADS Astrium 公司后被空客防务与航天公司所收购)的主流平台,能够满足载荷功率为 12 kW 以下的卫星市场需求。基于 Eurostar-3000 平台的典型卫星有 Ka-Sat 卫星,其发射重量 6 150 kg,载荷重量 1 000 kg,载荷功率达 11k W,整星功率 15 kW,在轨设计寿命 15 年。Ka-Sat 卫星设计有 82 个先进的 Ka 频段点波束,卫星总容量超过 70 Gbps,提供大容量宽带通信业务。

Eurostar-3000 平台采用了俄罗斯 Fakel 设计局的 SPT-100 型霍尔推力器。推力为 83 mN,比冲为 1 550 s,功率为 1.35 kW。基于航天器任务需求及电推进技术特点,Eurostar-3000 电推进系统由 4 台 SPT-100 推力器安装在 2 个推力矢量调节机构(TOM)上,系统组成原理图见图 9-4[95]。

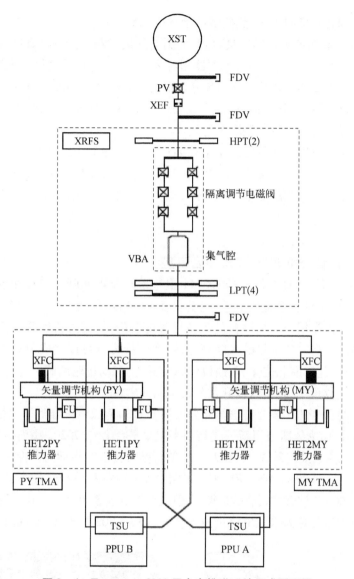

图 9-4　Eurostar-3000 平台电推进系统组成原理图

Eurostar-3000 平台由公用的氙气瓶(XST)和压力调节模块(XRFS)供应推进剂,上游电爆阀用于在地面试验时的隔离氙气瓶,最终气瓶加注前起爆电爆阀。XRFS 共两个支路,每个支路提供 3 个独立的隔离电爆阀。

Eurostar-3000 平台共包括 2 个电源处理单元(PPU),每个电源处理单元通过内置的推力器切换单元(TSU)连接 2 台推力器(南北各 1 台)之一,以保证任意 1 台推力器或电源处理单元损坏后仍然可以完成使命。

Eurostar-3000 平台用 2 个推力器模块组件(TMA),每个组件包括 2 台推力器、氙流量控制器、指向机构、热控多层绝热膜、滤波单元(FU)、管路和电缆。TOM 和 XFC 安装在相对航天器结构具有±2.0°调节的接口基板上,FU 直接安装在卫星结构上,TMA 在服务舱的±Y 板,推力器相对 Z 轴夹角 45°以保证推力通过质心。

二维推力矢量调节机构和 XRFS 分别由机构驱动电路(MDE)和压力调节器电路(PRE)驱动,其中 MDE 为激励驱动设备(ADE)的一部分,ADE 同时进行自锁阀驱动、压力传感器供电、数据获取等管理。

电推进系统提供南北位保的倾角和偏心率控制,通过 PPU 的 1553B 连接于航天器计算机单元(SCU)。每个 PPU 根据计算机指令程序控制选定的推力器,自动顺序管理推力器启动和放电电流闭环控制,同时具有提供单步操作控制和诊断的遥控模式[96]。

9.1.3　波音公司 BSS‑702 平台卫星

1999 年 12 月 22 日发射的 Galaxy 11 卫星是波音公司 BSS‑702 平台第一颗采用 XIPS‑25 离子推进系统的卫星,卫星质量 4 484 kg,寿命 15 年。在星箭分离后,离子推进系统首先用于卫星平台的入轨任务的备份,从椭圆轨道开始把卫星送入地球静止轨道。在完成卫星的入轨任务后,离子推力器可以完成卫星轨道控制所需的所有任务,包括南北位保、东西位保、姿态控制和动量轮卸载。此外,还可以完成卫星的定点位置转移、轨道提升及寿命末期的离轨等任务。

XIPS‑25 离子推力器是美国休斯公司基于 1.3 kW、25 cm 氙离子电推进工程试验样机技术,专门为休斯公司新一代高功率卫星平台 HS‑702 应用而研制的 25 cm 口径高功率氙离子推进系统,见图 9‑5。单台推力器性能指标为:功率 4.2 kW、推力 165 mN、比冲 3 800 s。HS‑702 平台末期太阳阵功率为 15 kW,可携带 118 个高功率转发器。2000 年波音公司收购休斯公司后,该平台改名为 BSS‑702 平台[97]。

基于航天器任务需求及电推进技术特点,BSS‑702 平台将 25 cm 氙离子推进

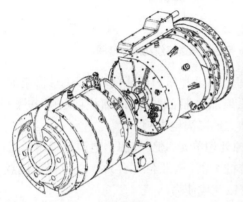

图 9‑5　XIPS‑25 氙离子推力器结构示意图

系统设计为平台的标准配置,电推进系统包括两套完全冗余的子系统,每个子系统都备有电源、推进剂供给系统和两台推力器。4 个推力器布置在背地面内,如图 9－6。2 个 PPU 可以通过切换供应 4 台推力器,任何时候最多用 2 个推力器同时工作,分别承担轨道转移、南北位保、东西位保、姿态控制、动量卸载等任务。在完成卫星的入轨任务后,四台离子推力器每天分别工作一次,每天工作半小时左右,BSS－702 平台电推进系统可以完成卫星轨道控制所需的所有任务,包括南北位保、东西位保、姿态控制和动量轮卸载。

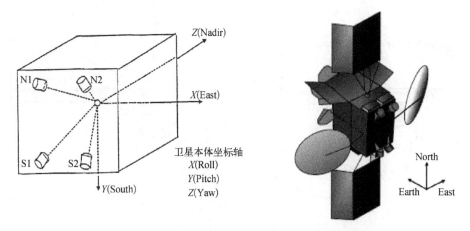

图 9－6　BSS－702 平台离子推力器布局构型示意图

　　BSS－702 平台采用桁架式结构,除了 4 台 25 cm 氙离子推力器外,变轨采用 Premix 公司研制的 445 N 远地点发动机(MON－3 和 MMH,比冲 322.2 s),此外还配有 10 个化学推力器作为电推进的备份。推进系统主要部件安装见图 9－7 所

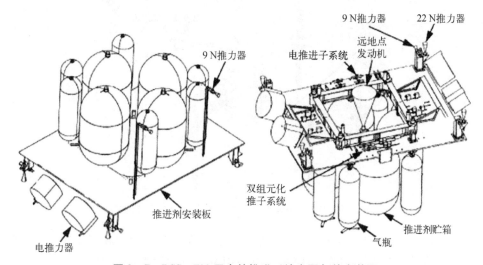

图 9－7　BSS－702 平台的推进系统主要部件安装图

示,4个化学推进剂贮箱安装在底板上,其他6个贮箱/气瓶中有2个装化学燃料,2个装氦气,2个装氙气。化学推进剂装填量为1 925 kg,氙气装填量为224 kg。氙离子推力器安装在推力指向调整机构上,见图9-8所示。BSS-702平台的控制方式为3轴轮控,动量轮系统由4个斜装的反作用轮组成。

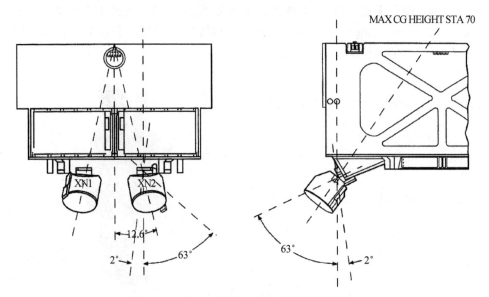

图 9-8　BSS-702 平台的离子推力器安装图

为了使电推进能够完成所有的位置保持任务,波音公司专门设计了离子推进系统沿轨道面上的工作位置和工作时间,如图9-9所示。

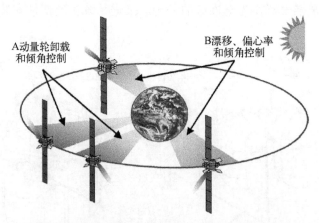

图 9-9　BSS-702 平台氙离子推进系统的工作方式

A模式下,位于对角线上的一对推力器点火,在不产生偏航和切向速度变化的前提下,完成动量轮的卸载;B模式下也采用位于对角线上的推力器,推力矢量过质心,主要完成轨道的倾角控制。大约 90% 的推进剂用于卫星的南北位置保持。B 模式下,升交点位于北侧的推力器工作,降交点位于南侧的推力器工作。卫星的位保任务主要包括倾角修正和偏心率修正。在地面上通过对卫星轨道的精确分析,把相关的数据、离子推进系统工作指令上传到卫星上,数据每两周上传一次。

9.1.4　中国实践十三号卫星

实践十三卫星采用东方红三号 B(DFH-3B,也称 DFH-4S)卫星平台,该卫星平台是为了填补现有 DFH-3、DFH-4 平台之间的能力空缺,完善我国地球同步轨道公用卫星平台的型谱,提升我国在国际通信卫星市场上的竞争力而开发的一款中等容量地球同步轨道公用卫星平台,电推进系统是平台的标准配置[98]。

将电推进系统列入 DFH-3B 平台标准配置的原因如下:

(1) 随着商业发射数量的增加我国当时主流高轨通信卫星平台 DFH-4 平台技术已经走向成熟,平台能够提供超过一万瓦功率,使电推进在星上工程化应用成为可能;

(2) 我国基于 510 所研制的 LIPS200 推力器的 1 kW 离子推进系统以及基于 801 所 HET-40 推力器的 700 W 霍尔推进系统已在实践 9A 卫星上搭载飞行,其主要研制及鉴定试验已经基本完成;

(3) 电推进技术在国外航天器上已经广泛应用,不论在高轨卫星还是深空探测,技术日臻成熟,电推进工程化应用已经成了航天发展必然趋势。

在此背景下,DFH-3B 平台研制阶段全面开展了电推进研制工作,并取得了长足进展,突破了电推进单机设计及系统兼容的各项技术,成功开展了推力器寿命试验。基于 DFH-3B 平台的实践十三号卫星于 2017 年 4 月 13 日成功发射[99]。

与多数国家早期电推进应用类似,实践十三号卫星电推进分系统任务需求确定为相对简单的南北位置保持,以此带动电推进技术发展,实现电推进系统工程化应用。要求实践十三号卫星电推进分系统需具备独立提供整星在轨 15 年寿命期间南北位置保持所需冲量的能力,能与控制分系统配合完成整星全寿命期间南北位置保持工作。通过对推力、比冲、总冲寿命等参数分析,能够满足任务要求的电推进系统为功率不超过 1.3 kW 的离子或者霍尔系统,最终确定采用基于 510 所 1 kW 的 LIPS200 离子推力器的电推进系统。

实践十三号卫星电推进分系统完成南北位置保持工作时,只有南北一侧的一台主份推力器工作,整个南北位保工作方式如图 9-10 所示。

电推进位保过程中点火区域位于轨道的升交点和降交点附近。在进入升交点点火区后,北侧推力器开始点火,产生向南的 ΔV,使轨道倾角下压。当卫星进入降交点点火区后,南侧推力器点火卫星向北做位保,整个过程和升交点类似,

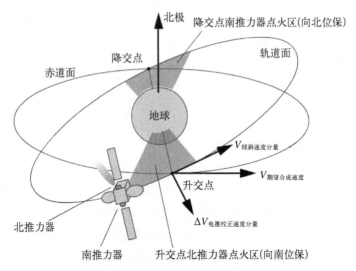

图9-10　电推进南北位保任务策略示意图

方向相反。在整个点火过程中需要保持点火推力器的推力矢量通过整星质心,
从而避免给卫星带来额外的姿态扰动。另外,推力器工作产生的推力在垂直轨
道面和轨道面内径线方向都有分量。其中轨道面内径向分量会造成卫星轨道偏
心率漂移,而升降交点对称工作方式正好抵消(真近点角相差180°)偏心率漂移
影响。

实践十三号卫星构型见图9-11和图9-12。结构示意图见图9-13,电推进
布局见图9-14。

图9-11　实践十三号卫星构型(在轨状态)　　**图9-12　实践十三号卫星构型(发射状态)**

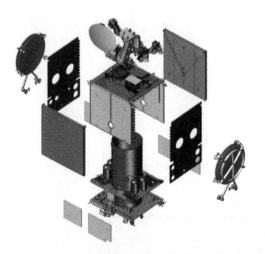
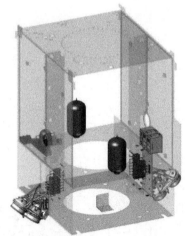

图 9 - 13 实践十三号卫星结构示意图　　图 9 - 14 实践十三号卫星电推进布局

实践十三号卫星电推进分系统的主要性能指标如下：

（1）分系统 100 V 输入的总功率≤1 250 W；

（2）分系统总质量≤131 kg（不包含推进剂）；

（3）分系统稳态工作推力为 40±4 mN；

（4）分系统稳态工作比冲为 3 000±300 s；

（5）推力器单次点火时间≥2.5 h，单台工作次数≥6 000 次，单台累计点火时间≥9 000 h；

（6）需提供绕卫星 X 轴和 Z 轴的二维推力矢量调节功能，可将推力矢量调节至经过卫星质心；

（7）推进剂（氙气）贮存能力≥110 kg。

实践十三号卫星电推进分系统由 4 台离子推力器、2 台电源处理单元（PPU）、1 台推力器切换单元（TSU）、2 台推力矢量调节机构（TPAM）和 1 套贮供子系统组成。电推进分系统单机在执行机构驱动单元（ADU）中电推进控制模块（IEPCP）的控制下满足分系统的任务需求。贮供子系统是离子推力器的供气设备，由 2 个氙气瓶、1 套压力调节模块（PRM）、4 套流量控制模块（FCM）组成。电推进系统组成及原理框图见图 9 - 15[100]。

实践十三号卫星和 LIPS200 离子电推进系统的研制及在轨飞行，具有如下意义[101]：

（1）将电推进系统作为标准配置的东方红三号 B 平台及实践十三号卫星，其总体设计基于当时我国高轨通信卫星及电推进技术研制基础，选择相对简单的实现卫星在轨南北位保作为电推进任务需求，旨在通过型号研制引领国内电推进技术发展，实现电推进在航天器上工程化应用，并且全面实现了设计的电推进任务指标。

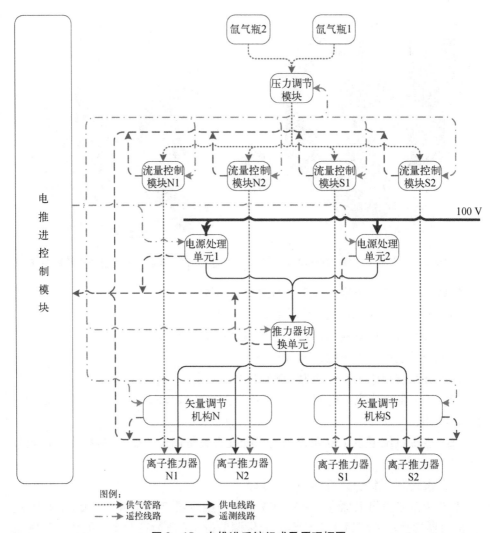

图 9 - 15　电推进系统组成及原理框图

（2）电推进及其在星上应用技术在经历了东方红三号 B 平台方案及初样阶段攻关，以及实践十三号卫星在轨飞行后取得了巨大的进步，进行了比较完整的电推进地面单机、系统及整星级试验，获得了丰富的在轨飞行数据，此外，实现了高纯度国产氙气的制备，研制开发了地面氙气加注设备及技术，国内多家电推进研制单位都增加了用于电推进试验的地面设备，并以此为契机开发出多种功率更大、功能更强的电推进系统，包括离子电推进系统和霍尔电推进系统，期间 2 套 1.35 kW 霍尔电推进系统在 2015 年在实践十七号卫星上成功完成搭载飞行试验。东方红三号 B 平台及实践十三号卫星的型号研制起到了引领国内电推进技术全面发展的作用。

（3）实践十三号卫星对于电推进航天器总体设计技术发展起到了极大的促进作用，在后续能力更强的平台东方红四号增强型，东方红五号平台以及全电推平台上全面应用了功率更为强大的电推进系统，可实现的任务能力也不断扩展，为后续高性能高价值电推进航天器研制奠定了基础。

9.2　全电推进通信卫星

2012 年 3 月，波音公司宣布推出全电推进卫星平台 702SP 平台，采用全电推进行全部转移轨道变轨，并获得 4 颗通信卫星合同。全电推进卫星最大优点是大幅缩减了推进剂携带量，使卫星发射重量减轻约一半，可实现一箭双星发射，有效节省系统研制成本。以波音 702SP 平台卫星为例，发射重量 2 000 kg，有效载荷承载重量 500 kg，载重比明显提高，达到 25%，可以用较小的发射重量，承载更多的有效载荷，从而减少整个卫星的研制费用。

除波音公司之外，美国轨道科学公司、劳拉公司、洛马公司，欧洲空客公司、泰雷兹公司、德国 OHB 公司、俄罗斯卫星通信公司等也都开展了全电推卫星的研制。截至 2018 年 12 月份，全球已有 29 颗全电推进卫星被订购，9 颗全电推进卫星成功发射。

9.2.1　波音 BSS‐702SP 平台全电推进卫星

波音公司 BSS‐702SP 平台是以 BSS‐702 卫星平台技术为基础，全新设计的一款轻型、低成本的 GEO 通信卫星平台。该平台最大的特点是采用全电推进实现变轨和位置保持等任务，取消了双组元化学推进系统，大大降低了卫星发射重量。载荷功率 3~8 kW，发射重量 2 000 kg 左右，最大有效载荷质量为 500 kg，最多可安装 5 副天线。卫星干重比达到约 85%，比传统设计提高了 25%~35%，设计寿命达到 15 年。BSS‐702SP 平台的结构设计采用承力筒式构型方案，平台本体尺寸 1.8 m×1.9 m×3.5 m，氙气加注量可达 400 kg。BSS‐702SP 平台主要技术参数见表 9‐1，发射构型示意图见图 9‐16。

表 9‐1　BSS‐702SP 平台性能参数

尺寸	1.8 m×1.9 m×3.5 m
质量/kg	2 000（包括有效载荷）
载荷功率/kW	3~8（寿命末期）
设计寿命/年	15
蓄电池	锂离子
姿态控制	零动量、三轴稳定

续　表

指向精度/(°)	0.1
可重构冗余电子	分布式处理(可选)
	一体化推进控制
	天线指向控制(可选)
	即插即用体系结构
	SpaceWire 数据总线接口
灵活的有效载荷接口	电、机械、软件
太阳电池翼	两个单轴驱动太阳翼,每个太阳翼 4 块面板
	超三结砷化镓电池
全电推进系统	4 台氙离子推力器

图 9 - 16　BSS - 702SP 平台全电推进卫星发射构型图

BSS - 702SP 平台一经推出即赢得了亚洲卫星广播公司(ABS)和墨西哥卫星公司(Satmex)4 颗通信卫星订单,平均每颗卫星单价低于 1 亿美元。2015 年 3 月 2 日,"猎鹰 - 9"火箭以一箭双星的方式将 ABS - 3A、Eutelsat - 115 West B 两颗全电推进卫星发射升空,并于 9 月底定点顺利交付用户使用。2016 年 6 月 15 日,"猎鹰 - 9"火箭以一箭双星的方式将 ABS - 2A、Eutelsat - 117 West B 两颗全电推进卫星发射升空,并于 6 个月后定点顺利交付用户使用。2017 年 5 月 18 日,联盟号火箭以一箭一星的方式将 SES - 15 卫星发射升空,并于 2018 年 1 月交付用户使用。截至 2017 年 5 月,BSS - 702SP 平台已经成功研制和发射了 5 颗全电推进卫星[102]。

BSS - 702SP 平台使用全电推进进行变轨和位置保持,大大节省了推进剂的携带,从而降低卫星发射重量,同时采用一箭双星发射模式,降低了发射成本。然而,全电推进卫星平台的不利之处为需要 4~6 个月时间才能从 GTO 轨道变轨到 GEO 轨道,增加了一定的风险性,推迟了卫星使用时间,图 9 - 17 为 BSS - 702SP 平台电推轨道转移路线示意图。BSS - 702SP 平台首发星 Eutelsat - 115 West B 卫星于 2015 年 3 月 2 日由猎鹰 9 火箭送入超同步转移轨道(近地点高度 400 km,远地点高度 63 000 km,倾角 25°),9 月底完成轨道提升,10 月中旬开始提供服务。图 9 - 18 为 Eutelsat - 115 West B 卫星电推进轨道转移实际飞行轨迹图。

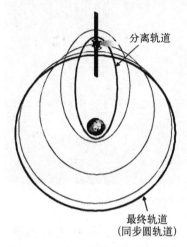 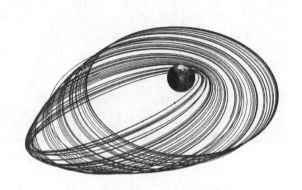

图 9 - 17　BSS - 702SP 平台电推
轨道转移路线图

图 9 - 18　Eutelsat 115 West B 卫星
电推进轨道转移飞行轨迹

9.2.2　空客 Eurostar - 3000EOR 平台全电推进卫星

在全电推进卫星的发展上,欧洲紧随美国之后。Eurostar - 3000EOR (E3000EOR)平台是空中客车防务与航天公司推出的全电推进卫星平台,该平台采用 4 台俄罗斯火炬设计局的 SPT - 140D 霍尔推力器,执行发射后的轨道提升和在轨位置保持等所有推进任务。采用霍尔电推进系统使该平台相对于同类平台重量大幅度减小,发射价格显著降低。截至 2018 年 12 月,该平台已发射了 Eutelsat 172B、SES - 14、SES - 12 共 3 颗卫星,另有 Inmarsat - 6 F1、Inmarsat - 6 F2、Syracuse 4B、Turksat - 5A、Turksat - 5B 五颗卫星在研制中[103]。

Eutelsat 172B 卫星于 2017 年 6 月 1 日发射,发射重量为 3 551 kg,有效载荷包括 14 个 C 波段转发器、16 个 Ku 波段转发器和 1 个高通量 Ku 波段通信载荷,寿命为 15 年以上。Eutelsat 172B 卫星的轨道提升周期为 4 个月,虽然 Eutelsat 172B 卫星的重量比 BSS - 702SP 全电推进平台卫星重 1.5 t 以上,但轨道提升时间却要短 2~3 个月,得益于采用更大推力的霍尔推力器。Eutelsat 172B 卫星采用可展开机械臂调节电推力器指向,在轨飞行构型示意图如图 9 - 19 所示。

SES - 12 卫星于 2018 年 6 月 4 日发射,发射重量为 5 383 kg,是 SES 迄今为止订购的最大的一颗卫星。卫星配备 8 副天线以及 68 路大功率 Ku 频段转发器和 8 路 Ka 频段转发器,设计寿命为 15 年以上,总功率为 19 kW。SES 官员称,同样能力的卫星若只采用常规化学推进,发射重量远不止 6 000 kg,或许会达到 10 t。

图 9-19　Eutelsat 172B 卫星在轨飞行构型示意图

　　图 9-20 为欧洲 E3000EOR 平台 SES-14 卫星电推进轨道转移飞行轨迹。SES-14 卫星发射重量为 4 423 kg,搭载有面向美洲和北大西洋地区的 C 和 Ku 频段宽波束覆盖转发器和 Ku 频段高通量通信转发器,设计寿命为 15 年,有效载荷功率为 16 kW。SES 14 卫星于 2018 年 1 月 25 日由阿里安 5 火箭送入超同步转移轨道(近地点高度 300 km,远地点高度 43 000 km,倾角 20°),由于火箭故障,卫星入轨倾角由原本的 3°变为 20°,使得电推进转移时间比预计延长一个多月,于 2018 年 8 月初完成轨道提升,到达 47.5°W 附近。

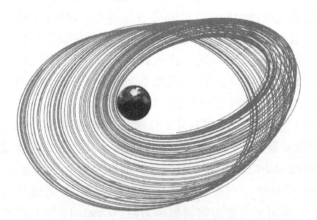

图 9-20　SES-14 卫星电推进轨道转移飞行轨迹

9.2.3　欧洲航天局 Electra 平台全电推进卫星

　　2012 年 11 月,SES 公司宣布参与欧洲航天局"Electra"项目,采取公私合作(public-private partnership, PPP)的方式,开发一颗由欧洲制造的、创新的中小型全电推进卫星并对其进行发射和在轨验证。Electra 平台卫星目标计划于 2018~2019 年发射,预计发射质量为 2~3 t,载荷承载能力为 700 kg,最大载荷功率为 8 kW,可利用小型运载火箭或者采用一箭双星方式发射。SES 公司将领衔 Electra 项目的方案设计阶段,OHB 公司负责电推进分系统与姿轨控分系统的设计。

　　Electra 平台电推进系统的设计综合考虑成本、性能与可靠性三个设计目标。低成本与高可靠度要求尽量减少简化设备和元件数量,高性能则要求推力器选型应兼顾比冲与推力,推力倾角损失最小,轨道控制效率尽量高。为此,Electra 电推力器构型初步设计为 4 个电推力器安装在 2 个伸展臂上,经过充分论证,该构型比电推力器单独安装在 4 个双轴矢量调节机构上的构型性能更优。在轨道转移与位置保持期间的推力器指向如图 9 − 21 所示,Electra 平台全电推进卫星在轨飞行示意图见图 9 − 22[104]。

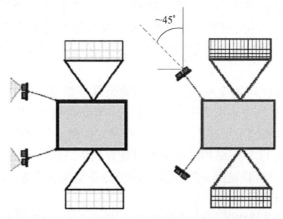

图 9 − 21　Electra 平台轨道转移(左)与在轨位保(右)期间电推力器指向

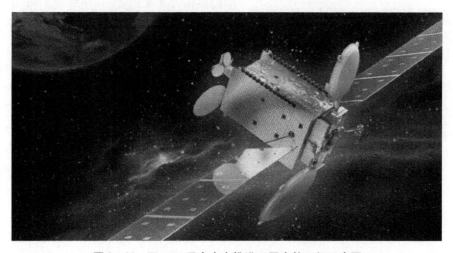

图 9 − 22　Electra 平台全电推进卫星在轨飞行示意图

9.2.4 东方红四号 SP 平台全电推进卫星

2012 年 4 月,我国在对波音 702SP 平台跟踪调研基础上,自主开展了对全电推进卫星平台的论证工作,暂命名为"东方红四号 SP 平台",并开展了全电推进卫星平台的任务需求分析、总体方案初步设计、关键技术攻关等工作,并启动了卫星新型结构的研制和试验验证工作[105]。

东方红四号 SP 平台全电推进平台的研制思路是通过研制基于 CZ-3B 运载火箭一箭双星发射的、发射重量在 2.5 t 以下全电推进卫星平台基本型,突破高承载比卫星总体优化设计技术、大功率高可靠长寿命多模式电推进技术、高效率先进电源技术、全电推进姿态与轨道联合控制技术和柔性可配置灵活平台结构技术 5 项关键技术,完成工程验证,形成能力并快速投入市场。

东方红四号 SP 全电推进平台主要技术特点如下:

(1)取消化学推进系统,采用高比冲的电推进系统实现 GTO 轨道变轨和 GEO 轨道在轨位置保持、姿态联合控制,可大幅缩减推进剂携带量,在保持同等有效载荷重量下使卫星发射重量降低 50%,从而实现一箭双星发射,有效节省发射成本;

(2)控制分系统采用全电推进姿态和轨道联合控制技术,增加 GNSS 自主导航子系统,实现转移轨道小推力变轨过程和同步轨道的位保、卫星姿态自主控制;

(3)供配电分系统采用高效太阳电池和高比能量一体化锂离子电池组,寿命初期整星功率达到 17 kW;结构采用柔性可配置灵活结构技术,两舱式构型支持一箭一星、一箭双星自串联发射,综合电子、测控分系统采用小型化、集成化、轻量化技术,提高卫星荷载比。

基于航天器任务需求及电推进技术特点,东方红四号 SP 平台设计在转移轨道期间采用大功率模式,利用较大的推力,节省轨道圆化时间。而在定点后,采用小功率模式,利用较大的比冲,节省推进剂,实现卫星的长寿命。东方红四号 SP 平台配置 4 个 LIPS-300 离子推力器,4 个推力器安装在 4 个推力矢量调节机构上,实现单独的角度调节来满足推力指向需求,以实现变轨、位保、动量轮卸载等任务。

东方红四号 SP 平台采用的 LIPS-300 离子推力器,具有多模式工作能力。5 kW 大功率模式下,推力 200 mN,比冲 3 500 s;3 kW 小功率模式下,推力 100 mN,比冲 4 000 s。LIPS-300 离子推力器外形如图 9-23 所示。

图 9-23 LIPS-300 离子推力器

9.3　电推进深空探测航天器

最能体现高性能电推进系统优势的应用是深空探测使命或星际探索使命。对于更复杂更深远的深空探测任务,如果采用化学推进完成,深空探测器需要携带巨大的推进剂量,高性能电推进系统作为星际使命航天器主推进应用系统,用电推进取代化学推进带来的益处包括降低工作费用、增加有效载荷、缩短飞行时间、避免发射窗口限制(不依赖引力辅助飞行)、小运载发射等。我国未来的小行星探测器也计划使用电推进系统作为主推进动力。

9.3.1　深空一号探测器

自 20 世纪 90 年代起,国际上开始在一系列深空探测任务中进行电推进的应用验证。1998 年 10 月 24 日,美国发射了 NASA"新千年计划"中的首颗探测器深空一号(Deep Space - 1),这是世界上第一个以电推进系统为主推进的月球探测器。Deep Space - 1 的既定目标是对 1992KD 小行星的接近探测,扩展任务是对 107PBorreiiy 和 19PWilson - Harrington 彗星的探测。离子电推进系统的主要使命就是完成在航天器巡航阶段的主推进,同时承担部分时期内的俯仰和偏航控制任务。离子电推进系统累计工作 16 265 h,氙气总共消耗 73.4 kg,使航天器总速度增量达 4.5 km/s。离子电推进在 Deep Space - 1 飞行中的完美表现,使得其应用范围进一步扩展,不但用作姿态控制、位置保持等,还可用作主推进,推动了离子电推进在深空探测中的进一步应用[106]。

Deep Space - 1 采用 NSTAR 离子推力器。NSTAR 离子推力器为 kaufuman 型,口径为 30 cm,设计推力范围为 19~92 mN,对应的比冲范围为 1 950~3 100 s,满功率 2.3 kW 工作点的设计寿命为 8 000 h。NSTAR 离子推力器的结构示意图如图 9-24 所示,其主要包括离子光学系统、放电室、中和器、放电室阴极、气路绝缘器和等离子体屏蔽外壳(plasma screen)等部组件。离子光学系统为双凸面栅栅级(屏栅和加速栅)结构,采用钼材料,加速电压 1 280 V;放电室由锥形筒和圆柱筒组成并铆接成一体,放电室外在三个部分布置钐钴永磁体,一部分位于放电室阴极区域,一部分位于放电室锥形和圆柱形交集区域,一部分接近于离子光学系统区域;放电室阴极和中和器继承了以前的技术,只是为长寿命要求做了适应性修改;气路绝缘器分为高压气路绝缘器和低压气路绝缘器;外壳采用不锈钢材料,厚0.25 mm,由三部分焊接成一体,为减轻重量,在外壳 80% 的面积上用化学腐蚀的方式开了直径 0.51 mm 的小孔,透明度为 50%。

Deep Space - 1 的离子电推进系统(NSTAR)由 1 台 30 cm 离子推力器、1 台电源处理单元(PPU)、1 套贮供子系统(XFS)和 1 台数字控制与接口单元(DCIU)组成,如图 9-25 所示。离子推力器在 XFS 供气和 PPU 供电支持下工作,XFS 和 PPU

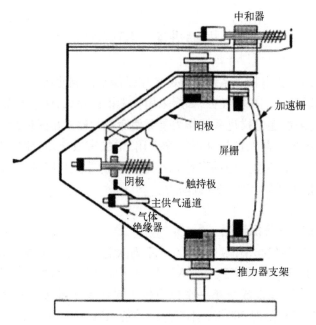

图 9 - 24　NSTAR 离子推力器结构示意图

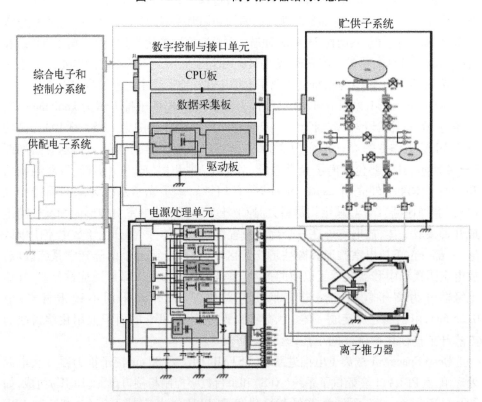

图 9 - 25　深空一号离子电推进系统组成框图

在 DCIU 控制下工作,同时 DCIU 接收和执行卫星计算机的指令,并将离子电推进系统的遥测数据传送给卫星数据系统。为了与不同太阳距离条件下太阳帆板输出功率的大小相匹配,离子推力器的工作功率范围设计在 525~2 300 W,在这个功率范围内设计了 16 个独立的推进剂流率设定点(工作点),使推力器在功率变化时能匹配工作,标记为 TH0~TH15,每一个 TH 又被细分为 7 个功率等级,共有 112 个工作点。

离子电推进系统在 Deep Space - 1 航天器上的布局如图 9 - 26 所示。

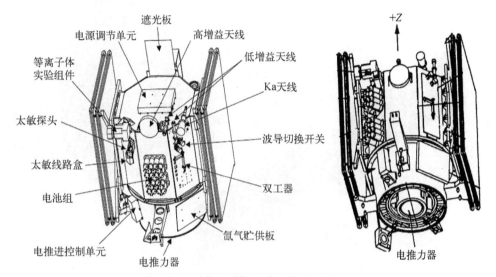

图 9 - 26　深空一号离子电推进系统布局图

离子推力器安装航天器-Z 面上,其轴线与航天器的-Z 轴重合。推力器位于一个罩壳内。推力器没有采取主动温控措施,但是在推力器高功率工作和航天器与太阳距离在 1 AU 内时,推力器工作期间不允许太阳在推力器轴线上的照射角小于 30°。

为了使 PPU 产生的热量通过辐射有效地散发出去,它被安装在航天器的+Z 面的表面,辐冷器也安装在此面上。该面在 80℃时,能够辐射掉 235 W 的热量,在 0℃时,能够辐射掉 85 W 的热量。PPU 热控范围为-5~50℃,不工作时温度有一个 70 W 和一个 100 W 的加热器组合进行温控。

复合材料氙气瓶位于航天器中段,其质心在航天器轴线上。气瓶温度控制在 20~50℃。XFS 的流量控制器温度保持在 20℃以上。

9.3.2　黎明号探测器

美国黎明号(Dawn)深空探测航天器于 2001 年立项,它的任务是远赴火星和木星之间的小行星带,首先探测灶神星,此后再赶往谷神星继续观测,帮助专家寻找太阳系诞生的线索。该探测器能长途飞行超过 50 亿千米[107]。

美国黎明号深空探测航天器上也采用了 NSTAR 离子电推进系统,氙气携带量为 425 kg,产生的速度增量为 11 km/s。离子电推进系统由两台数字控制与接口单元(DCIU)、两台电源处理单元(PPU)、一套贮供子系统(XFS)、三台推力矢量调节机构(TGA)和三台 30 cm 离子推力器组成。黎明号探测器构型示意图见图 9-27,黎明号电推进系统组成图如图 9-28 所示。

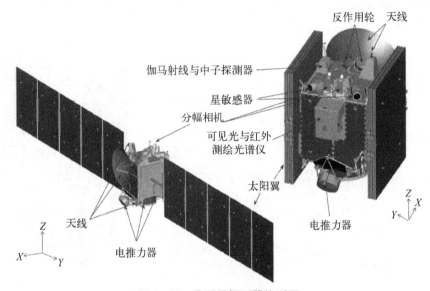

图 9-27　黎明号探测器构型图

离子电推进系统提供发射后的速度增量,以满足转移到灶神星(Vesta)、Vesta 轨道捕获、变轨到 Vesta 科学探测轨道、脱离 Vesta 轨道、转移到谷神星(Ceres)、Ceres 轨道捕获、转移到 Ceres 科学探测轨道等各个阶段的任务要求。

黎明号的离子推进系统还包括三个推力器支架组件(TGA),以安装三台对应的推力器。每个推力器支架组件安装两个由马达驱动的机构,这两个机构能为推力器提供两个方向的推力矢量控制。

黎明号推力矢量调节机构组件如图 9-29 所示,每台推力器支架组件上安装了两台步进电机,每台组件上包括三段柔性推进剂供给管路,并提供高电压电缆布线的路径。推力器支架组件设计需求如下:

(1) 推力矢量运动范围必须包括航天器质心变化的范围,且提供俯仰和偏航控制;

(2) 相对航天器质心,最小步长小于 0.175 mm 的推力矢量位移量;

(3) 相对航天器质心,推力器支架组件能使推力矢量以 1.75 mm/s 的速度摆动;

(4) 驱动扭矩足以驱动推力器,还应包括推进剂管路及其加热、高电压电缆等

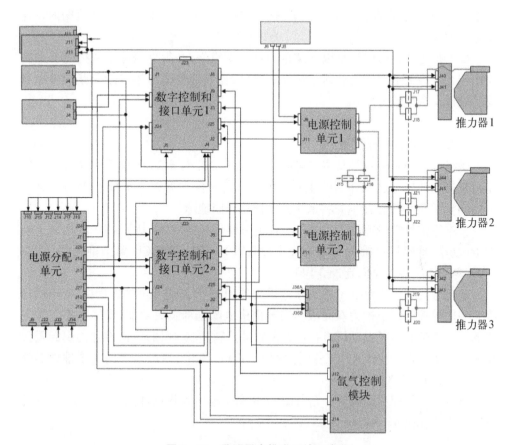

图 9-28　黎明号电推进系统组成图

图 9-29　黎明号推力矢量调节机构

对推力器的载荷,以及整个运动范围内铰链的摩擦,在所需的全部运动范围内设计安全系数为 2.75;

(5) 稳定装置的扭矩足以支撑推力器支架组件,必须克服由于发射时不平衡力作用在机构臂上的发射载荷,以及来自推力器高能电缆与推进剂管路的施加载荷。设计安全系数为 3.0。

9.3.3 隼鸟号探测器

隼鸟号(Hayabusa)是日本宇宙航空研究开发机构于 2003 年 5 月 9 日发射的小行星探测计划。这项计划的主要目的将隼鸟号探测器送往小行星 25143(又名 Itokawa),采集小行星样本并将采集到的样本送回地球。

日本宇宙科学研究所为了满足小行星采样任务需求,研制了 μ10 ECR 离子推力器(功率 0.39 kW,推力 9.1 mN,比冲 2 910 s)和 μ20 ECR 离子推力器(功率 1.09 kW,推力 30.2 mN,比冲 3 100 s)。

隼鸟号携带了 4 台 μ10 氙离子电推力器和 12 台双组元液体发动机,由于执行姿态和轨道控制的小推力双元液体喷气推进故障全部丧失功能,最终依靠正常工作的 1 个飞轮和离子发动机进行姿态和轨道控制,成功返回地面,在业内引起重大反响。4 台离子推力器累计工作时间约 40 000 h,其中,使用最多的离子推力器的工作时间达到 15 000 h[108]。

日本隼鸟号探测器及其 4 台 μ10 ECR 离子推力器构型如图 9 - 30 所示,电推进系统组成如图 9 - 31 所示。

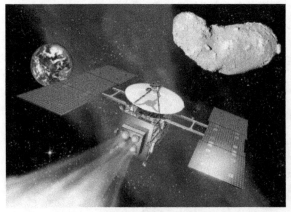

图 9 - 30   隼鸟号探测器及其微波离子电推进构型图

离子推进系统由 JAXA 和 NEC 公司共同研制。该系统由 4 台 μ10 ECR 离子推力器和相应的离子推力器控制单元、微波供应单元、功率处理单元、推进剂管理单元、指向机构等构成,具有 100%、90%、80% 和 65% 四挡调节挡位,以调节离子推力器的推

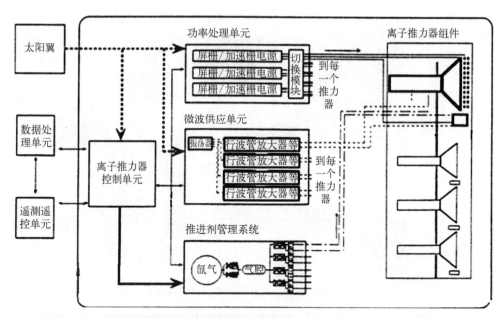

图 9 – 31　隼鸟号探测器电推进系统组成图

力。推力器静电栅极的有效直径为 10 cm,额定推力为 8 mN,比冲为 3 200 s,功率为 350 W,推力功率比为 23 mN/kW,推进剂流量为 0.255 g/s,工质利用率为 87%。

9.3.4　智慧一号探测器

2003 年 9 月 27 日发射的智慧一号(SMART – 1)是欧洲航天局"小型先进技术试验任务"中的第一颗探测器,也是欧洲航天局第一颗造访月球的探测器,其主要目的是演示太阳能电推进推力器用于深空探测的可行性和实际性能。SMART – 1 探测器重 360 kg,采用一台霍尔电推进系统 PPS 1350G,由法国斯奈克尔公司制造,其额定功率为 1 350 W,额定推力为 70 mN,比冲为 1 640 s[109]。

SMART – 1 电推进设计组成包含霍尔推力器、推进剂供应单元、功率处理单元及控制单元,组成如图 9 – 32 所示。

在与运载火箭分离后,SMART – 1 探测器使用电推进通过连续切向推力螺旋式地脱离地球同步转移轨道。一旦近地点高度提高到范艾伦辐射带以外(通常大于 2 000 km),转而提高远地点。SMART – 1 探测器采用节能的惯性弧及轨道平面外推进技术,进入地-月轨道平面。在进行任务分析时需要考虑很多因素,包括:功率可利用性、太阳电池阵衰减、净质量、发动机效率和流率等。SMART – 1 探测器于 2005 年 11 月 15 日进入环绕月球极轨道,总的转移时间为 25 个月,在目标轨道上的寿命为至少 6 个月,总的氙气消耗量约为 70 kg。SMART – 1 探测器及其轨道转移过程如图 9 – 33 所示。

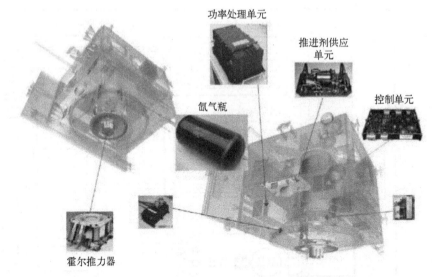

图 9 - 32　智慧一号探测器电推进组成示意

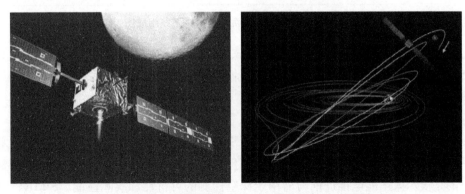

图 9 - 33　智慧一号探测器概念图（左）及轨道转移过程图（右）

9.3.5　贝皮科伦布水星探测器

　　欧洲各国及日本共同研制的贝皮科伦布（BepiColombo）水星探测器于 2018 年 10 月 20 日发射，贝皮科伦布水星探测器总重 4 100 kg，由 4 部分组成：水星转移模块（MTM）、水星行星轨道器（MPO）、水星磁层轨道器（MMO）和水星磁层轨道器的太阳热防护罩和接口结构（MOSIF）。贝皮科伦布水星探测器飞行构型见图 9 - 34[110]。

　　ESA 负责研制的水星转移模块将为轨道器提供飞往水星所需的动力。水星转移模块由太阳能电推进模块和化学推进模块组成。太阳能电推进模块是主推进系统，由 4 个英国奎奈蒂克公司的 T6 离子推进器组成，2 个 T6 同时运行推力达 290 mN。水星转移模块带有 2 个长度为 14 m 的太阳能帆板，总面积约为 33 m²，根据探测器距离太阳的远近，可产生 7~14 kW 电力，为轨道器提供动力。

图 9 - 34　贝皮科伦布水星探测器飞行构型

贝皮科伦布水星探测器电推进系统配置了 2 台电源处理单元,其由空客公司研制,内部电源输出模块主备份设计,每份电源输出模块可以切换选择控制 2 台推力器的其中之一,2 台电源处理单元共可以交叉控制 4 台推力器,在推进模式下 2 台推力器同时工作,分别由 2 台电源处理单元的单份支持工作,并可以在任意一份电源输出模块故障情况下保证任务不受影响。贝皮科伦布水星探测器电推进系统配置示意图如图 9 - 35 所示。

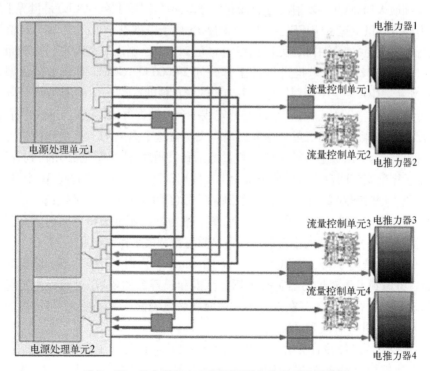

图 9 - 35　贝皮科伦布水星探测器电推进系统配置图

9.4　中低轨道电推进航天器

中低轨道小卫星推进系统的任务包括阻尼补偿、轨道转移、位置改变等。采用电推进,一方面对某些有高精度姿态和轨道控制要求的航天器,例如无拖曳自由飞行任务;另一方面对某些体积巨大,空气阻力巨大的航天器,可以用于克服大气阻力。还有一类型低轨航天器,应用电推进进行轨道提升和末期离轨,来节省推进剂携带量。

9.4.1　低轨对地观测航天器

电推进技术对姿态控制精度要求较高的对地观测卫星中拥有着巨大应用潜力。例如重力测量卫星,通过测量在某一轨道上不同地点的飞行速度,并利用加速度计测量卫星所受到的非重力摄动,对卫星轨道数据进行修正,便可以推算出地球重力异常的分布,最终获得的重力场空间分辨率和测量精度取决于卫星在轨位置测量精度、速度的测量精度,以及非重力修正的精度。传统的控制精度要求较高的卫星多采用肼推力器,由于液体燃料的晃动、肼推力器的推力噪声和姿态精密测控的要求相矛盾,因此肼推力器不适用于重力测量卫星的姿轨控系统,而电推进在这个领域拥有广阔的发展空间。

欧洲航天局 2009 年发射的重力场和稳态海洋环流探测器(GOCE)是世界上第一个重力梯度测量卫星。GOCE 卫星应用 2 台 T5 离子电推进系统完成 240 km 高度轨道飞行的大气阻尼精确补偿(无拖曳控制),在 2 年内绘制出了高精度的全球重力场分布。截至 2012 年底,电推进累计工作时间 24 000 h。GOCE 卫星飞行构型如图 9-36 所示。GOCE 卫星计划使地球引力场的测量精度达到 $1\sim2$ mGal ($10^{-5}\cdot\mathrm{ms}^{-2}$),空间分辨率优于 100 km。在卫星质心处安装一台三轴重力梯度仪用于测量飞行在地球表面 240 km 轨道上的卫星加速度波动。飞行在这个高度的卫星受到前进方向上的大气阻尼,为了保证重力梯度仪的测量范围和灵敏度,这个阻尼必须得到补偿,因此在卫星尾部安装两台主备份离子推力器。GOCE 卫星计划在轨时间 31 个月,任务测量阶段占用时间约 22 个月。在任务测量阶段(COP+MOP),卫星发送一系列推力需求指令给离子变推力电推进技术系统,离子推力器按照推力指令实时进行阻尼补偿,这就要求离子推力器的推力响应具有高重复性和最小控制滞后[111]。

GOCE 卫星离子推力器设计基于英国 QinetiQ 公司 T5 推力器,栅极口径为 10 cm。考虑到卫星对推力器宽推力调节范围和长寿命的要求,对栅极进行优化设计,加速栅选用石墨材料。在设计中采用螺线管电磁铁产生磁场,使得在整个要求的推力范围内进行有效和准确的工作参数调节。

GOCE 卫星总体设计充分利用电推进比冲高、可长时间工作、推力控制精密等特点,在轨道提升任务阶段(HOP)离子推力器工作在全额推力工况,用于满足

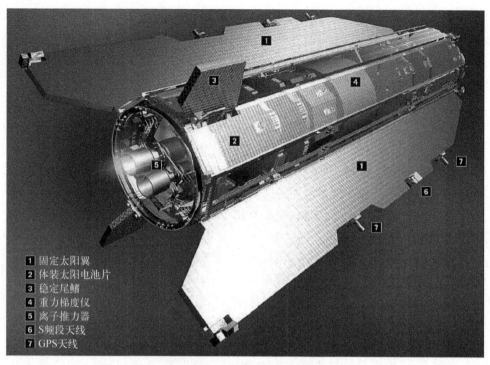

1 固定太阳翼
2 体装太阳电池片
3 稳定尾鳍
4 重力梯度仪
5 离子推力器
6 S频段天线
7 GPS天线

图 9 - 36 GOCE 卫星飞行构型

GOCE 卫星所需的 20 mN 主推力需求,并采用另一类场效应电推力器(FEEP),能够输出微牛至毫牛级的推力,用作卫星的姿态控制。GOCE 卫星的成功验证了电推进技术在 LEO 卫星进行精确控制的应用前景。

9.4.2 低轨微小卫星

重量在 1 000 kg 以下的人造卫星统称为"微小卫星",进一步可细分为:"小卫星"(smallsat),重 100 ~ 1 000 kg;"微卫星"(microsat),重 10 ~ 100 kg;"纳卫星"(nanosat),重 1~10 kg;"皮卫星"(picosat),重 0. 1~1 kg;"飞卫星"(femtosat),重 0. 1 kg 以下。大多数微小卫星需要推进系统完成阻尼补偿、轨道升降、发射误差修正等任务。微小卫星主要用冷气和化学推进系统,但随着电推进技术发展,小功率电推进已成为具有技术竞争力的系统选择[112]。

美国 2006 年 12 月发射的 TacSat - 2 小卫星上成功应用 BHT - 200 霍尔电推进完成轨道维持任务。该卫星主要提供空间侦察、战术通信、战术指挥及控制服务。TacSat - 2 卫星上配备一套 BHT - 200 霍尔电推进系统,由一台 BHT - 200 霍尔推力器,1 台 PPU(内含控制模块),1 台贮供单元组成。系统推力器达到 12. 4 mN,功率控制在 200 W,效率为 39. 5%。

日本研制的 PROITERES 系列观测卫星,2012 年发射 PROITERESI卫星,用于环境图像检测,卫星总重为 14.5 kg,寿命为 2 年,采用脉冲等离子体电推进系统,实现卫星的姿态调整等任务,系统组成:1 个 PPU 和 2 个推力器本体,2 个推力器本体分别安装在卫星 2 个面,验证通过 PPT 实现卫星 1 km 空间飞行,飞行试验取得圆满成功。

9.4.3　低轨卫星星座

低轨道卫星星座一般是指多个卫星构成的可以进行实时信息处理的大型的卫星系统的分布。低轨道卫星主要用于军事目标探测,利用低轨道卫星容易获得目标物高分辨率图像。低轨道卫星也用于手机通信,卫星的轨道高度低使得传输延时短,路径损耗小。多个卫星组成的通信系统可以实现真正的全球覆盖,频率复用更有效。蜂窝通信、多址、点波束、频率复用等技术也为低轨道卫星移动通信提供了技术保障。

美国 OneWeb 公司的低轨卫星星座计划由 720 颗卫星以及在轨备份星构成,并且卫星数量还可进一步增加。OneWeb 引入了汽车制造的概念,将卫星各系统模组化,在生产线大量使用自动化设备。每颗卫星质量为 150 kg,大小近似一台小型冰箱。2018 年 2 月 28 日首批 6 颗原型卫星发射。卫星采用两台 SPT - 50M 电推力器。卫星在距地 500 km 分离,通过电推进爬升至 1 200 km 轨道[113]。

美国 SpaceX 公司 2015 年 1 月宣布开展"星链"(Starlink)计划。2019 年 5 月 23 日,美国太空探索技术公司利用"猎鹰 9"运载火箭成功将"星链"首批 60 颗卫星送入轨道,迈出该公司构建全球卫星互联网的重要一步。每颗"星链"卫星重约 227 kg,装有多个高通量天线和一个太阳能电池组,使用以氪为工质的霍尔推力器提供动力。猎鹰 9 号升空后,在距地 440 km 星箭分离,卫星用霍尔推力器爬升到 550 km 轨道[114]。星链卫星及其氪工质霍尔推力器外形示意图如图 9 - 37 所示。

图 9 - 37　星链卫星及其安装的氪工质霍尔推力器

9.4.4　低轨载人空间站

　　我国正在建设天宫号载人空间站,预计于 2020 年前后部署完成。我国载人空间站的主要任务为是突破和掌握近地空间站组合体的建造和运营技术,突破和掌握近地空间长期载人飞行技术和航天员出舱活动技术,建立国家级太空实验室,开展较大规模的空间科学实验、空间新技术试验和空间特殊应用试验,开展科普教育和国际合作,在空间站平台上验证载人登月的相关关键技术,建立完善配套的载人航天器研制、应用、运营管理体系。

　　我国载人空间站由核心舱、实验舱Ⅰ、实验舱Ⅱ三舱组成,每舱发射质量约为 22 t。空间段由核心舱、实验舱Ⅰ、实验舱Ⅱ、载人飞船和货运飞船等五个飞行器组成,组成示意图如图 9-38 所示。载人空间站运行在 350~450 km 的近地轨道,其迎流面积近 500 m^2,受大气阻力的影响,空间站轨道高度将持续衰减,双组元化学推进系统比冲约为 310 s,每年需要超过 1 500 kg 的推进剂进行轨道维持,造成货运飞船推进剂上行压力巨大。电推进系统的比冲远优于化学推进系统,应用于载人空间站进行轨道保持可大量节省化学推进剂的上行需求[115]。

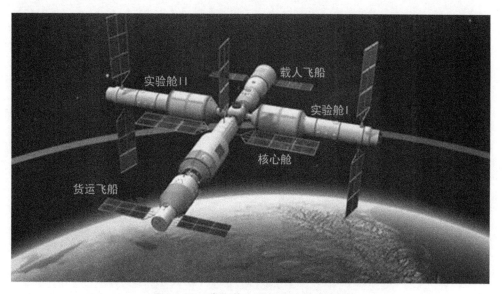

图 9-38　我国载人空间站组成示意图

　　根据载人空间站设计方案,综合考虑系统代价、空间站大气阻力水平、现有产品技术成熟度、寿命指标等因素,结合空间站的能源供给能力,我国空间站选择了 HET-80 型霍尔电推系统作为轨道抬升的备份系统,电推进系统推力与大气阻力相当,采用长期点火的方式抵消大气阻力,延缓空间站的轨道衰减。载人空间站上配置了大功率电推进子系统,每年可节省化学推进剂约 1 000 kg。

　　空间站电推进系统工作时两台推力器成对工作,提供通过舱体轴线的合力,抵消大气阻力,余下两台推力器作为备份。考虑空间站在轨寿命达 15 年,且推力器长期持续点火,空间站推力器模块支持航天员在轨更换,保证在轨 15 年的使用需求。空间站贮气模块由货运飞船上行,并由机械臂在轨自主安装,实现空间站电推进子系统长期工作的氙气补给。

参考文献

［1］ 彭成荣. 航天器总体设计［M］. 北京：中国科学技术出版社，2011：120－123.

［2］ 张天平，张雪儿. 空间电推进技术及应用新进展［J］. 真空与低温，2013，19（4）：187－193.

［3］ 周志成，王敏，李烽，等. 我国通信卫星电推进技术的工程应用［J］. 国际太空，2013，6（1）：40－45.

［4］ 毛根旺，唐金兰，等. 航天器推进系统及其应用［M］. 西安：西北工业大学出版社，2009：48－50.

［5］ 洪文姬，金星，崔村燕，等. 先进航天推进技术［M］. 北京：国防工业出版社，2012：23－35.

［6］ 于达仁，刘辉，丁永杰，等. 空间电推进原理［M］. 哈尔滨：哈尔滨工业大学出版社，2014：44－46.

［7］ 李德天，张天平，张伟文，等. 空间电推进测试与评价技术［M］. 北京：北京理工大学出版社，2018：12－18.

［8］ Lev D, Myers R M, Lemmer K M, et al. 2017. The technological and commercial expansion of electric propulsion in the past 24 years［C］. Atlanta：35th International Electric Propulsion Conference Georgia Institute of Technology，2017.

［9］ Edward J, John B. Electric propulsion activities in U.S. industries［C］. Indianapolis：38th AIAA/ASME/SAE/ASEE Joint Propulsion Conference & Exhibit，2002.

［10］ Gonzalez J, Saccoccia G. Electric propulsion activities at ESA［C］. Ann Arbor：31st International Electric Propulsion Conference，2009.

［11］ Kimiya K, Hitoshi K. Overview of electric propulsion activities in Japan［C］. Cincinnati：43rd AIAA/ASME/SAE/ASEE Joint Propulsion Conference & Exhibit，2007.

［12］ Goebel D M, Lavin M M. Performance of XIPS electric propulsion in on-orbit station keeping of the Boeing 702 spacecraft[C]. Indianapolis：38th AIAA/ASME/SAE/ASEE Joint Propulsion Conference and Exhibit, 2002.

[13]　Randolph T M. Qualification of commercial electric propulsion systems for deep space missions[C]. Florence：30th International Electric Propulsion Conference, 2007.

[14]　Killinger R, Bassner H, Kienlein G. Electric propulsion system for ARTEMIS[C]. Kitakyushu：26th International Electric Propulsion Conference, 1999.

[15]　Kyoichiro T, Hitoshi K, Kazutaka N. Flight readiness of the microwave Ion engine system for MUSES－C mission[C]. Toulouse：28th International Electric Propulsion Conference, 2003.

[16]　Kim V, Kozubsky K N, Murashko V M. History of the hall thrusters development in USSR[C]. Florence：30th International Electric Propulsion Conference, 2007.

[17]　Koppel C R, Estublier D. Smart－1 primary electric propulsion sub-system the flight model[C]. Toulouse：28th International Electric Propulsion Conference, 2003.

[18]　Gray H, Provost S, Glogowski M, et al. Inmarsat 4F1 Plasma Propulsion System Initial Flight Operations[C]. Princeton：29th International Electric Propulsion Conference, 2005.

[19]　Pidgeon D J, Corey R L, Sauer B. Two Years On-Orbit Performance of SPT－100 Electric Propulsion[C]. San Diego：24th AIAA International Communications Satellite Systems Conference, 2006.

[20]　杭观荣,康小录.美国 AEHF 军事通信卫星推进系统及其在首发星上的应用[J].火箭推进,2011,37(6)：1－8.

[21]　张京男.空客集团 2017 年航天发展研究[J].卫星与网络,2018(1)：54－61.

[22]　刘一薇."实践 9 号"卫星电推进首次在轨试验验证[J].深空探测学报,2017,4(3)：245－251.

[23]　田立成,赵成仁,张天平,等.实践十七霍尔电推进系统在轨应用最新进展[C].北京：第十三届中国电推进技术学术研讨会,2017.

[24]　高俊,邹达人,汤章阳,等.实践十七卫星磁聚焦霍尔电推进系统在轨试验评估[C].北京：第十三届中国电推进技术学术研讨会,2017.

[25]　王珏,王敏,仲小清,等.实践十三号卫星离子电推进系统在轨飞行试验[C].长沙：第十四届中国电推进技术学术研讨会,2018.

[26]　王小永,张天平,王亮,等.实践十八卫星多模式电推进系统研制最新进展

[C].北京：第十三届中国电推进技术学术研讨会,2017.

[27] Chien K R, Hart S L, Tighe W G. L – 3 Communications ETI electric propulsion overview [C]. Princeton：29th International Electric Propulsion Conference, 2005.

[28] Goebel D M, Lavin M M. Performance of XIPS electric propulsion in on-orbit station keeping of the Boeing 702 spacecraft [C]. Indianapolis：38th AIAA/ ASME/SAE/ASEE Joint Propulsion Conference and Exhibit, 2002.

[29] Delgado J J, Baldwin J A, Corey R L. Space systems loral electric propulsion subsystem：10 years of on-orbit operation [C]. Kobe：34th International Electric Propulsion Conference, 2015.

[30] Mathers A, Kristi de Grys, Paisley J. Performance variation in BPT – 4000 hall thrusters[C]. Ann Arbor：31st International Electric Propulsion Conference, 2009.

[31] Stephan J M, Drube M, Gray H. Plasma propulsion system functional chain validation on Eurostar 3000[C]. Yokohama：21st International Communications Satellite Systems Conference and Exhibit, 2003.

[32] Pascal G, Olivier D. Alcatel space plasma propulsion subsystem qualification status[C]. Toulouse：28th International Electric Propulsion Conference, 2003.

[33] Lyszyk M, Garnero P. Electric propulsion system on @ bus platform [C]. Cagliari：4th Int. Spacecraft Propulsion Conference, 2004.

[34] Semenkin A V. Overview of electric propulsion activity in Russia[C]. Florence：30th International Electric Propulsion Conference, 2007.

[35] Feuerborn S A, Neary D A, Perkins J M. Finding a way：Boeing's all electric propulsion satellite [C]. San Jose：49th AIAA/ASME/SAE/ASEE Joint PropulsionConference and Exhibit, 2013.

[36] 子力.商业通信卫星开始采用全电推进技术[J].中国航天,2012(5)：28 – 30.

[37] 迟惑.电推进卫星——商业通信卫星的新趋势[J].太空探索,2012(7)：40 – 42.

[38] 周志成,高军.全电推进 GEO 卫星平台发展研究[J].航天器工程,2015, 24 (2)：1 – 6.

[39] 杭观荣,康小录.电推进在深空探测主推进中的应用及发展趋势[J].火箭推进,2012,38(4)：1 – 8.

[40] Brophy J, Brinza D, Polk J, et al. End-of-mission characterization of the ion thruster on DS1 [C]. Toulouse：28th International Electric Propulsion

Conference，2003.

[41]　Kuninaka H，Shimizu Y，Yamada T，et al. Flight report during two years on HAYABUSA explorer propelled by microwave discharge ion engine[C]. Tucson：41th AIAA/ASME/SAE/ASEE Joint Propulsion Conference and Exhibit，2005.

[42]　Christophe R，Estublier D. The SMART－1 hall effect thruster around the moon：in flight experience[C]. Princeton：29th International Electric Propulsion Conference，2005.

[43]　Brophy J. The dawn ion propulsion system[J]. Space Science Reviews，2011，163(1－4)：251－261.

[44]　迟惑. 隼鸟2号：一帆风顺抵"龙宫"[J]. 太空探索，2019(2)：48－51.

[45]　肖武平. 欧洲成功发射欧日合作水星探测器"贝皮-科伦坡"[J]. 国际太空，2018(11)：12－18.

[46]　Bassner H，Killinger R，Marx M，et al. Ion propulsion for drag compensation of GOCE[C]. Huntsvillle：36th AIAA/ASME/SAE/ASEE Joint Propulsion Conference，2000.

[47]　Wallace N，Jameson P，Sanders C，et al. The GOCE ion propulsion assembly-lessons learnt from the first 22 mounts of flight operations[C]. Wiesbaden：32nd International Electric Propulsion Conference，2011.

[48]　刘悦. 全电推进卫星平台未来发展前景分析[J]. 国际太空，2014(7)：11－15.

[49]　胡照，王敏，袁俊刚. 国外全电推进卫星平台的发展与启示[J]. 航天器环境工程，2015，323(5)：566－570.

[50]　王敏，胡照. 中国全电推卫星平台开发创新与工程实践[C]. 哈尔滨：首届中国航天大会，2018.

[51]　杭观荣，康小录. 电推进在深空探测主推进中的应用及发展趋势[J]. 火箭推进，2012，38(4)：1－8.

[52]　周建平. 我国空间站工程总体构想[J]. 载人航天，2013，19(2)：1－10.

[53]　田立成，王小永，张天平. 空间电推进应用及技术发展趋势[J]. 火箭推进，2015，41(3)：7－14.

[54]　张天平，周昊澄，孙小菁，等. 小卫星领域应用电推进技术的评述[J]. 真空与低温，2014，20(4)：187－192.

[55]　张雪松. 目标火星——美国航宇局格伦研究中心的载人火星探测构想[J]. 太空探索，2013(5)：39－41.

[56]　边炳秀，魏延明. 电推进系统在静止轨道卫星平台上应用的关键技术[J]. 空间控制技术与应用，2008，34(1)：20－24.

［57］ 李恒年. 地球静止卫星轨道与共位控制技术［M］. 北京：国防工业出版社，2010：88 - 89.

［58］ 杨军，仲小清，裴胜伟，等. 电推进轨道转移效益与风险［J］. 真空与低温，2015,21(1)：1 - 5.

［59］ 章仁为. 卫星轨道姿态动力学与控制［M］. 北京：北京航空航天大学出版社，1998：45 - 47.

［60］ 赵钧. 航天器轨道动力学［M］. 哈尔滨：哈尔滨工业大学出版社，2011：120 - 123.

［61］ Wallace N, Jameson P, Sanders C, et al. The GOCE ion propulsion assembly-lessons learnt from the first 22 mounts of flight operations［C］. Wiesbaden：32nd International Electric Propulsion Conference, 2011.

［62］ 谭维炽，胡金刚. 航天器系统工程［M］. 北京：中国科学技术出版社，2009：52 - 54.

［63］ 徐福祥. 卫星工程概论［M］. 北京：宇航出版社，2003：59 - 64.

［64］ 刘坤，邹爽，王江永，等. 基于 LIPS - 200 电推进系统在 GEO 卫星平台上的布局研究［J］. 真空与低温，2014,20(1)：23 - 28.

［65］ 王敏，周志成. Alphabus 卫星平台研制进展及技术特点分析［J］. 航天器工程，2010,19(2)：99 - 105.

［66］ Delgado J J, Baldwin J A. Corey R L. Space systems loral electric propulsion subsystem：10 years of on-orbit operation［C］. Kobe：34th International Electric Propulsion Conference, 2015.

［67］ Anzel B M. Stationkeeping the hughes HS 702 satellite with a xenon ion propulsion system［C］. Melbourne：49th International Astronautical Congress, 1998.

［68］ Anzel B M. Method and apparatus for a satellite station keeping［P］. Patent Number5443231.

［69］ Berge S. The electrical propulsion system on the small GEO platform［C］. Daejeon：60th International Astronautical Congress, 2009.

［70］ Duchemin O, Marchandise F, Cornu N. Electric propulsion thruster assembly for future small geostationary comsats［C］. Hartford：44th AIAA/ASME/SAE/ASEE Joint Propulsion Conference & Exhibit, 2008.

［71］ 陈涛，刘国西，宋飞，等. 电推进系统 Xe 物理特性计算方法［J］. 中国空间科学技术，2016,36(1)：113 - 119.

［72］ Zong N. Modeling and simulation of cryogenic fluid injection and mixing dynamics under supercritical conditions［D］. Pennsylvania：The Pennsylvania

State University，2005.

[73] Sembély X，Wartelski M，Doubrère P，et al. Design and development of an electric propulsion deployable arm for airbus Eurostar E3000 comSat platform [C]. Atlanta：35th International Electric Propulsion Conference，2017.

[74] 李建成,吴梅,余培军,等.卫星倾角位置保持策略研究[J].弹箭与制导学报,2006,26(1)：275-277.

[75] 尹泉,高益军.静止轨道卫星东西位置保持控制参数的优化方法[J].空间控制技术与应用,2014,40(5)：48-51.

[76] 李强,周志成,袁俊刚,等.GEO卫星基于电推进系统的倾角与偏心率联合控制方法[J].中国空间科学技术,2016,36(3)：77-84

[77] 李强,周志成,袁俊刚,等.GEO卫星电推力器安装位置优化研究[J].航天器工程,2016,25(4)：33-39.

[78] Capacci M，Matticari G，Noci G，et al. An electric propulsion diagnostic package for the characterization of the plasma thruster/spacecraft interactions on STENTOR satellite [C]. Los Angeles：35th AIAA/ASME/SAE/ASEE Joint Propulsion Conference and Exhibit，1999.

[79] 刘磊,张庆祥,王立,等.电推进羽流与航天器相互作用的研究现状与建议[J].航天器环境工程,2011,28(5)：440-445.

[80] Markelov G，Gengembre Eric. Modeling of Plasma Flow around Smart-1 Spacecraft[J]. 2006,(34)：2166-2175.

[81] 林骁雄,温正,陶家生.离子推力器羽流钼原子沉积对卫星OSR片热控性能影响的仿真分析[J].航天器工程,2016,25(3)：52-56.

[82] 林骁雄,陶家生,温正.离子推力器羽流沉积对卫星热控影响研究[J].火箭推进,2017,43(2)：9-16.

[83] 计京津.稀薄等离子体羽流的溅射效应研究[D].上海：上海交通大学,硕士学位论文.

[84] 李娟,楚豫川,曹勇.离子推力器羽流场模拟以及Mo+CEX沉积分析[J].推进技术,2012,33(1)：131-137.

[85] 温正,钟凌伟,王一白,等.离子推力器加速栅极离子运动规律的数值研究[J].强激光与粒子束,2011,23(6)：1460-1464.

[86] 唐福俊,张天平.离子推力器羽流测量E×B探针设计及误差分析[J].真空与低温,2007,13(2)：77-80.

[87] 杨克俊.电磁兼容原理与设计技术[M].第二版.北京：人民邮电出版社,2011：13-19.

[88] 路宏敏,余志勇,李万玉.工程电磁兼容[M].第二版.西安：西安电子科技

大学出版社,2010：56-58.

[89]　王志成.星载电子设备试验的电磁干扰三要素分析[J].无线电工程,2009,39(6)：49-54.

[90]　陈淑凤,马蔚宇,马晓庆.电磁兼容试验技术[M].第二版.北京：北京邮电大学出版社,2012：19-30.

[91]　中国人民解放军总装备部.GJB151A-97军用设备和分系统电磁发射和敏感度要求[S].北京：总装备部军用标准出版发行部,1997.

[92]　李德天,张天平,张伟文,等.空间电推进测试与评价技术[M].北京：北京理工大学出版社,2018：12-18.

[93]　Corey R L ,Pidgeon D J. Electric propulsion at space systems/loral[C]. Ann Arbor：31st International Electric Propulsion Conference, 2009.

[94]　Corey R L, Gascon N, Delgado J J, et al. Performance and evolution of stationary plasma thruster electric propulsion for large communications satellites [C]. Anaheim：The 28th AIAA International Communications Satellite Systems Conference, 2010.

[95]　Gray H, Demaire A, Didey A. Plasma propulsion systems for EADS astrium telecommunications satellites[C]. Long Beach：Aiaa Space 2003 Conference & Exposition, 2003.

[96]　Poussin J F, Berger G. Eurostar E3000 three-year flight experience and perspective [C]. Seoul：25th AIAA International Communications Satellite Systems Conference, 2007.

[97]　Goebel D M, Lavin M M. Performance of XIPS electric propulsion in on-orbit station keeping of the Boeing 702 spacecraft[C]. Indianapolis：38th AIAA/ASME/SAE/ASEE Joint Propulsion Conference and Exhibit, 2002.

[98]　王旭.东三B平台全配完成首秀[J].太空探索,2017(5)：23.

[99]　王旭.实践十三号卫星成功发射开启中国通信卫星高通量时代[J].中国航天,2017(5)：13.

[100]　Wang M, Zhou Z C, Zhong X Q, et al. Electric propulsion application in China[C]. Guadalajara：The 67th International Astronautical Congress, 2016.

[101]　王珏,王敏,仲小清,等.实践十三号卫星离子电推进系统在轨飞行试验[C].长沙：第十四届中国电推进技术学术研讨会,2018.

[102]　刘悦.全电推进卫星全球首发：六大关注点[J].国际太空,2015(3)：9-10.

[103]　张京男.空客集团2017年航天发展研究[J].卫星与网络,2018(1)：

54－61.

[104] Rathsman P, Demairé A, Rezugina E, et al. ELECTRA — the implementation of all-electric propulsion on a geostationary satellite[C]. Beijing：The 64th International Astronautical Congress, 2013.

[105] 王敏, 胡照. 中国全电推卫星平台开发创新与工程实践[C]. 哈尔滨：首届中国航天大会, 2018.

[106] Randolph T M. Qualification of commercial electric propulsion systems for deep space missions[C]. Florence：30th International Electric Propulsion Conference, 2007.

[107] Brophy J. The dawn ion propulsion system[J]. Space Science Reviews, 2011, 163(1－4)：251－261.

[108] Kuninaka H, Shimizu Y, Yamada T, et al. Flight report during two years on HAYABUSA explorer propelled by microwave discharge ion engine[C]. Tucson：41th AIAA/ASME/SAE/ASEE Joint PropulsionConference and Exhibit, 2005.

[109] Christophe R, Estublier D. The SMART－1 hall effect thruster around the moon：in flight experience[C]. Princeton：29th International Electric Propulsion Conference, 2005.

[110] 肖武平. 欧洲成功发射欧日合作水星探测器"贝皮-科伦坡"[J]. 国际太空, 2018(11)：12－18.

[111] Wallace N, Jameson P, Sanders C, et al. The GOCE ion propulsion assembly-lessons learnt from the first 22 mounts of flight operations[C]. Wiesbaden：32nd International Electric Propulsion Conference, 2011.

[112] 张天平, 周昊澄, 孙小菁, 等. 小卫星领域应用电推进技术的评述[J]. 真空与低温, 2014, 20(4)：187－192.

[113] 李小龙, 邓恒. "一网"星座的发展与启示[J]. 国际太空, 2017(12)：9－14.

[114] 李博. SpaceX 启动大规模试验星部署的几点分析[J]. 国际太空, 2019(6)：12－16.

[115] 周建平. 我国空间站工程总体构想[J]. 载人航天, 2013, 19(2)：1－10.

缩略语

缩　写	全　　称	中　文　名　称
ADE	actuator drive equipment	激励驱动设备
ADU	actuator drive unit	执行机构驱动单元
AIT	assembly, integration and test	总装集成与测试
ARM	asteroid redirect mission	小行星重定向任务
CMU	central management unit	中心处理单元
CEX	charge exchange	电荷碰撞交换
CE	conducted emission	传导发射
CS	conducted susceptibility	传导敏感度
UTC	coordinated universal time	协调世界时
DCIU	digital control and interface unit	数字控制和接口单元
EMC	electromagnetic compatibility	电磁兼容性
EMI	electromagnetic interference	电磁干扰
EMISM	electromagnetic interference safety margin	电磁干扰安全裕度
EMS	electromagnetic susceptibility	电磁敏感度
ECR	electron cyclotron resonance	电子回旋共振
ECR ion	electron cyclotron resonance ion	射频离子推力器
ESD	electrostatic discharge	静电放电
EUT	equipment under test	受试设备
ESA	European space agency	欧洲航天局
FDIR	failure detection, isolation and recovery	故障检测、隔离和恢复
FEEP	field emission electric propulsion	场效应发射离子推力器
FDV	fill and drain valve	加排阀

续　表

缩　写	全　称	中文名称
FU	filter unit	滤波单元
FCM	flow control module	流量控制模块
FCU	flow control unit	流量控制单元
GEO	geostationary earth orbit	地球静止轨道
GSO	geosynchronous orbit	地球同步轨道
GTO	geosynchronous transfer orbit	地球同步转移轨道
HOP	hoisting orbit phase	轨道提升任务阶段
HPRS	high pressure regulation system	高压调节系统
HPR	high pressure regulator	高压调节器
HPT	high pressure transducer	高压传感器
PIT	inductive pulsed plasma thruster	脉冲感应推力器
IT	ion thruster	离子推力器
JAXA	Japan aerospace exploration agency	日本宇宙航空研究开发机构
LP	langmuir probe	朗缪尔探针
LISN	line impedance stability network	线路阻抗稳定网络
LPT	low pressure transducer	低压传感器
MPDT	magneto plasma dynamic thruster	磁等离子体推力器
MS	margin of safety	安全裕度
NASA	national aeronautics and space administration	美国航空航天局
NSTAR	NASA solar electric propulsion technology applications readiness	离子电推进系统
OSR	optical solar reflector	光学太阳反射镜
PPU	power processing unit	电源处理单元
PRE	pressure regulator electronics	压力调节控制线路
PRH	pressure regulator harness	压力调节器线路
PRM	pressure regulate module	压力调节模块
PMA	propellant management component	推进剂管理组件
PWM	pulse width modulation	脉冲宽度调制
PPT	pulsed plasma thruster	脉冲等离子体推力器

续 表

缩 写	全 称	中文名称
QCM	quartz crystal microbalance	石英微量天平
RE	radiated emission	辐射发射
RS	radiated susceptibility	辐射敏感度
RDM	radiation design margin	辐射设计余量
RPA	retarding potential analyzer	阻滞势分析仪
RTV	room temperature vulcanized	室温硫化硅橡胶
SEPH	SEPS harness	电推进系统线路
SEPP	SEPS pipework	电推进系统管路
SEB	single event burnout	单粒子烧毁
SEE	single event effect	单粒子效应
SEGR	single event gate rupture	单粒子栅击穿
SEU	single event upset	单粒子翻转
SEPS	solar electric propulsion system	太阳能电推进系统
SEPT	solar electric propulsion thruster	太阳能电推力器
SCU	spacecraft computer unit	航天器计算机单元
SPT	stationary plasma thruster	稳态等离子体推力器
TIV	tank isolation valve	贮箱隔离阀
AU	the astronomical unit	天文单位
TOM	thrust orientation mechanism	推力指向调节机构
TPAM	thrust pointing assembly mechanism	推力矢量调节机构
TGA	thruster gimbal assembly	推力器万向节组件
TMA	thruster module assembly	推力器模块组件
TPA	thruster pointing assembly	推力器指向组件
TPH	thruster pointing assembly harness	推力器指向部件线路
TPE	thruster pointing electronics	推力器指向控制线路
TSU	thruster switch unit	推力切换单元
TAL	thruster with anode layer	阳极层推力器
UCB	unified C band system	C 频段统一载波体制
VASIMR	variable specific impulse magneto plasma rocket	变比冲等离子体推力器

缩　写	全　　称	中 文 名 称
VSIP	variable specific impulse plasma	变比冲等离子体
XEF	Xenon filter	氙气过滤器
XFC	Xenon flow controller	氙流量控制器
XRFS	Xenon regulation and feed system	压力调节模块
XST	Xenon storage tank	氙气瓶